Autodesk 认证考试辅导

AutoCAD 应用工程师

深圳市索维思达软件咨询有限公司

内 容 提 要

本书是 AutoCAD 软件认证考试初级工程师考试复习辅导用书，共分为 11 章，其主要内容包括：基础知识，基本操作，基本绘图与编辑命令，尺寸标注与文本标注，块参照与块的属性，设计共享，图形输出，AutoCAD 2008新功能等。

本书适合大中专院校、职业技术院校的学生以及机械设计、建筑设计、土木工程、媒体与娱乐等行业的设计人员参加 Autodesk 系列认证考试之 AutoCAD 认证初级工程师考试使用，并为读者提供了全真考试模拟光盘。

图书在版编目(CIP)数据

AutoCAD 应用工程师/深圳市索维思达软件咨询有限公司编. —北京：人民交通出版社，2008.9
(Autodesk 认证考试辅导)
ISBN 978-7-114-07393-9

I. A… II. 深… III. 计算机辅助设计 – 应用软件，AutoCAD – 工程技术人员 – 资格考核 – 自学参考资料 IV. TP391.72

中国版本图书馆 CIP 数据核字(2008)第 143271 号

Autodesk Renzheng Kaoshi Fudao——**AutoCAD** Yingyong Gongchengshi

书　　名：**Autodesk 认证考试辅导——AutoCAD 应用工程师**
著 作 者：深圳市索维思达软件咨询有限公司
责任编辑：张　森
出版发行：人民交通出版社
地　　址：(100011) 北京市朝阳区安定门外外馆斜街 3 号
网　　址：http://www.ccpress.com.cn
销售电话：(010) 59757969，59757973
总 经 销：北京中交盛世书刊有限公司
经　　销：各地新华书店
印　　刷：北京宝莲鸿图科技有限公司
开　　本：787 × 1092　1/16
印　　张：17.5
字　　数：446 千
版　　次：2008 年 10 月　第 1 版
印　　次：2008 年 10 月　第 1 次印刷
书　　号：ISBN 978 - 7 - 114 - 07393 - 9
印　　数：0001—3000 册
定　　价：49.00 元
(如有印刷、装订质量问题的图书由本社负责调换)

目　　录

第一章　应试指导

1.1　认证考试简介

Autodesk 认证考试是 Autodesk 公司的全球化项目，但同时又具有本地化的特征，是为提高中国大中专院校、职业技术院校在校学生，以及企事业单位工程技术人员的数字化设计能力而实施的应用、专业技术水平考试。它的指导思想是要有利于机械设计、建筑设计、土木工程、媒体与娱乐等领域对专业设计人才的需要，也要有利于促进国内大中专院校、职业技术院校各类课程教学质量的提高。考试对象主要为大中专院校、职业技术院校的学生以及机械设计、建筑设计、土木工程、媒体与娱乐等行业的设计人员。

Autodesk 认证考试是 Autodesk 公司唯一承认的考试，而且只有 Autodesk 授权培训中心（ATC）才能成为 Autodesk 考试的提供者。凡通过认证考试的考生均获得 Autodesk 公司授予的专业认证证书，证书可在 Autodesk 的授权培训中心的网站进行查询。同时，通过认证考试的学员可直接进入 Autodesk 公司专业人才库，并提交个人简历。专业人才库可为学员与用人单位之间搭建一条便捷的桥梁。

1.2　考试科目

Autodesk 认证考试科目包括 AutoCAD、Inventor、Civil3D、Revit、AutoCAD Mechanical、3ds Max、Maya、Alias、Combustion 等软件的考试。

AutoCAD 软件是 Autodesk 公司推出的计算机辅助设计软件，具有功能强、易掌握、使用方便等特点，是目前全球用量最大的数字化设计绘图软件之一。AutoCAD 软件认证考试分 Professional（初级工程师）和 Engineer（工程师）两个级别。

1.3　考试方式与报名

Autodesk 认证考试为 ATC 在其所在地主持的局域网或互联网的上机考试。考试由 Autodesk 公司统一提供考试内容、统一判卷、统一发放证书。报名与考试在当地的授权培训中心（ATC）进行。

1.4　证书样本

Autodesk Certified AutoCAD Professional 证书如图 1-1 所示。

Autodesk Certified AutoCAD Engineer 证书如图 1-2 所示。

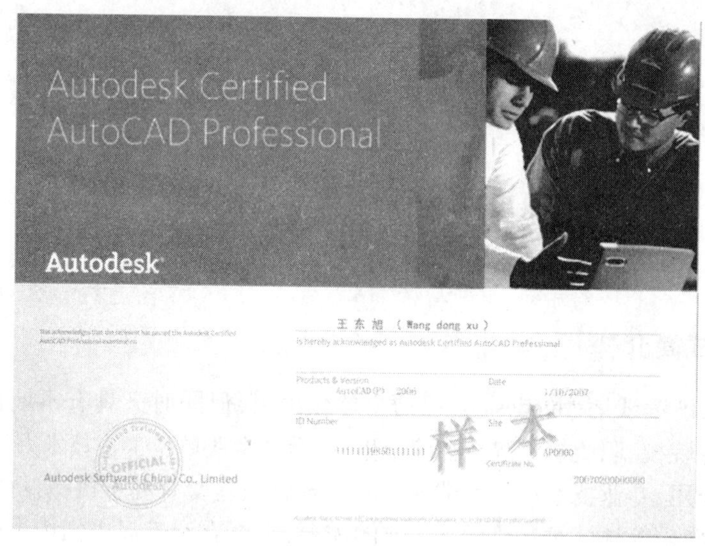

图 1-1

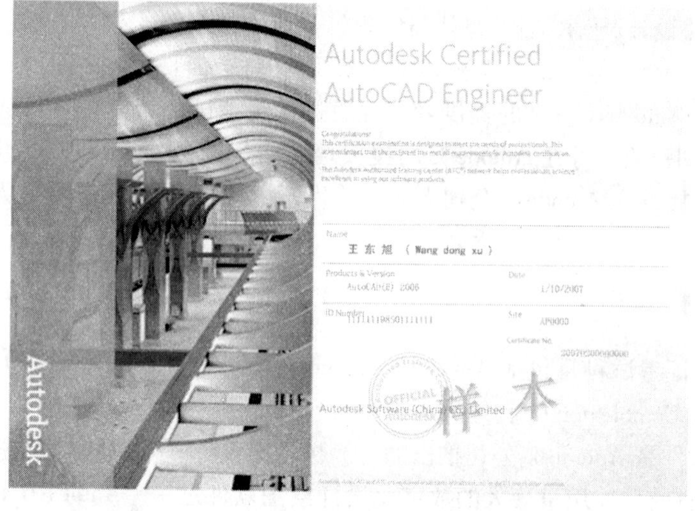

图 1-2

1.5 试题类型

考试的试题与软件有关，通常都是概念题、绘图求解题、软件操作题三类。具体题型可参见考试大纲和考试样题。

如欲了解更多更新信息，请访问：http://www.autodesk.com.cn/atc

第二章　考试大纲

2.1　概述

考试内容：

安装 AutoCAD 2008 系统所需的硬件配置和软件环境，新建、打开、保存图形文件，基本术语与图形界面，清除屏幕（专业模式），工作空间的概念，菜单系统，传统的帮助和实时助手。

考试要求：

（1）了解 AutoCAD 发展史、了解安装 AutoCAD 2008 系统所需的硬件配置和软件环境、使用清除屏幕（专业模式），AutoCAD 2008 支持的操作系统平台。

（2）熟悉 AutoCAD 的基本术语和用户界面（工具栏、工具选项板、状态栏、工作空间、面板等）。

（3）熟悉文件的新建、打开与保存。

（4）了解工作空间及多文档设计环境。

（5）用户界面的增强功能（工作空间、面板、选项板增强，图形状态栏，通过信息中心获取信息）。

（6）熟悉菜单的使用（下拉菜单、快捷菜单等）。

（7）熟悉在线帮助和实时助手的使用、了解图形的局部打开。

（8）了解 AutoCAD 与 Internet 连接。

2.2　基础操作

考试内容：

用户坐标系、世界坐标系的概念和坐标输入，动态输入，图层的基本概念及使用，视图的概念及使用，模型空间、布局的概念及创建（切换），对象捕捉、追踪和极轴追踪，设置、查询对象的特性和查询图形信息，视窗显示控制，样板文件的创建及使用，多文档设计环境、图形的局部打开。

考试要求：

（1）掌握用户坐标系、世界坐标系的概念，掌握在绝对坐标、相对坐标、极坐标下的坐标输入方法。

（2）掌握动态输入的概念、动态输入的开关以及指针输入和坐标输入。

（3）掌握图层的基本概念及使用。

(4)掌握创建图层的方法。

(5)图层的改进——按视口替代图层特性。

(6)图层管理器的增强,DWF 参考底图图层控制、降低视觉复杂程度。

(7)熟悉视图概念及使用。

(8)了解模型空间、布局的概念及创建(切换)。

(9)掌握 AutoCAD 中对象几何特征点捕捉的功能和极轴追踪,如栅格、正交、自动捕捉、对象捕捉、对象追踪等。

(10)掌握查询(设置)对象的特性,如图层、颜色、线型和线宽及用对象特性管理器修改对象的特性,了解查询图形信息,能使用查询命令获取对象的数据库信息(如距离、面积)等。

(11)熟悉应用各种命令、工具栏按钮、菜单方式对视窗缩放、平移等操作。

(12)掌握应用向导、样板图、默认设置,创建用户自己的绘图环境。

2.3 基本绘图与编辑方法

考试内容:

各种二维绘图命令,图案填充,各种图形编辑命令,基本 3D 实体建模及综合建模的绘制,3D 实体的编辑,创建和修改材质,相机的使用。

考试要求:

(1)绘制点、直线。

(2)圆、弧、椭圆、圆环等命令。

(3)多段线、样条曲线。

(4)矩形、正多边形。

(5)基本 3D 实体建模及综合建模。

(6)螺旋图形。

(7)创建图案填充、渐变填充及图案填充的编辑。

(8)掌握基本的图形编辑功能,如取消、重复、删除。

(9)移动、复制。

(10)旋转、镜像、缩放。

(11)阵列、偏移。

(12)剪切、延伸。

(13)截断、分解。

(14)圆角和倒角。

(15)合并。

(16)编辑 3D 实体。

(17)多段线编辑。

(18)夹点编辑、特性匹配。

(19)熟悉各种选择集的构造与使用方法,了解快速选择、循环选择方法、对象编组的构造与使用。

(20)创建和修改材质。

(21)相机的使用。

2.4 尺寸标注与文本标注考试内容

考试内容：

尺寸标注样式的设置、尺寸标注类型、尺寸标注与尺寸编辑方法，文字样式的设置、文字的输入与编辑方法，多行文字增强（在位编辑器、项目符号和编号、为多行文字添加背景、在多行文字中插入新符号），创建表格，创建字段。

考试要求：

(1)熟悉尺寸标注样式的设置与尺寸标注类型；利用设计中心采纳其他设计图纸的样式，了解关联标注。

(2)掌握各种尺寸标注与尺寸编辑方法，如引线、注释、快速标注、尺寸标注新增功能等。

(3)熟悉尺寸公差、形位公差的标注。

(4)掌握文字样式的设置，国标字体的使用。

(5)掌握单行与多行文本的创建及其编辑方法，了解拼写检查及标注文字修饰。

(6)了解多行文字增强（在位编辑器、项目符号和编号、为多行文字添加背景、在多行文字中插入新符号）。

(7)表格的创建及使用。

(8)创建字段及其使用。

(9)一般标注的增强功能（标注公差对齐，角度标注文字，半径标注的圆弧延伸线选项）。

(10)向标注添加打断、创建检验标注、向线性标注添加折弯、调整标注之间的距离。

(11)多重引线的创建、排列和对齐。

(12)增强的文字功能（多行文字、拼写检查改进）。

2.5 块参照与块的属性

考试内容：

块的创建、更新与插入，块属性定义与编辑，块属性的提取。

考试要求：

(1)掌握在图形中创建块参照与插入块参照，并将其转变为独立的图形文件。

(2)熟悉块属性定义与编辑，控制属性的可见性。

(3)了解块属性的提取。

2.6 设计共享

考试内容：

外部参照的基本功能，光栅图像的插入与处理。对象的链接与嵌入，超级链接，建立

i-drop与网上发布,联机设计中心。

考试要求:

(1)了解外部参照的基本概念与操作,熟悉外部参照的附着、拆离和绑定功能;掌握在位编辑外部参照;DGN 的增强。

(2)掌握光栅图像的插入与编辑,如附着、拆离与显示控制图像。

(3)会混合使用光栅图像与矢量图形。

(4)掌握对象链接与超级链接。

(5)建立 i-drop 与网上发布。

(6)了解联机设计中心的概念和使用。

2.7 图形输出

考试内容:

配置输出设备、设置输出方式、输出图形命令。了解图纸集的生成与修改。

考试要求:

(1)会添加和配置输出设备,掌握基本输出图形命令。

(2)了解打印 Adobe PDF 文件。

(3)熟悉在模型空间输出样式的设置,了解在布局中的输出样式设置。

(4)了解图纸集的生成、查看和修改。

(5)移植设置的输入与输出。

第三章　基础知识

3.1　考试要求

本章大纲

了解安装 AutoCAD 2008 系统所需的硬件配置和软件环境。

了解 AutoCAD 2008 的基本术语和新界面（工具栏、工具选项板、状态栏、工作空间、面板等）。

会使用清除屏幕（专业模式）。

熟悉文件的新建、打开与保存图形文件。

了解工作空间的概念；了解多文档设计环境。

熟练掌握菜单的使用（下拉菜单、快捷菜单等）。

熟悉在线帮助和实时助手的使用；了解图形的局部打开。

了解在 Internet 上打开和保存图形文件。

本章的内容比较简单，主要考查使用 AutoCAD 2008 时应掌握的基础知识。本章内容是学习后面章节的基础，在认证考试中也占有较大的比重，应该熟练掌握。

3.2　知识要点及例题分析

下面就大纲范围内需要掌握的知识点逐个进行分析和讲解。

3.2.1　安装 AutoCAD 2008 系统所需的硬件配置和软件环境

CAD 的全称 Computer Aided Design，准确的翻译是计算机辅助设计。在目前的计算机绘图领域，作为全世界范围内使用最为广泛的计算机绘图软件之一，Autodesk 公司通过不断努力，使得 AutoCAD 软件不断取得进步。AutoCAD 2008 是 AutoCAD 绘图软件的最新版本。安装和使用 AutoCAD 2008 需要能够满足一定条件的硬件和软件支持。

3.2.1.1　安装 AutoCAD 2008 所要求的硬件配置

在单独的计算机上安装 AutoCAD 2008 之前，请确保计算机满足最低系统需求。请参见下面的硬件和软件需求。

（1）处理器：Pentium III 或 Pentium IV（建议使用 Pentium IV）800MHz。

（2）内存：512MB 及以上（推荐）。

（3）视频：具有真彩色 1024×768VGA 或以上。

(4)硬盘:至少需要 750MB 以上。

(5)定点设备:鼠标、轨迹球或其他设备。

(6)CD-ROM 驱动器:任何速度均可(仅用于安装)。

(7)可选硬件:Open GL 的三维视频卡。

3.2.1.2 安装 AutoCAD 2008 所需要的软件环境

(1)操作系统:AutoCAD 2008 可以运行在 Microsoft Windows XP Professional/Home、Microsoft Windows XP Tablet PC、Microsoft Windows 2000 SP4 或 Microsoft Windows NT4.0(带有 SP6a 或更高版本)。为了能够更好地运行 AutoCAD 2008,最好使用与 AutoCAD 具有相同语言版本的操作系统。

(2)浏览器:Microsoft Internet Explore 6.0 Service Pack 1。

3.2.1.3 有关三维使用时所需的硬件配置

在 AutoCAD 中,绘制三维图形需要较高的配置,请参见下面的硬件和软件需求。

(1)处理器:频率在 3.0G 或者更高。

(2)内存:3.0G 或者更高。

(3)操作系统:Windows XP Professional Service Pack 2。

(4)图形卡:128 MB 或者更高,OpenGL 工作站类。

(5)硬盘:2 GB(不包括安装所需的 750 MB)。

3.2.2 AutoCAD 的基本术语和用户界面

用户界面是软件和用户互动交流的通道。启动 AutoCAD 2008 后,首先弹出一个对话框,选择工作空间,如图 3-1 所示。

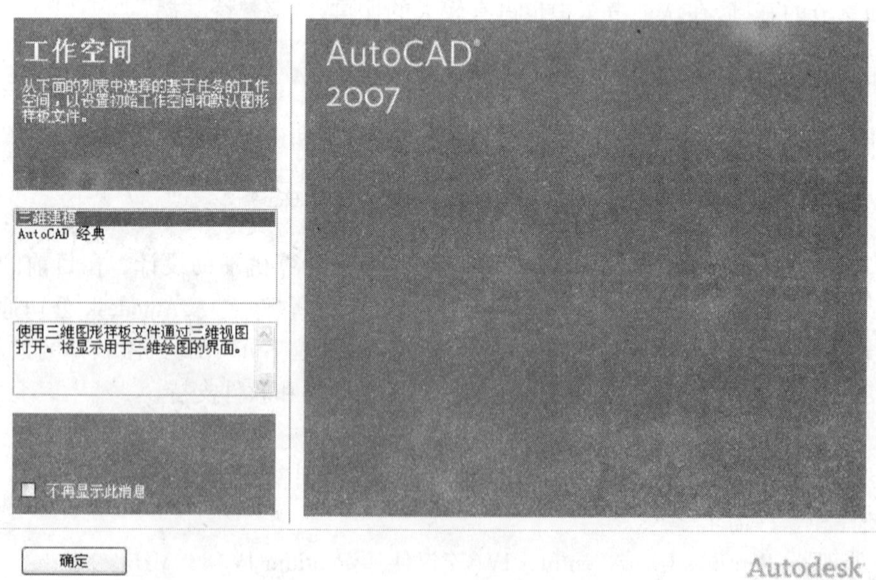

图 3-1 AutoCAD 2008 的启动对话框

这时若选择“三维建模”工作空间，其用户界面如图 3-2 所示，主要包括标题栏、菜单栏、各种工具栏、绘图窗口、命令行与文本窗口、状态栏、UCS 图标、工具选项板和图形光标等构成。

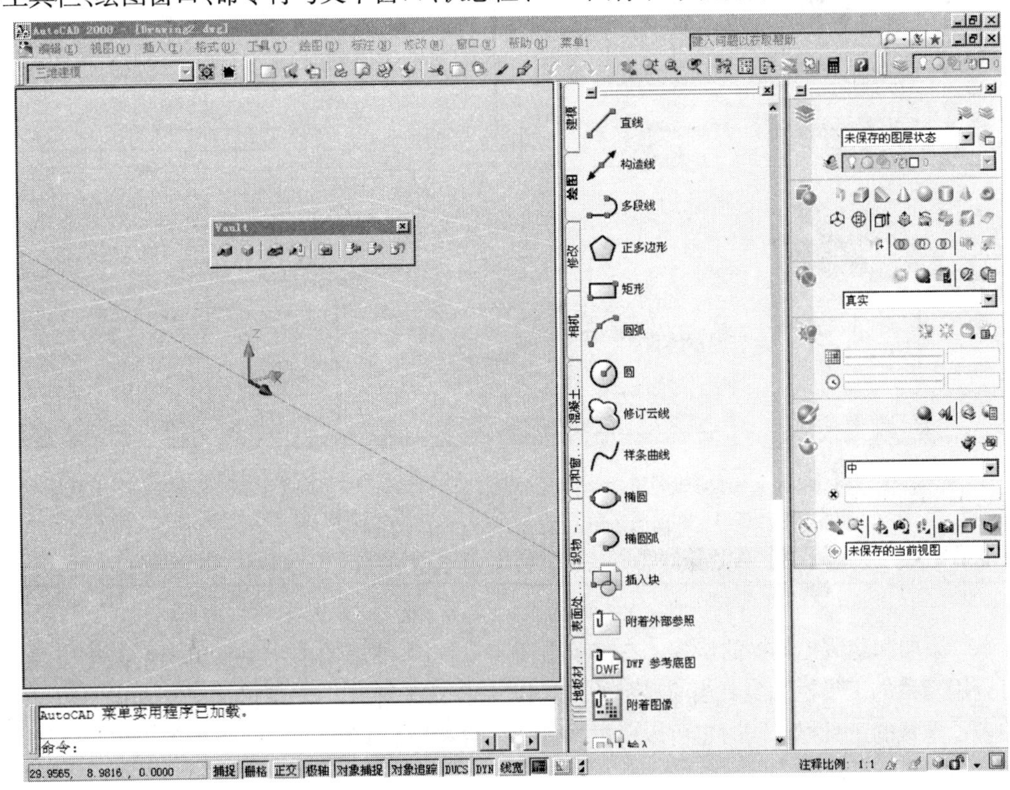

图 3-2　“三维建模”用户界面

AutoCAD 2008 展示给我们的是一个不同于以往的全新的用户界面，它是 AutoCAD 的“三维建模”工作空间。三维建模工作空间仅包含与三维相关的工具栏、菜单和选项板，将隐藏三维建模不需要的界面选项，从而最大化屏幕空间以便于您工作。

这时若选择“AutoCAD 经典”工作空间，此时用户界面恢复到我们熟悉的经典 AutoCAD 用户界面，如图 3-3 所示。本书以后介绍的内容主要是以该用户界面为主。

下面对图 3-3 所示用户界面上的各个组成部分进行讲解。

3.2.2.1　标题栏的功能

标题栏上显示了 AutoCAD 2008 的信息，从左侧开始，依次显示软件的名称、当前打开文件的名称。标题栏右侧有三个按钮，功能分别是：窗口最小化按钮、还原或最大化按钮和关闭应用程序按钮。显示效果如图 3-4 所示。

3.2.2.2　使用工具栏

使用工具栏上的按钮可以启动命令以及显示弹出工具栏和工具栏提示。用户可以根据自己的需要显示或隐藏工具栏、锁定工具栏和调整工具栏大小，也可以创建及显示自定义工具栏。工具栏部分有以下知识点可以考查。

(1)了解并掌握 AutoCAD 2008“三维建模”工作空间和“经典 AutoCAD”工作空间。

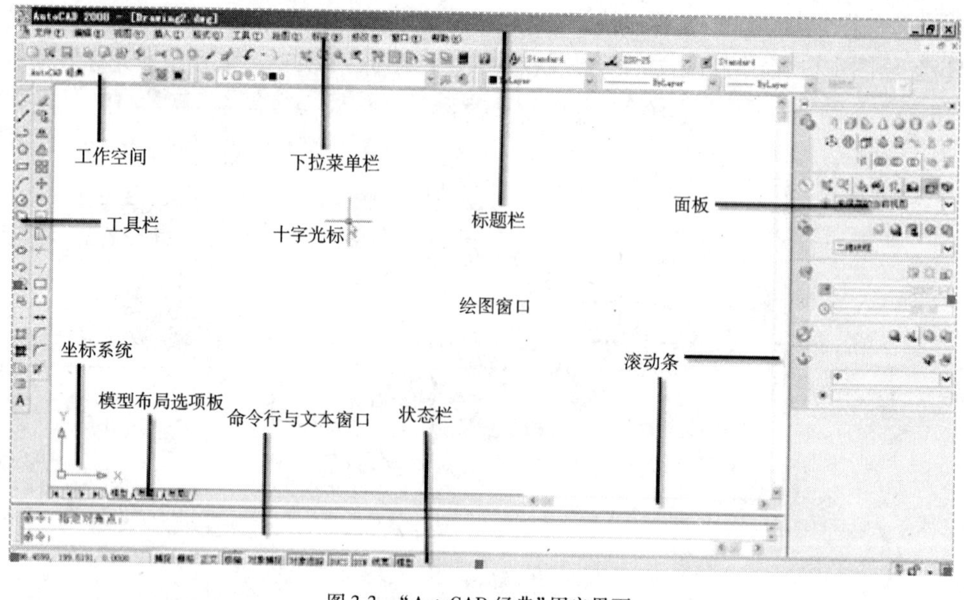

图 3-3 “AutoCAD 经典”用户界面

AutoCAD 2008 - [Drawing2.dwg]

图 3-4 标题栏的显示效果

(2)添加和隐藏工具栏的步骤。右键单击任何工具栏,然后单击快捷菜单上的某个工具栏,即可调用隐藏的工具栏和隐藏当前显示的工具栏,如图 3-5 所示,带✓号的表示添加工具栏,不带✓的表示隐藏的工具栏。同时也可以通过“视图/工具栏”菜单命令进行工具栏的设置。

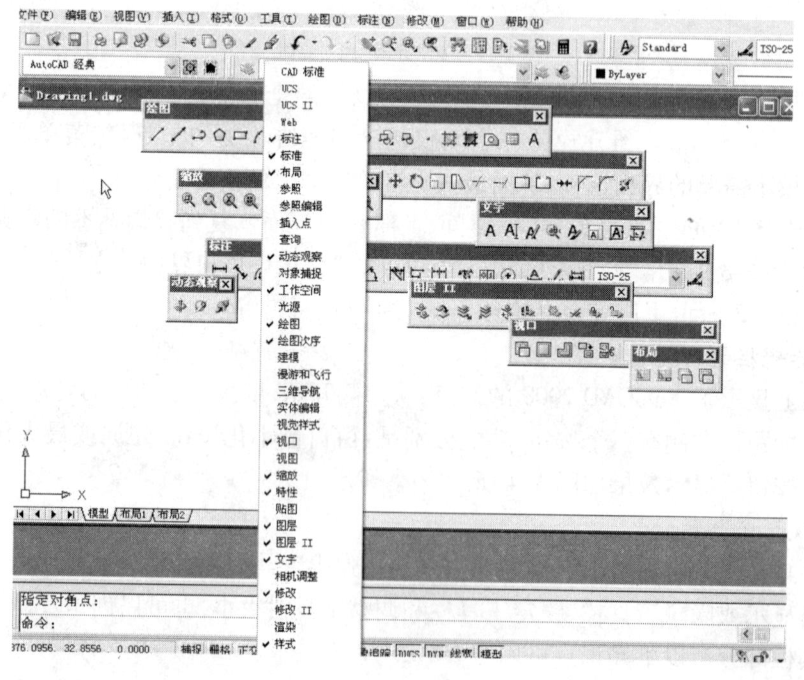

图 3-5 添加和隐藏工具栏

(3)工具栏上的弹出式菜单

在一些工具栏上有弹出式菜单,这是一种附加在工具栏上并包含附加按钮的菜单。举例来说,在“标准”工具栏上,缩放(Zoom)按钮的右下角有一个小箭头,单击该按钮并保持数秒钟,即弹出菜单,显示出与缩放命令相关的若干按钮,如图3-6所示,保持鼠标左键不松开,向下移动,可选择其中任一按钮。

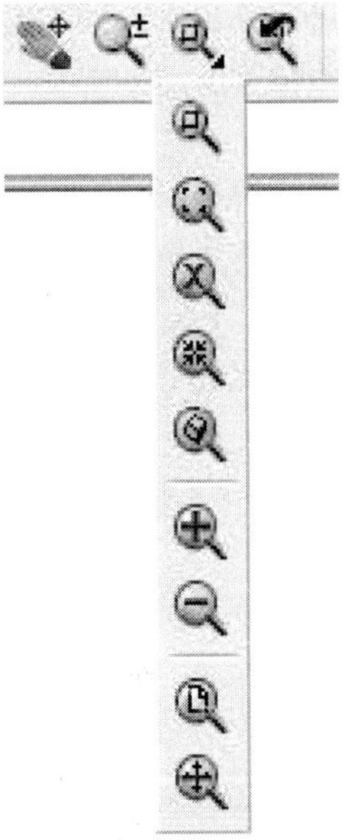

图3-6　弹出式菜单

【例题3-1】　在AutoCAD 2008首次启动的界面中显示了下列哪个选项?

A. 命令行

B. 特性

C. 快速计算器

D. 工作空间

【答案】　A、D

AutoCAD 2008最初启动的界面包含标题栏、菜单栏、工具选项板、命令行和工作空间等。所以该题答案选择A、D。

3.2.2.3　使用绘图窗口

在AutoCAD中,绘图窗口是用户绘图的工作区域,所有的绘图结果都反映在这个窗口中。可以根据需要关闭其周围和里面的各个工具栏,以增大绘图空间。如果图纸比较大,需要查看未显示部分时,可以单击窗口右边与下边滚动条上的箭头,或拖动滚动条上的滑块来移动图纸。在绘图窗口中除了显示当前的绘图结果外,还显示了当前使用的坐标系类型以及坐标原点、X轴、Y轴、Z轴的方向等。默认情况下,坐标系为世界坐标系(WCS)。绘图窗口的下方有“模型”和“布局”选项卡,单击其标签可以在模型空间或图纸空间之间来回切换。

3.2.2.4　使用命令行

“命令行”窗口位于绘图窗口的底部,用于接收用户输入的命令,并显示AutoCAD 2008的提示信息,在绘图时,用户要注意命令行的各种提示,以便准确、快捷地绘图。在AutoCAD 2008中,“命令行”窗口可以拖放为浮动窗口。如图3-7所示。

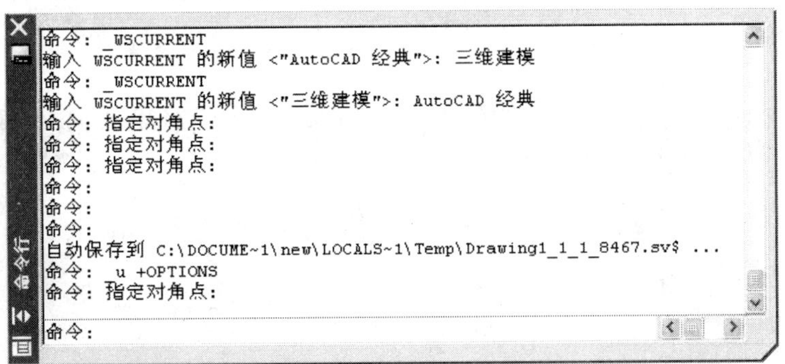

图3-7　“命令行”窗口

同时,也可以通过按 F2 功能键,可以打开“AutoCAD 文本窗口”,在独立的窗口中显示命令行,如图 3-8 所示,该窗口显示的内容与图 3-7 所示内容相同,它记录了 AutoCAD 启动后对文档进行的所有操作。再次按 F2 功能键将关闭该窗口。

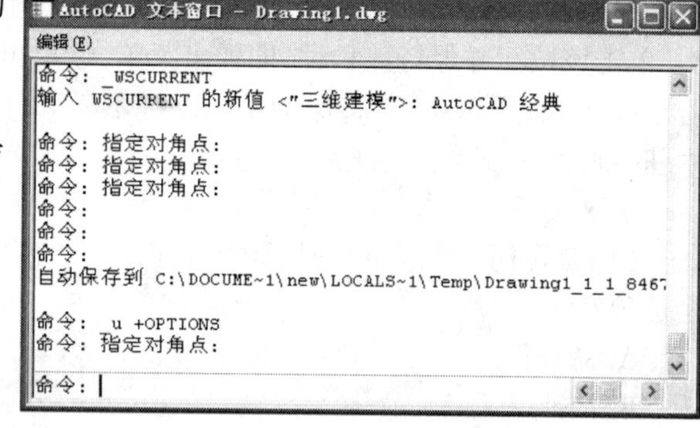

图 3-8 命令窗口

【例题 3-2】 文本窗口与图形编辑窗口的快速切换的功能键是什么?

A. F2

B. F6

C. F7

D. F8

【答案】 A

该题主要考查对文本窗口快速切换的掌握,按功能键 F2 可在绘图区域和文本窗口之间进行切换,按功能键 F6 设定在状态栏中坐标是否显示,按功能键 F7 设定在绘图窗口中点栅格是否显示,按功能键 F8 设定在绘图窗口中是否限定光标在正交方向移动。这里答案选择 A。

3.2.2.5 通过状态栏查询当前绘图状态

状态行用来显示 AutoCAD 2008 当前的状态,如当前光标的坐标、命令和按钮的说明等。在绘图窗口中移动光标时,状态行的“坐标”区将动态地显示当前坐标值。坐标显示取决于所选择的模式和程序中运行的命令,共有“相对”、“绝对”和“关”3 种模式。状态行中还包括如“捕捉”、“栅格”、“正交”、“极轴”、“对象捕捉”、“对象追踪”、DUCS、DYN、“线宽”、“模型”(或“图纸”)多个功能按钮。右边是“通讯中心”和“锁定”按钮,如图 3-9 所示。

图 3-9 状态栏

状态栏的使用有以下知识点可以考查:

(1)熟悉启动和关闭“坐标显示”、“捕捉”、“栅格”、“正交”、“极轴”、“对象捕捉”、“对象追踪”、“DUCS”、“DYN”、“线宽”和“模型”功能的快捷键。

(2)通过状态栏右侧箭头“状态行菜单”控制功能按钮的增删,如图 3-10 所示。

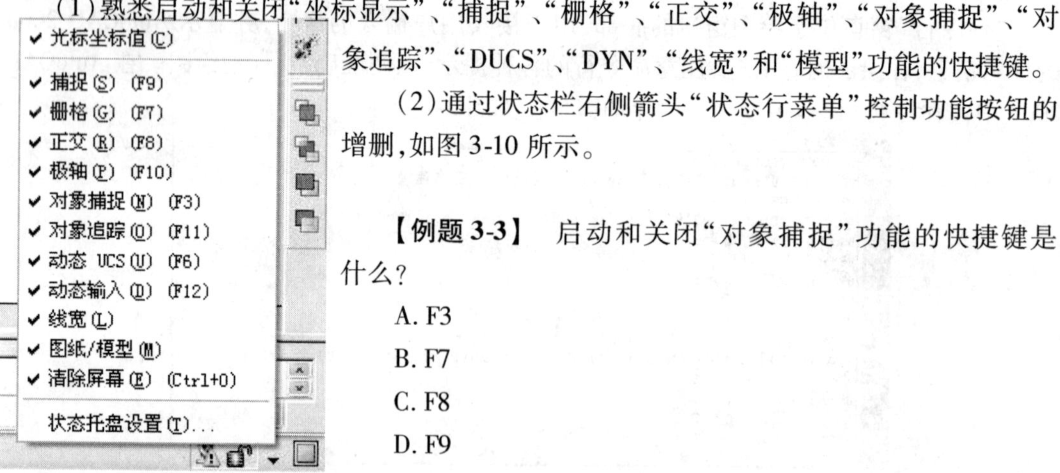

图 3-10 增删“状态栏”的功能按钮

【例题 3-3】 启动和关闭“对象捕捉”功能的快捷键是什么?

A. F3

B. F7

C. F8

D. F9

【答案】 A

该题主要考查对状态栏中各功能的快捷使用方式，F3 为开启和关闭“对象捕捉”功能的快捷键，F7 为开启和关闭“栅格”功能的快捷键，F8 为开启和关闭“正交”功能的快捷键，F9 为开启和关闭“捕捉”功能的快捷键，答案为 A。

【例题 3-4】 关于状态栏下列说法正确的是？

A. 状态栏右侧有“通讯中心”和“工具栏/窗口锁定”工具

B. 状态栏会显示光标坐标信息

C. 可以通过状态栏右侧“状态行菜单”控制功能按钮的增删

D. 状态栏中的功能按钮是不可以增删的

【答案】 A、B、C

该题主要考查对状态栏的了解，答案 A 中的“通讯中心”和“工具栏/窗口锁定”工具在状态栏中均有显示，所以是正确的；答案 B 中的光标坐标信息在状态栏中也有显示，所以也是正确的；也可以通过状态栏的“状态行菜单”按钮增删功能按钮，所以答案 C 也是正确的，由此可以知道答案 D 是错误的，所以这里选择答案 A、B、C。

3.2.2.6 工具选项板的应用

工具选项板是绘图时常用图形和命令的集合，它可以提供组织、共享和放置块及填充图案的有效方法。用户应掌握工具选项板快捷使用方式，以及创建和自定义工具选项板的方法和步骤。

【例题 3-5】 切换“特性”选项板的快捷键是下列哪个？

A. Ctrl + 1

B. Ctrl + 2

C. Ctrl + 3

D. Ctrl + 4

【答案】 A

该题主要考查工具选项板快捷使用方式，答案 A 中的 Ctrl + 1 是用来切换“特性”选项板；答案 B 中的 Ctrl + 2 是用来切换“设计中心”对话框；答案 C 中的 Ctrl + 3 是用来切换“工具选项板”对话框；答案 D 中的 Ctrl + 4 是用来切换“图纸集管理器”选项板。可以看出这里选择答案 A。

3.2.2.7 使用命令

在 AutoCAD 2008 中发出命令可以采用多种方法，比如可以使用菜单、使用快捷菜单、使用工具栏、使用对话框或使用工具选项板，还可以通过命令行直接输入一个命令。

使用命令主要有以下知识点可以考查：

(1)近期命令的使用

在绘图时，如果需要使用以前的命令，可以在命令行提示输入命令时，按键盘上箭头键↑，可以依次浏览以前使用的命令，找到需要的命令时按 Enter 键即可执行。用户还可以在命令行中单击鼠标右键，在弹出的快捷菜单中，选择“近期使用的命令”选项，在弹出的子菜单中可以选择近期使用的 6 个命令，如图 3-11 所示。在此快捷菜单中，用户可以从命令行中选择文本粘贴到命令行，或将所选择的文本从命令行历史或全部历史拷贝到剪贴板上。用户还可以在绘图窗口单击鼠标右键，在弹出的快捷菜单中选择“最近的输入”选项，从子菜单中选择以前使用的命令。如图 3-12 所示。

近期使用的命令(E)
复制(C)
复制历史记录(H)
粘贴(P)
粘贴到命令行(T)
选项(O)...
MOVE
MIRROR
COPY
ELLIPSE
REVCLOUD
POLYGON

图 3-11　命令行快捷菜单

(2)对命令选项的响应

在 AutoCAD 2008 中有许多命令都有一些可供选择的选项。例如，执行多段线(Pline)命令，在指定起点后系统提示：

命令：_pline

指定起点：当前线宽为 0.0000

指定下一个点或[圆弧(A)/半宽(H)/长度(L)/放弃(U)/宽度(W)]：

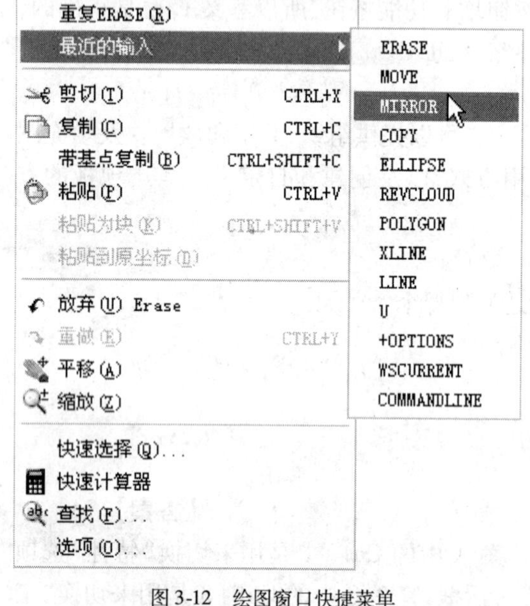

图 3-12　绘图窗口快捷菜单

这里[ ]中列出了该命令的各种选择，第一个为当前选项或默认值，用户根据需要选择不同的选项。

(3)重复、取消命令

如果要重复刚使用过的命令，可以按 Enter 键或空格键。如果事先知道要多次重复使用一个命令，可以通过输入“multiple + 空格 + 命令名”来重复命令，例如，如果要多次使用 circle 命令，在命令行输入“multiple circle”，circle 命令将重复出现，要结束时，按 Esc 键即可。要取消进行中的命令，可以按 ESC 键。

(4)透明命令

许多命令可以透明使用，或称为透明命令，即在使用另一个命令时，执行这些透明命令，当透明命令完成后，继续接着该透明命令执行之前的状态运行原命令。透明命令经常用于更改图形设置或显示选项，例如栅格(Grid)或平移(Pan)命令。

要以透明的方式使用命令，请单击其工具栏按钮或在任何提示下输入命令之前输入单引号(’)。例如，在绘制直线时，需要打开栅格的显示，这时可以单击状态栏上的“栅格”按钮，或者直接按 F7 功能键(栅格开关)，然后继续绘制直线。

一般来说，任何一个命令除了选择对象、创建新对象、重画或结束绘图任务之外，都可以透明使用。

【例题 3-6】　下列哪个方式可以执行命令？

A. 输入命令其中一个选项的第一个字母，然后按 Enter 键

B. 直接按 Enter 键可以选择默认选项

C. 在绘图窗口单击鼠标右键，从弹出的快捷菜单中选择选项

D. 在工具栏中单击鼠标右键，从弹出的快捷菜单中选择选项

【答案】 A、B、C

在 AutoCAD 中，输入命令行提示中选项的第一个字母或直接按 Enter 键均可以执行命令，也可通过绘图窗口使用快捷菜单中选择所需命令。在工具栏中的快捷菜单只能打开和关闭工具栏，但无法执行命令。所以答案为 A、B、C。

【例题 3-7】 在 AutoCAD 系统中，以下哪个选项不能作透明命令使用？

A. DIST

B. PAN

C. SNAP

D. REGEN

【答案】 D

该题主要对透明命令的了解，通过绘图可以得知答案 A、B、C 中的三个命令 DIST（查询距离命令）、PAN（实时平移命令）、SNAP（捕捉间距）均可以在使用另一个命令时执行，当这三个命令完成后，原命令继续按常规执行，以上三个命令为透明命令。而答案 D 的命令 REGEN（重生成命令）则不可以按照上述方法使用。所以答案选择 D。

3.2.2.8　使用面板

面板是一种特殊的选项板，用于显示与任务的工作空间关联的按钮和控件。它主要用于三维建模、观察和渲染。它提供了用于建模和渲染操作的单个界面元素，使用户无需显示多个工具栏，可以将可进行三维操作的区域最大化，从而使得应用程序窗口更加整洁，加快和简化了工作。

用户使用“三维建模”工作空间时会自动显示，或使用“工具/选项板/面板”菜单命令打开，如图 3-13 所示。

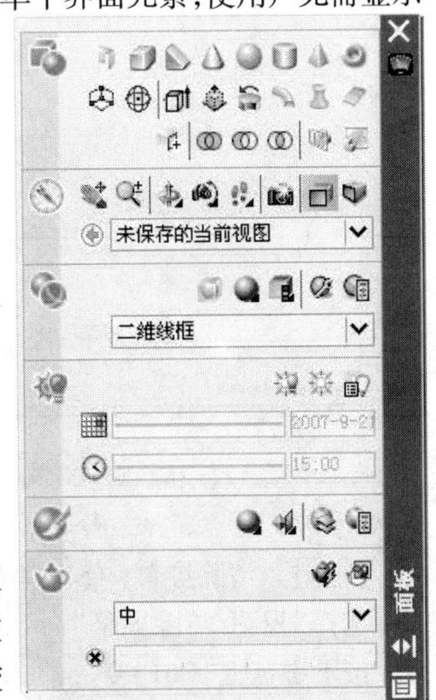

图 3-13　“面板”选项板

【例题 3-8】 在“面板”选项板中哪个部分包括“螺旋”命令？

A. 三维制作控制台

B. 三位导航控制台

C. 材质控制台

D. 渲染控制台

【答案】 A

当打开面板后，用户会发现没有“螺旋”命令按钮，在“三维制作控制台”部分单击右键，快捷菜单上选择“显示较多控件”，就会显示“螺旋”命令按钮，所以答案为 A。

【例题 3-9】 关于面板,下列说法正确的是?

A. 可以使用面板进行二维绘制功能

B. 面板的控制台可以隐藏

C. 用户使用“AutoCAD 经典”工作空间时会自动显示面板

D. 面板上显示的控制台是固定的

【答案】 A、B

使用面板可以显示和隐藏控制台,二维绘制控制台在最初的面板上是隐藏的,可以设定显示。用户使用“三维建模”工作空间时会自动显示,而使用“AutoCAD 经典”工作空间时不会自动显示,所以答案为 A、B。

3.2.3 使用清除屏幕(专业模式)

清除屏幕在 AutoCAD 中应用的时候不多,它主要针对 AutoCAD 的绘图命令非常熟悉的用户,用户只需要了解即可。

清除屏幕(专业模式)主要有以下知识点可以考查:

(1)用户需要注意的是使用了清除屏幕模式后,屏幕上仅会显示菜单栏、状态栏和命令行,如图 3-14 所示。

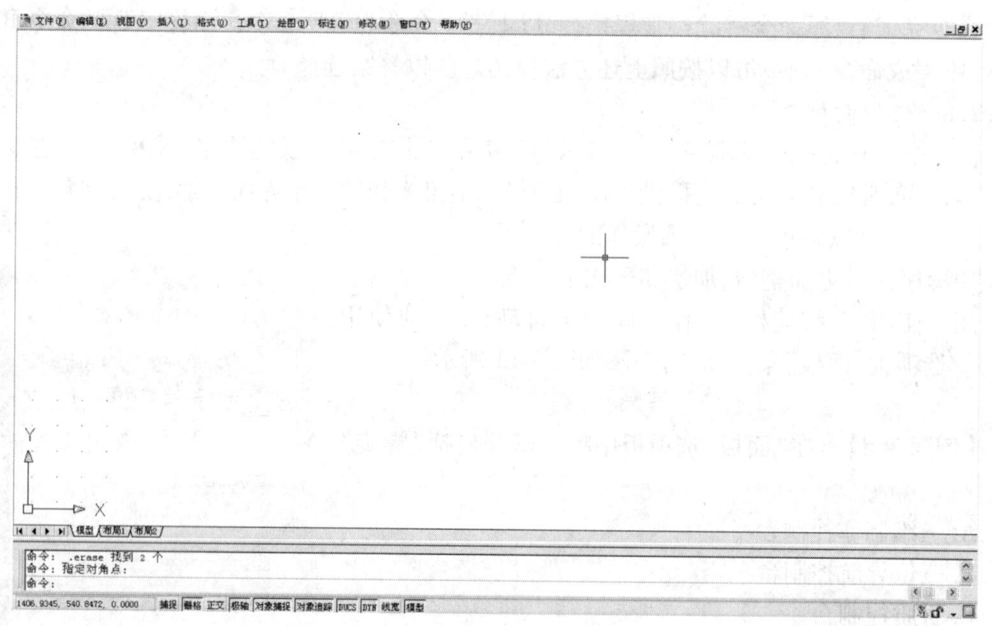

图 3-14 清除屏幕(专业模式)

(2)进入清除屏幕(专业模式)的方式如下:

选择“视图/清除屏幕”命令;

按下键盘上“Ctrl +0”;

点击状态栏最右边“清除屏幕”按钮;

在命令行输入“CLEANSCREENON”命令。

注意：前三种方法可以在清除屏幕模式和正常模式之间进行切换，而第四种方法只能开启清除屏幕模式。若要恢复到正常模式，在命令行输入“CLEAN-SCREENOFF”命令。

【例题 3-10】 若选择了“清除屏幕”后，以下哪个部分会显示在绘图界面中？

A. 工具选项板

B. 工具栏

C. 命令窗口

D. 菜单栏

【答案】 C、D

选择了“清除屏幕”后屏幕上仅会显示菜单栏、状态栏和命令行，而不会显示工具栏，所以可以知道答案为 C、D。

3.2.4 文件的新建、打开与保存

3.2.4.1 创建新图形的方法

在启动 AutoCAD 2008 后，系统会自动打开一个名为 Drawing1. dwg 的新图形，用户可以在该文件中进行绘图。AutoCAD 绘图窗口初始状态的默认颜色是黑色。用户可以使用“应用向导”、“样板图”、“默认设置”来创建用户自己的绘图环境，具体内容将在第 4 章中详细介绍。

3.2.4.2 图形文件的打开

在 AutoCAD 2008 中，用户使用“文件/打开”命令，或在“标准”工具栏中单击“打开”按钮，均可以打开所需要的图形文件，默认情况下，打开的图形文件的格式为. dwg。当选择需要打开的图形文件，在右面的“预览”框中将显示出该图形的预览图像。利用“打开文件”对话框中的选项用户还可以实现一些其他的功能，比如局部打开功能。“局部打开”功能在后面小节进行详细讲解。

3.2.4.3 图形文件的保存

在 AutoCAD 中，可以使用“文件/保存”命令，或者在“标准”工具栏中单击“保存”按钮将绘制完的图形后进行保存。若不希望覆盖已有图形，可以使用“文件/另存为”命令使用一个新名称保存它。

注意：在第一次保存创建的图形时，系统将打开“图形另存为”对话框。

这部分内容在实际绘图中是经常使用的，而且在认证考试中图形文件的保存也是很重要的考查部分。图形文件的保存主要有以下知识点可以考查。

(1) AutoCAD 2008 文件保存支持多种格式，包括：

AutoCAD 2008 图形	后缀名为. dwg
AutoCAD 2004 图形	后缀名为. dwg

AutoCAD 2000/LT2000 图形	后缀名为.dwg
AutoCAD 图形标准	后缀名为.dws
AutoCAD 图形样板	后缀名为.dwt
AutoCAD 2008 DXF	后缀名为.dxf
AutoCAD 2004/LT2004 DXF	后缀名为.dxf
AutoCAD 2000/LT2000 DXF	后缀名为.dxf
AutoCAD R12/LT2	后缀名为.dxf

其中缺省情况下 AutoCAD 2008 保存图形文件的格式是 AutoCAD 2008 图形，应试者应熟悉并掌握每种保存方式以及它们的含义。

(2)使用.bak 备份文件当用户保存当前的图形文件时，系统会自动生成一个与该图形文件名称相同，但是扩展名为.bak 的文件，该备份文件与图形文件位于同一个文件夹中。该文件的作用是当发生意外情况导致原图形文件无法打开时，可以将.bak 文件重命名为带有.dwg 扩展名的文件，即可恢复文件。

(3)使用 QSAVE 或 SAVEAS 命令保存图形后，AutoCAD 2008 并不结束对当前图形的编辑操作，退出当前图形。若用户需要关闭当前图形文件，使用下列方法均可：

选择"文件/关闭"命令；

单击绘图窗口右上角的关闭按钮；

在命令行输入"CLOSE(关闭)"命令。

注意：若在命令行输入"EXIT"命令，则会把整个 AutoCAD 2008 软件关闭。

【例题 3-11】 AutoCAD 软件默认的图形保存格式是？

A. *.DWG

B. *.DWT

C. *.BAK

D. *.DXF

【答案】 A

使用 AutoCAD 软件首先要知道和该软件相关的几种文件格式，"*.DWG"是 AutoCAD 默认的文件格式，"*.DWT"是 AutoCAD 的图形样板文件格式，"*.BAK"是 AutoCAD 的备份文件格式，"*.DXF"是 AutoCAD 的图形交换格式。可以知道答案为 A。

【例题 3-12】 在使用 BAK 文件时，哪个说法是正确的？

A. AutoCAD 在保存后会自动生成 BAK 文件

B. BAK 文件不可以使用 AutoCAD 直接打开

C. 每次 AutoCAD 文件保存都会另存一个新的 BAK 文件

D. 每次 AutoCAD 文件保存都会自动更新已有 BAK 文件

【答案】 A、B、D

该题主要考查 BAK 备份文件的使用。AutoCAD 文件保存后生成 BAK 后缀备份文件，它是不可以使用 AutoCAD 直接打开的，而且可能需要将该文件复制到另一个文件夹中，以免覆盖原始文件，用户还要注意每次 AutoCAD 文件保存都会自动更新已有 BAK 文件，而不会生成新的 BAK 文件。所以答案选择 A、B、D。

【例题 3-13】 以下列哪种方式不能实现关闭图形文件而不关闭软件？

A. 在命令行输入 CLOSE 命令

B. 在命令行输入 EXIT 命令

C. 在下拉菜单选择"文件/关闭(C)"命令

D. 单击绘图窗口右上角的关闭按钮

【答案】 B

该题主要考查对关闭图形方法的了解。在命令行输入 CLOSE 命令，或在下拉菜单选择"文件/关闭(C)"命令，或者单击绘图窗口右上角的关闭按钮均可以关闭当前图形文件，而在命令行输入 EXIT 命令则将 AutoCAD 软件关闭。从以上可以知道答案为 B。

3.2.5　工作空间的概念

工作空间是经过分组和组织的菜单、工具栏和选项板的集合，用户可以在自定义的、面向任务的绘图环境中工作。使用工作空间时，只会显示与任务相关的菜单、工具栏和选项板。此外，在部分工作空间中还会自动显示面板。

用户可以轻松地切换工作空间，产品中已定义了以下两个基于任务的工作空间：

(1) 三维建模，如图 3-2 所示；

(2) AutoCAD 经典，如图 3-3 所示。

"工作空间"工具栏如图 3-15 所示，选择打开左上角"工作空间"工具栏的下拉列表框您可以选择选项，如图 3-16 所示，用户还可以创建自己的工作空间，可以修改默认工作空间。

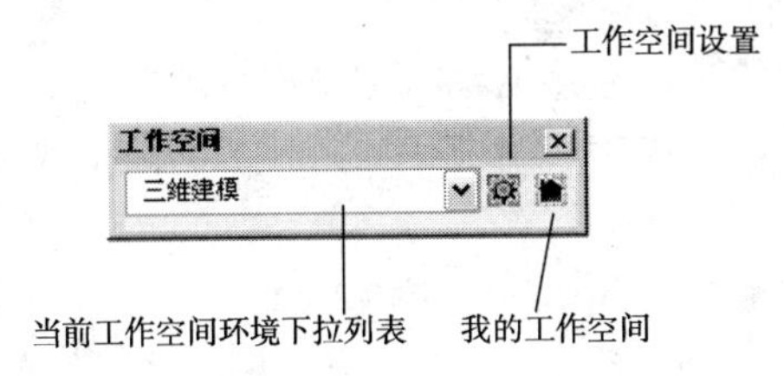

图 3-15　"工作空间"工具栏

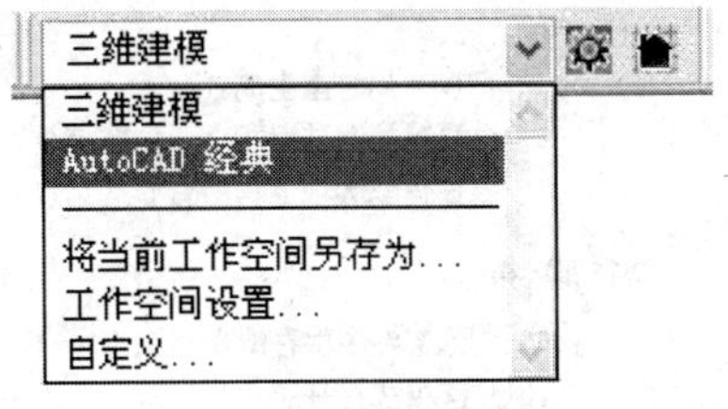

图 3-16　选择需要的工作空间

工作空间的设置和使用有以下知识点可以考查：

(1) 掌握创建、使用工作空间的方法。

(2) 掌握切换工作空间的方法。

【例题 3-14】 下列哪一种使用“工作空间”的说法不正确?

A. 用户可以更改自己创建的“工作空间”

B. 用户可以删除默认的“工作空间”

C. 用户可以更改自己创建的“工作空间”

D. 用户不可以更改默认的“工作空间”

【答案】 D

根据前面对工作空间概念的理解,该题答案为 D。

3.2.6 多文档设计环境

为了方便绘图,可以在 AutoCAD 2008 中设置使用多文档设置环境。多文档设计环境在实际绘图中能够方便用户的操作,方便地在它们之间传输信息,例如可以在多文档之间进行快速的复制、粘贴对象,或是进行设置和匹配等操作。

使用多文档设计环境主要有以下知识点可以考查:

(1)掌握多文档设计环境中图形之间切换的方法;

(2)多文档和单文档设计环境之间的切换。多文档和单文档设计环境之间的切换是通过在“选项”对话框的“系统”选项卡的“基本选项”选项组中选中“单文档兼容模式”实现的,如图 3-17 所示。

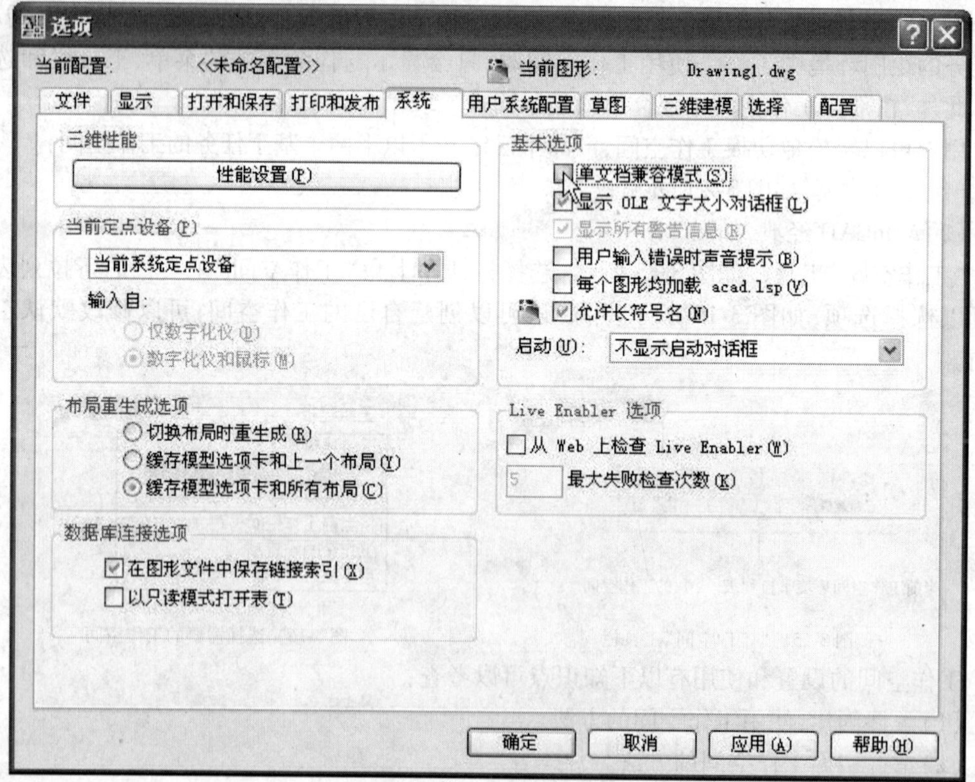

图 3-17 多文档和单文档设计环境的切换

【例题 3-15】 在多文档之间进行切换的快捷键是什么？

A. CTRL + F6

B. Shift + 6

C. Shift + F6

D. Ctrl + Tab

【答案】 A、D

AutoCAD 可以同时打开多个图形文件，但只有一个图形处于激活状态，可以使用 CTRL + F6 或 Ctrl + Tab 组合键在多个打开的图形之间进行切换。所以答案为 A、D。

【例题 3-16】 在多文档环境中可以进行的操作是哪个？

A. 利用移动命令将图形对象从一个文档移动到另一个文档

B. 利用镜像命令将图形对象从一个文档镜像到另一个文档

C. 同一条多段线可以从其中一个文档画到另一个文档

D. 相互复制图形对象

【答案】 D

该题主要考查对多文档的熟悉程度。通过多文档可以方便地在单个任务中打开的多个图形之间传输信息，也可以在多文档之间进行快速的复制、粘贴对象，或是进行设置和匹配等操作。但是只能在同一个文档进行一个完整的命令，而不能在多个文档之间完成一个命令，所以可以知道只有答案 D 是正确的。

3.2.7 菜单的使用

在 AutoCAD 2008 的使用中，熟练掌握菜单的使用对绘制和编辑图形起到非常重要的作用，菜单主要包括下拉菜单和快捷菜单两种，是认证考试中一个重点考查部分，应试者应予以重视。

菜单的使用主要有以下知识点可以考查。

3.2.7.1 使用下拉菜单选项的各种约定

AutoCAD 2008 几乎全部的功能都可以使用下拉菜单来实现，使用下拉菜单可以很方便的执行各种命令。

单击菜单名，则弹出相应的下拉菜单，下拉菜单的每一行称为一个菜单选项，可以看到某些菜单选项后面带有“▶”、“…”、Ctrl + O、(H)之类的符号或组合键，如图 3-18 所示，用户应熟悉并掌握这些符号和组合键代表的含义。

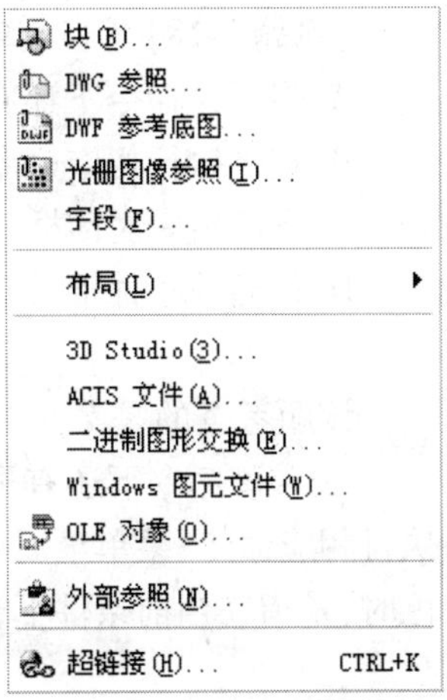

块(B)...
DWG 参照...
DWF 参考底图...
光栅图像参照(I)...
字段(F)...
布局(L) ▶
3D Studio(3)...
ACIS 文件(A)...
二进制图形交换(E)...
Windows 图元文件(W)...
OLE 对象(O)...
外部参照(X)...
超链接(H)... CTRL+K

图 3-18　菜单选项后面的符号或组合键

3.2.7.2 使用快捷菜单

在 AutoCAD 2008 中快捷菜单的使用非常频繁，快捷菜单也称为上下文关联菜单，单击鼠标右键就可以激活一个快捷菜单，快捷菜单设置的目的是加快操作速度，它比使用命令行的速度更快。使用它们可以在不启动菜单栏的情况下,快速获取当前动作有关命令。

在屏幕的不同区域单击鼠标右键,可以显示不同的快捷菜单,这些区域包括:

(1)绘图区域内选定或没有选定任何对象;

(2)绘图区域内一个命令期间;

(3)在文字和命令窗口中;

(4)绘图区域内和设计中心中的图标上;

(5)绘图区域内和“在位文字编辑器”中的文字上;

(6)工具栏或工具选项板上;

(7)模型或布局选项卡上;

(8)状态栏或状态栏按钮上;

(9)特定对话框上。

如图 3-19 所示为经常使用的一些快捷菜单。对以上会出现快捷菜单的部分,应试者应熟悉掌握,对每部分显示的快捷菜单内容都应该清楚。

【例题 3-17】 使用快捷方式打开“工具”下拉菜单的方法是:

A. 按 ALT + E 键

B. 按 ALT + V 键

C. 按 ALT + T 键

D. 按 CTRL + V 键

【答案】 C

该题考查的是下拉菜单的快捷打开方式。“ALT + E”键是打开“编辑”下拉菜单,“ALT + V”键是打开“视图”下拉菜单,“ALT + T”键是打开“工具”下拉菜单,“CTRL + V”键是从剪贴板粘贴对象。显然答案选择 C。

【例题 3-18】 当菜单项为灰色时,表示什么?

A. 表示该命令下还有子级菜单

B. 直接执行相应命令

C. 将调出一对话框

D. 在当前条件下,该命令不可用

【答案】 D

该题考查的是菜单选项后面带有的各类符号或组合键的意义。菜单项后跟三角形“▶”表示该命令下还有子级菜单;菜单项后跟快捷键表示打开该菜单时,按下快捷键即可执行相应命令;菜单项后跟省略号“…”表示选择该命令后将调出一对话框;当菜单项为灰色时,是指在当前条件下,该命令不可用。所以选择答案 D。

【例题 3-19】 下列哪个区域上单击鼠标右键时,可以显示快捷菜单?

A. 模型或布局选项卡

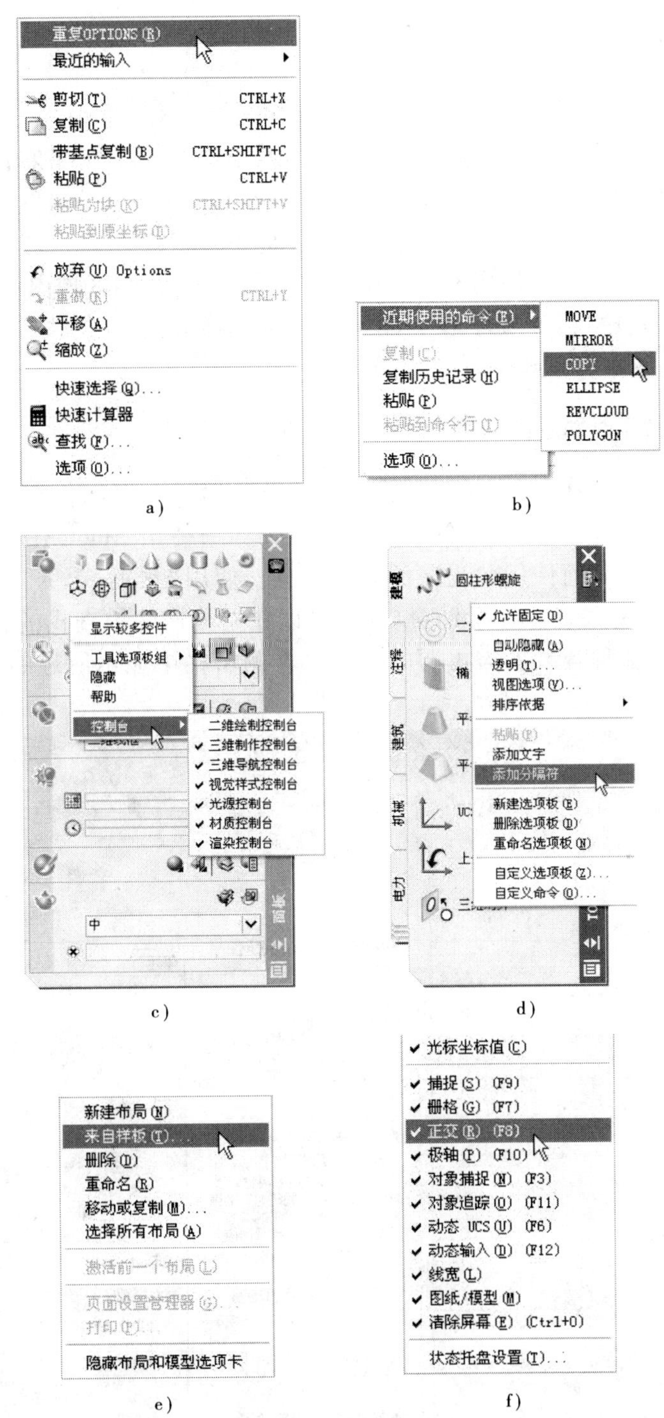

图 3-19　常用区域快捷菜单

a)绘图区域快捷菜单;b)命令行快捷菜单;c)面板快捷菜单;d)工具选项板快捷菜单;
e)模型空间快捷菜单;f)状态栏快捷菜单

B. 文字和命令窗口

C. 绘图区域内

D. 状态栏或者状态栏按钮上

【答案】 A、B、C、D

该题考查的是对快捷菜单概念的理解。在屏幕的不同区域上单击鼠标右键时,可以显示不同的快捷菜单,包括绘图区域内选定或没有选定任何对象、绘图区域内一个命令期间、在文字和命令窗口中、绘图区域内和设计中心中的图标上、绘图区域内和"在位文字编辑器"中的文字上、工具栏或工具选项板上、模型或布局选项卡上、状态栏或状态栏按钮上、特定对话框上。所以本题答案选择 A、B、C、D。

3.2.8 在线帮助和实时助手的使用

在使用 AutoCAD 2008 时有时会出现不了解的地方,掌握如何有效使用帮助系统后,用户会从中获益匪浅。帮助系统中包含了有关如何使用 AutoCAD 完整的信息。帮助系统中包含了有关如何使用此程序的完整信息。使用"帮助/帮助"命令或者功能键 F1 都可以打开主帮助系统。在帮助窗口中,可以在左侧窗格中查找信息。左侧窗格上方的选项卡提供了多种查看所需主题的方法。右侧窗格中显示所选的主题,如图 3-20 所示。

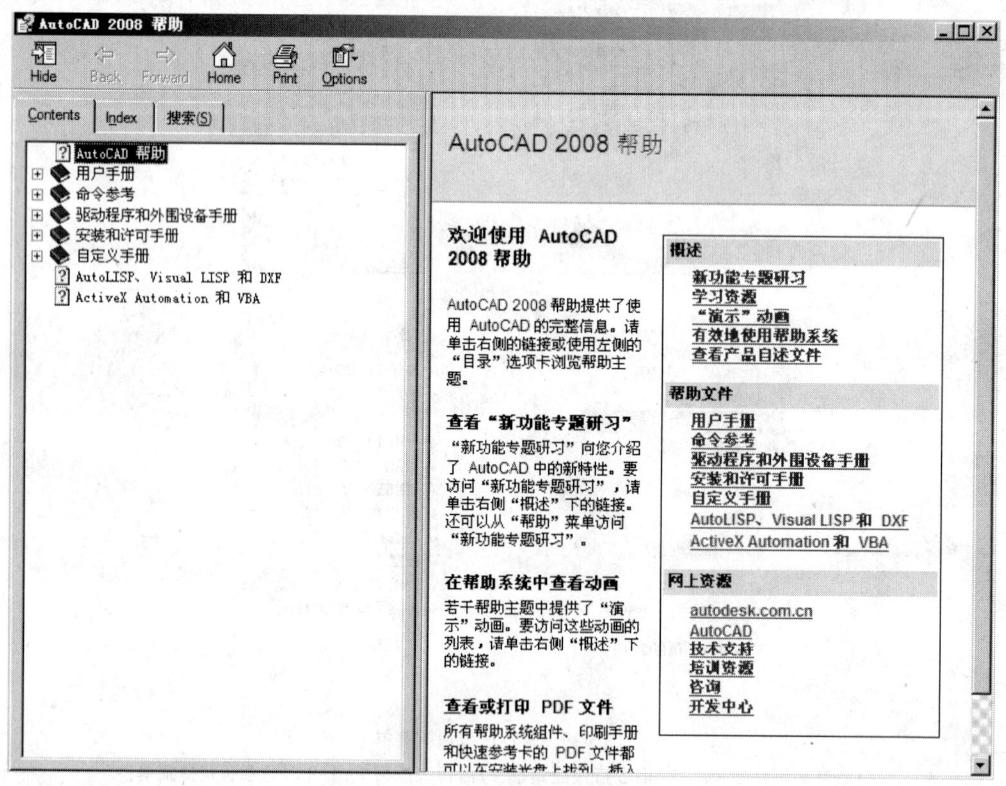

图 3-20 AutoCAD 2008 帮助系统

使用帮助主要有以下知识点可以考查。

3.2.8.1　主帮助系统

使用“帮助/帮助”命令或者功能键 F1 都可以打开主帮助系统。“帮助”对话框显示“目录”选项卡，利用“目录”选项卡可以以主题和次主题列表的形式显示可用文档的概述，允许用户通过选择和展开主题进行浏览，帮助系统提供了一个结构，使用户可以始终了解自己所处的位置，并能很快地跳到其他主题。除了“目录”选项卡，还有“索引”和“搜索”选项卡。可以对“搜索”选项卡中所列的所有主题进行全文搜索，还允许用户对特定的单词或词组进行彻底的搜索，将显示包含用户在关键字字段中输入的单词的主题分级列表。

如果在命令执行的中间按 F1 功能键，打开的“帮助”对话框显示该命令的概念、操作步骤和命令调用情况。例如现在执行“正多边形”命令，按 F1 则会显示如图 3-21 所示帮助对话框。

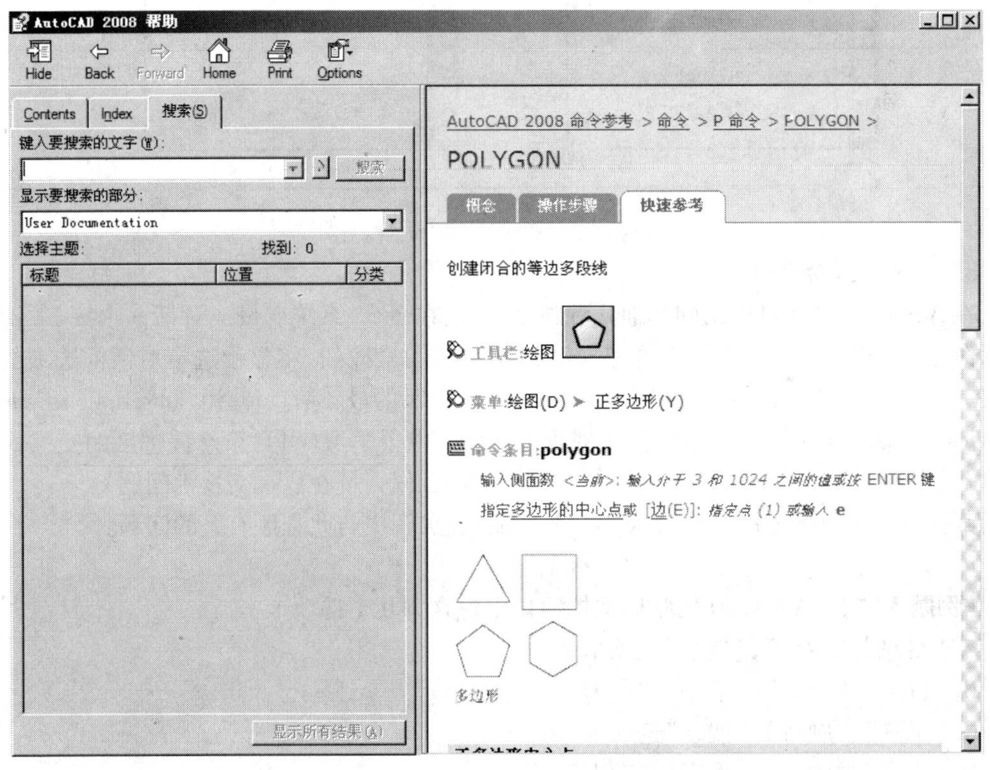

图 3-21　执行“正多边形”命令时的“帮助”对话框

3.2.8.2　信息选项板

在实际应用中，往往需要实时的帮助，实时助手——“信息选项板”能及时提供与上下文相关的帮助信息，如图 3-22a）所示。“信息”选项板是一个精简的选项板，只占用绘图区域中的很少空间，按 Ctrl +5 组合键可以快速打开或关闭“信息选项板”。

当执行命令时，“快速帮助”都将显示与当前命令相关的步骤列表，图 3-22b）所示为正多边形（Polygon）命令时显示的帮助。通常，“快捷帮助”提供的信息足以帮助用户完成不熟悉或很少使用的任务。“信息选项板”在启动新命令时更新所显示的“快捷帮助”信息。如果用户需要冻结显示的信息,则可以锁定“信息选项板”。

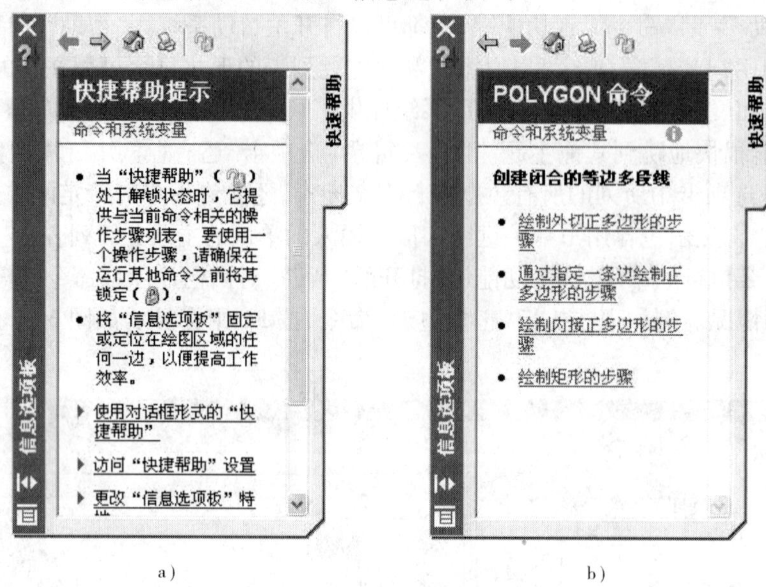

图 3-22 “信息选项板”对话框

3.2.8.3 其他帮助资源

在 AutoCAD 中还可以访问其他几种帮助资源:在命令、系统变量或对话框中按 F1 键将显示命令参考中的完整信息;在许多对话框中单击问号按钮,将显示选定对话框选项的说明;在帮助中查看产品自述文件主题,将显示有关此产品的最新信息;使用 Subscription Center,Autodesk Subscription 成员可以访问一些资源,例如,电子学习(可自行掌握进度的交互式课程)以及 Web 支持(客户可以从中向 Autodesk 支持工作人员在线提交技术问题)。

其他资源可以帮助用户获得 Autodesk 产品信息,解决与此程序有关的问题。

【例题 3-20】 AutoCAD 的帮助文档窗口中包含哪几个选项卡?

A.“目录”、“索引”、“搜索”选项卡

B.“目录”、“索引”、“书签”选项卡

C.“工具”、“题目”、“搜索”选项卡

D.“工具”、“索引”、“搜索”选项卡

【答案】 A

在打开帮助文档窗口后,可以看到左侧显示“目录”、“索引”和“搜索”三个选项卡,右侧窗格中显示所选的主题。所以答案选择 A。

【例题 3-21】 使用快捷帮助,以下说法正确的是:

A. 快速访问联机培训资源、联机开发人员中心、开发人员帮助

B. 快捷帮助显示在信息选项板上

C. 使用快捷帮助可以为对话框提供帮助

D. 使用快捷帮助可以获得正在使用命令的帮助

【答案】 B、C、D

“信息”选项板中的“快捷帮助”提供了来自帮助系统的便捷信息。使用“快捷帮助”可以在占用很少绘图区域空间的精简选项板中显示操作步骤，执行任何命令时，“快速帮助”都将显示与当前命令相关的步骤列表，包括对对话框提供帮助。但是使用快捷帮助无法快速访问联机培训资源、联机开发人员中心、开发人员帮助。所以答案是 B、C、D。

3.2.9　图形的局部打开

局部打开是 AutoCAD 中很实用的功能，如果处理一个很大的图形，可以通过局部打开要使用的视图和图层几何图形来提高系统性能。

图形的局部打开主要有以下知识点可以考查。

3.2.9.1　熟悉“局部打开”对话框的使用方法

使用选择“文件/打开”命令，选择需要打开的图形文件，单击右下角箭头，弹出菜单中选择“局部打开”选项，如图 3-23 所示。打开“局部打开”对话框，如图 3-24 所示，可以加载所需的图层。如果未选择图层进行加载，将不会在图形中加载任何图层几何图形，但是所有图形图层都位于图形中。因此，如果在一个未被加载的图层上绘制对象，对象很可能就绘制在未被加载的现有几何图形上。如果未指定要加载到图形中的图层，那么即使指定加载几何图形的视图，也不会加载几何图形。

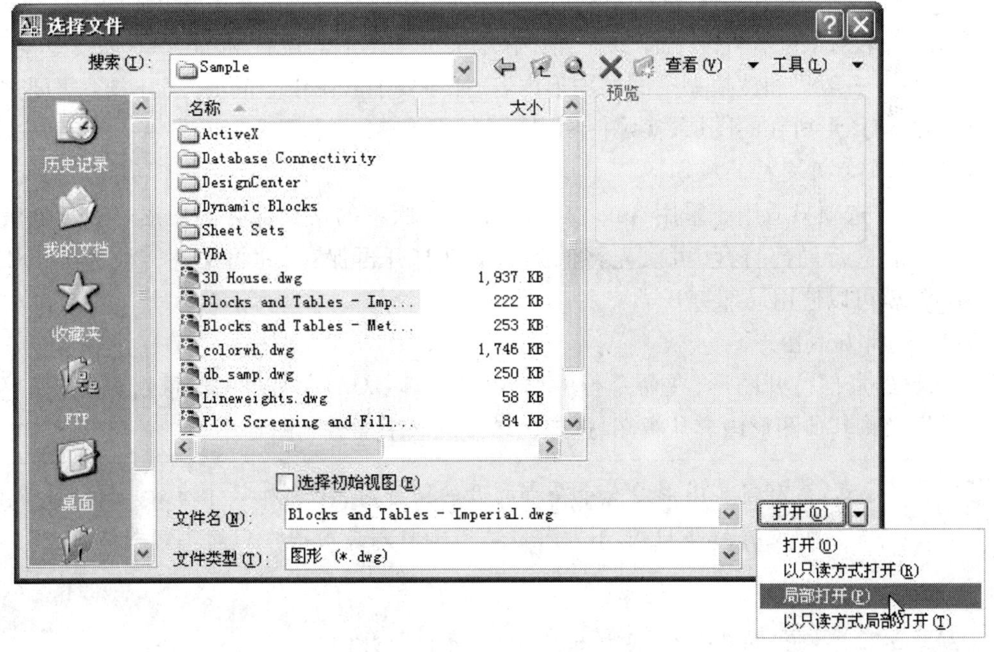

图 3-23　选择“局部打开”选项

例如，如图 3-24 所示中，如果需要加载“0”和“A-Door_1”图层上的几何图形时，只要在

“局部打开”对话框的“要加载几何图形地图层”选项组中将“0”和“A-Door_1”图层后打上勾，则在打开的图形中只包含这两个图层的几何图形。

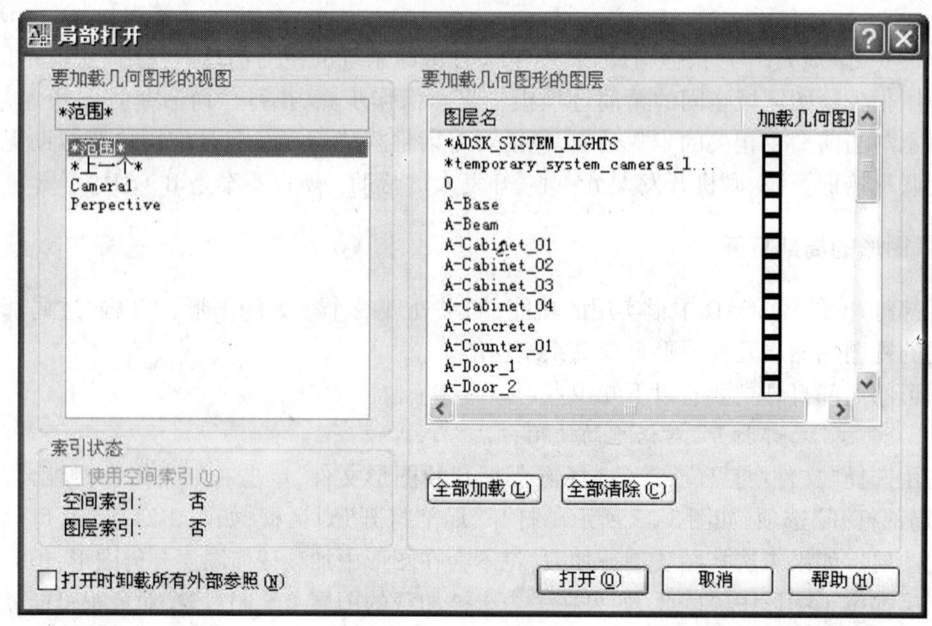

图 3-24 “局部打开”对话框

用户只能编辑加载到图形文件中的内容，但是图形中所有命名对象均可以在局部打开的图形中使用。命名对象包括图层、视图、块、标注样式、文字样式、视口配置、布局、UCS 和线型等。

局部打开一般只加载模型空间的图形内容，如果要加载图纸空间的几何图形，需要选择图纸空间几何图形所在的图层，实际使用中不太方便。

3.2.9.2 局部打开支持的版本

局部打开选项只适用于采用 AutoCAD 2000 以上版本的格式保存的图形。对于低版本的文件，不能进行局部打开，可以先将低版本文件打开再保存，即将文件转换为 AutoCAD 2008 格式，就可以使用局部打开了。

3.2.9.3 局部加载图形

如果已经局部打开图形，在命令行中输入“PARTIALOAD”命令可以重新显示“局部加载”对话框。将其他图形内容从视图、选定区域或图层中加载到图形中。

注意：只有当前图形是一个局部打开的图形时，局部加载才有效。局部加载没有逆操作，即没有局部卸载，不能卸载已被加载到当前图形中的几何图形。

【例题 3-22】 在“局部打开”对话框中，默认条件下几何图形的视图是：

A.“对象”视图

B.“范围”视图

C.“窗口”视图

D.“上一个”视图

【答案】 B

该题主要考查对“局部打开”对话框掌握的熟练程度。如果使用大图形,则可以通过仅打开要使用的视图和图层几何图形来提高性能,这里就需要使用到“局部打开”对话框,首先在“局部打开”对话框中选择一个视图(默认为“范围”视图),然后选择需要打开的图层打开。从以上内容可以知道答案为B。

【例题3-23】 下列命名对象中,哪些可以在局部打开的图形中使用?

A. 图层

B. 文字样式

C. 视图

D. 打印样式

【答案】 A、B、C

该题主要考查可以在局部打开的图形使用的命名对象的类型,主要包括图层、视图、块、标注样式、文字样式、视口配置、布局、UCS和线型等,显然答案为A、B、C。

3.2.10 在Internet上打开和保存图形文件

在AutoCAD 2008中,增强了Internet环境下的图形文件功能。用户可以使用AutoCAD在Internet上打开和保存文件,文件输入和输出命令可以识别任何指向AutoCAD文件的有效URL路径。指定的图形文件被下载到用户的计算机上并在AutoCAD绘图区域中打开。然后,用户可以编辑并保存该图形,该图形文件既可以保存在本地磁盘中,也可以保存在Internet或intranet上具有足够访问权限的位置。如果已知要打开的文件的URL,则可以直接在“选择文件”对话框中输入。也可以在“选择文件”对话框中浏览已定义的FTP站点或Web文件夹,使用“浏览Web”对话框定位到存储文件的Internet位置,或使用“选择文件”或“图形另存为”对话框中的Buzzsaw图标访问由Autodesk Buzzsaw开设的工程协作站点。在Internet上打开和保存图形文件主要有以下知识点可以考查。

(1)用户使用“浏览Web”对话框。

使用“浏览Web”对话框,用户可以快速定位到要打开或保存文件的特定的Internet位置。用户可以指定一个默认Internet网址,每次打开“浏览Web”对话框时都将加载该位置。所以如果不知道正确的URL,或者不想在每次访问Internet网址时输入冗长的URL,用户即可以使用“浏览Web”对话框方便地访问文件,如图3-25所示。

(2)了解在Internet上打开和保存图形文件的多种方式,这些方式包括:

通过输入URL从Internet上打开AutoCAD文件;

通过浏览FTP站点从Internet上打开AutoCAD文件;

通过浏览Web文件夹从Internet上打开AutoCAD文件;

通过输入URL将AutoCAD文件保存到Internet上;

通过浏览 FTP 站点将 AutoCAD 文件保存到 Internet 上；
通过浏览 Web 文件夹将 AutoCAD 文件保存到 Internet 上；
指定“浏览 Web”对话框使用的默认 Internet 位置；
使用“浏览 Web”对话框从 Internet 上打开 AutoCAD 文件；
使用“浏览 Web”对话框将 AutoCAD 文件保存到 Internet 位置。

图 3-25 “浏览 Web”对话框

【例题 3-24】 当 AutoCAD 与网络连接后，下列叙述错误的是：

A. 可以在此软件中运行 Web 浏览器

B. 通过生成的. dwf 文件，可以在网页上浏览图形

C. 能够打开和插入 Internet 上的图形

D. 不能将创建的图形保存到 Internet 上

【答案】 D

AutoCAD 与网络连接后，可以在 Internet 上打开和保存图形文件；使用“浏览 Web”对话框，可以快速定位到要打开或保存文件的特定的 Internet 位置；通过生成的. dwf 文件，还可以在网页上浏览图形。

3.3 习题与答案

3.3.1 习题

1. 启动 AutoCAD 2008 后，弹出的对话框有几个工作空间可以选择？

A. 1

B. 2

C. 4

D. 根据设定的工作空间数量来决定

2. 若选择“三维建模”工作空间,其用户界面包括下列哪些组成部分?

A. 工具选项板、面板、命令行

B. 工具选项板、面板、模型布局选项板

C. 工具选项板、命令行、“绘图”工具栏

D. 工具选项板、面板、状态栏

3. 在 AutoCAD 2008 中,哪项操作可以进入“清除屏幕”(专业模式)?

A. CTRL + 1

B. “视图/清除屏幕”命令

C. 在命令行输入“CLEANSCREENOFF”

D. 单击视图的右下角的“清除屏幕”图标

4. 在 AutoCAD 中,下面哪个工具栏是用来绘制二维图形的?

A. 建模

B. 渲染

C. 绘图

D. 实体编辑

5. 执行“设计中心”的快捷键是:

A. CTR + 0

B. CTR + 1

C. CTR + 2

D. CTR + 3

6. 在 AutoCAD 2008 中可以保存的图形格式是:

A. AutoCAD 2000

B. AutoCAD 2004

C. AutoCAD R14

D. AutoCAD 2008

7. 在图形窗口中显示滚动条是在“选项”对话框哪个选项板?

A. 文件

B. 显示

C. 用户系统配置

D. 选择

8. 在绘图区域可以使用快捷菜单是在“选项”对话框哪个选项板设置?

A. 文件

B. 显示

C. 用户系统配置

D. 选择

9. 关于“工作空间”,说法正确的是:

A. 可以创建新的工作空间

B. 可以修改 AutoCAD 2008 中默认的工作空间

C. 用户不可以删除 AutoCAD 2008 中默认的工作空间

D. 用户可以删除自定义的工作空间

10. “选项”命令是在下面哪个下拉菜单中?

A. “文件”下拉菜单

B. “工具”下拉菜单

C. “视图”下拉菜单

D. “编辑”下拉菜单

11. 以下哪些工具按钮都在“修改”工具栏中?

A. 阵列、偏移、圆角、合并

B. 直线、点、合并、图案填充

C. 直线、点、正多边形、拉长

D. 合并、修剪、镜像、分解

12. 在 AUTOCAD 2008 中,对象捕捉开关的快捷键是:

A. F1

B. F2

C. F3

D. F4

13. 下列命名对象中,哪些可以在局部打开的图形中使用?

A. 编组

B. 视口配置

C. 文字样式

D. 标注样式

14. 在工具栏上可以打开弹出式菜单的按钮是:

A. “多行文字”按钮

B. “表格”按钮

C. “缩放”按钮

D. “点”按钮

15. 在状态栏中可以显示的按钮不包括:

A. “命令行”按钮

B. “DUCS”按钮

C. “DYN”按钮

D. “清除屏幕”按钮

16. 在命令行中单击鼠标右键，弹出的快捷菜单中，选择“近期使用的命令”选项，在弹出的子菜单中可以选择近期使用的最多几个命令？

A. 2 个

B. 5 个

C. 6 个

D. 7 个

17. 如果要多次使用 Line 命令，在命令行输入：

A. mline

B. mult line

C. multipleline

D. multiple line

18. 在“三维建模”工作空间当中，AutoCAD 2008 的“面板”选项板中，初始界面包含下列哪些控制台？

A. 光源控制台

B. 三维制作控制台

C. 三维导航控制台

D. 二维绘制控制台

19. 下列说法不正确的是：

A. 用户只能编辑加载到图形文件中的内容

B. 图形中所有命名对象均可以在局部打开的图形中使用

C. 图形中命名对象包括图层、视图

D. 图形中命名对象不包括块、标注样式

20. 在 Internet 上打开和保存图形文件，说法不正确的是：

A. 用户可以使用 AutoCAD 在 Internet 上打开文件

B. 用户可以使用 AutoCAD 在 Internet 上保存文件

C. 用户可以使用 AutoCAD 将指定的图形文件下载到用户计算机上

D. 以上说的都不对

21. 在 Internet 上打开和保存图形文件有多种方式，不包括：

A. 使用“浏览 Web”对话框可以从 Internet 上打开 AutoCAD 文件

B. 使用“浏览 Web”对话框可以将 AutoCAD 文件保存到 Internet 位置

C. 通过输入 URL 一定能将 AutoCAD 文件保存到 Internet 上

D. 通过浏览 FTP 站点不一定能够将 AutoCAD 文件保存到 Internet 上

22. AutoCAD 的备份文件默认扩展名为：

A. *.SAV

B. *.BAK

C. *.DWL

D. *.ac $

23. 使用 AutoCAD 帮助文档,在“搜索”选项卡中可以设置的筛选条件包括:

A. 搜索上一次结果

B. 匹配相似的单词

C. 收藏夹

D. 仅搜索标题

24. 使用信息选项板时,若希望锁定信息选项板中内容时,应该:

A. 在信息选项板标题栏快捷菜单上选择“允许固定”

B. 在信息选项板上方工具栏上点击按钮

C. 关闭信息选项板

D. 将信息选项板隐藏

25. 下列哪个是 AutoCAD 2008 使用界面中新增的部分?

A. 面板

B. 工具选项板

C. 命令行

D. 状态栏

3.3.2 答案

1. D

2. A、D

3. B、D:本题考查对“清除屏幕”的了解,包括进入“清除屏幕”的步骤。“CTRL + 1”是打开“特性”选项板,“CLEANSCREENOFF”命令是退出“清除屏幕”。

4. C

5. C

6. A、B、C、D:本题考查对 AutoCAD 保存格式的了解。在 AutoCAD 2008 中,使用了新的保存文件格式-AutoCAD 2008 图形格式,但是仍然支持向下兼容,包括 AutoCAD R14 图形格式。

7. B

8. C

9. A、B、D:本题考查对 AutoCAD 2008 工作空间的掌握。AutoCAD 2008 增强了工作空间的功能,定义了两个基于任务的工作空间中,而且用户还可以创建新的工作空间,修改并删除默认的空间。

10. B

11. A、D

12. C

13. B、C、D:本题考查对局部打开功能的熟悉程度。用户只能编辑加载到图形文件中的部分,但是图形中所有命名对象均可以在局部打开的图形中使用。命名对象包括图层、视图、块、标注样式、文字样式、视口配置、布局、UCS 和线型。

14. C

15. A

16. C

17. D:本题考查对重复输入命令的了解。可以通过输入“multiple + 空格 + 命令名”来重复命令,例如输入命令“multiple circle”表示重复绘制圆,要取消进行中的命令,请按 ESC 键。

18. A、B、C

19. A、B、C、D

20. D

21. C:本题考查在 Internet 上打开和保存图形文件的步骤。本题所有选项的操作都可以进行操作,但是选项 C 叙述一定能将 AutoCAD 文件保存到 Internet 上,是不正确的,将 AutoCAD 文件保存到 Internet 上的前提是在保存文件的位置需要设置更改的权限。

22. B

23. A、B、D

24. B

25. A

第四章 基本操作

4.1 考试要求

本章大纲

掌握用户坐标系、世界坐标系的概念和坐标输入。

掌握动态输入的概念、动态输入的开关以及指针输入和坐标输入。

掌握图层的基本概念及使用。

熟悉视图的概念及使用。

了解模型空间、布局的概念及创建(切换)。

熟练掌握对象捕捉、追踪和极轴追踪。

掌握设置、查询对象的特性,了解查询图形信息,能使用查询命令获取对象的数据库信息。

熟悉应用各种命令、工具栏按钮、菜单方式对视窗进行缩放、平移等操作。

掌握应用向导、样板图、默认设置,创建用户自己的绘图环境。

本章主要考查 AutoCAD 2008 的基本操作。本章部分在认证考试中占有较大的比重,应试者应紧扣大纲,彻底掌握大纲中的内容,才能更好地掌握 AutoCAD 2008 的工作方式和使用方法。

4.2 知识要点及例题分析

下面就本章应该掌握的知识点逐个进行分析讲解。

4.2.1 世界坐标系、用户坐标系的概念和在绝对坐标、相对坐标、极坐标下的坐标输入

4.2.1.1 世界坐标系、用户坐标系

在屏幕上指定点是 AutoCAD 最基本的任务之一。要精确地确定点的位置,就要使用坐标系。在 AutoCAD 中有两种坐标系统,一种称为世界坐标系 WCS(World Coordinate System),它是一个固定坐标系,是 AutoCAD 默认的坐标系统。另一种称为用户坐标系 UCS(User Coordinate System),它是不固定的、可移动的坐标系,用于可以依据 WCS 定义 UCS。

用户坐标系和世界坐标系主要有以下知识点可以考查。

(1)世界坐标系、用户坐标系的概念及相互关系

世界坐标系 WCS 总是存在于每一个图形之中,并且不可更改。在默认的世界坐标系

WCS 中,X 轴是水平的,Y 轴是垂直的,Z 轴垂直于 XY 平面。当 Z 轴坐标为零时 XY 平面就是我们进行绘图的默认平面,它的原点是图形 X 轴和 Y 轴的交点(0,0)。根据 WSC 的习惯,沿 X 轴正方向向右为水平距离增加的方向;沿 Y 轴正方向向上为竖直距离增加的方向;垂直于 XY 平面,沿 Z 轴正方向从所视方向向外为距离增加的方向。在二维绘图中,使用世界坐标系 WCS 即可基本满足用户需要。但是在三维绘图中,由于世界坐标系 WCS 只能显示出单个二维平面,用户无法全面观察和绘制三维图形。所以 AutoCAD 提供了用户坐标系 UCS 来解决这个问题。以世界坐标系 WCS 为基础,可以创建无限多的用户坐标系 UCS。在 UCS 中,原点及 X 轴、Y 轴、Z 轴方向都可以移动和旋转,甚至可以依赖于图形中某个特定的对象。尽管在用户坐标系 UCS 中的 3 个轴之间仍然互相垂直,但在方向和位置上都有更大的灵活性。

(2)使用 UCS 命令创建新的用户坐标系

在 AutoCAD 中,可以通过调用 UCS 命令创建一个新的用户坐标系,也可以删除一个已存在的 UCS 用户坐标系。一个新的用户坐标系 UCS 可以通过指定新的用户坐标系 UCS 的原点或 Z 轴(ZA)、三点(3POINT)、对象(OB)、面(F)、视图(V)等多种方法来创建。若将某用户坐标系 UCS 置为当前坐标系,其 XY 平面被称为构造平面,构造平面就是当前默认的绘图工作平面。

【例题 4-1】 在 AutoCAD 的一幅图形中,世界坐标系共有几个?

A. 1

B. 2

C. 3

D. 任意多

【答案】 A

本题考查对世界坐标系概念的了解。世界坐标系(UCS)只有一个并不可更改,但是可以创建无限多个用户坐标系。

【例题 4-2】 在 AutoCAD 中,有关用户坐标系的说法正确的是:

A. 用户坐标系的原点与世界坐标系的原点吻合

B. 用户坐标系的水平正向与世界坐标系的水平正向一致

C. 世界坐标系只有一个,而用户坐标系可设置多个

D. 用户坐标系统的图标可以不显示

【答案】 C、D

本题考查了对坐标系的了解。世界坐标系只有一个而用户坐标系可以有无限个,用户坐标系可以不与世界坐标系原点、水平方向吻合,也可以不显示用户坐标系统的图标。

【例题 4-3】 在 AutoCAD 中,以下对坐标系的描述错误的是:

A. 坐标系分为世界坐标系和用户坐标系

B. 世界坐标系和用户坐标系只能存在一个

C. 用户坐标系可随时改变

D. 世界坐标系绝对不可能改变

【答案】 B

本题考查了对世界坐标系和用户坐标系区别的了解。

4.2.1.2　坐标输入

在 AutoCAD 中绘制图形对象时,往往要求输入点来确定它们的位置、大小和方向。在指定任一点时,可以在绝对坐标、相对坐标和极坐标下进行坐标输入。坐标输入主要有以下知识点可以考查。

(1)笛卡儿坐标系和极坐标系的概念

笛卡儿坐标系(也称为直角坐标系)和极坐标系是几何学里面两套最基本的坐标系统。笛卡儿坐标系有三个坐标轴:X、Y 和 Z。坐标值的输入方式是“x,y,z”,对于二维是“x,y”,x 值表示水平距离,y 值表示垂直距离,坐标值前可以加正负号表示方向。使用笛卡儿坐标系的绝对坐标形式或相对坐标形式可以定位点的坐标。

极坐标系是使用距离和角度来定位点,通常用于二维图形。极坐标值的输入方式是(L<α)。其中 L 表示距离,α 表示角度,角度和距离之间要用“ < ”分开,距离和角度前也可以加正负号表示方向。默认情况下,角度按逆时针方向为正方向,按逆时针方向增大,按顺时针方向减小。若需要指定顺时针方向为正方向,可以在角度输入中输入负值,例如,输入“1<270”和“1<-90”都代表相同的点。极坐标可以是绝对的也可以是相对的。在世界坐标系 WCS 中,笛卡儿坐标系和极坐标系都可以使用,这取决于坐标值的输入形式。

(2)绝对坐标和相对坐标输入方式的不同

在 AutoCAD 中,可以通过输入绝对坐标和相对坐标的方式来定位点,包括绝对直角坐标、相对直角坐标、绝对极坐标和相对极坐标。绝对坐标是相对于原点(0,0)的 X 轴和 Y 轴位移,或距离和角度;相对坐标相对于前一点的 X 轴和 Y 轴位移,或距离和角度。在很多情况下只需要知道图形的形状和大小,而不必关心其位置,因此,相对坐标有广泛的用途。相对坐标的表示方法是在绝对坐标表达方式前加上“@ ”号。在 AutoCAD 中,可以使用小数、分数或科学计数等形式来表示坐标值,可以使用百分度、弧度、勘测单位或度/分/秒来表示角度值。

例如绝对直角坐标“15,28”,表示该点距原点 X 方向的位移为 15,Y 方向的位移为 28。而相对直角坐标“@15,28”,表示该点相对前一点 X 方向的位移为 15,Y 方向的位移为 28。此输入方式同样适用于 3D 空间,比如“15,25,20”、“@15,25,20”。

例如绝对极坐标“15<60”,表示该点距离原点的距离为 15,该点与原点的连线与 X 轴的夹角为 60。绝对极坐标规定 X 轴的正向为 0,Y 轴正向为 90。而输入相对极坐标“@15<60”,则表示该点相对于前一点的距离为 15,该点与前一点的连线与 X 轴的夹角为 60。

(3)直接距离输入

输入坐标还有一种简单快捷的方式,即利用相对长度直接输入距离。例如,当要指定直线的起点时,可以按住左键向绘制线的方向移动鼠标,然后输入线段的相对长度即可。这种方法与正交和极轴追踪一起使用时更为方便。大多数绘图命令和编辑命令都可以使用直接距离输入的方式指定一段距离方向。

(4)控制坐标显示

在 AutoCAD 2008 中,通过窗口底部的状态栏可以动态地显示当前鼠标位置的坐标。AutoCAD 提供了三种坐标显示方式:动态绝对坐标,当鼠标移动时,可以动态更新绝对坐标,如图 4-1a)所示;静态绝对坐标,仅当指定一个点时才更新绝对坐标,此种方式的坐标显示为灰色,如图 4-1b)所示;动态相对极坐标,随鼠标移动动态更新相对极坐标,正如在绘制线段时,当已经指定一个点并准备指定下一点时,该坐标的显示,如图 4-1c)所示。

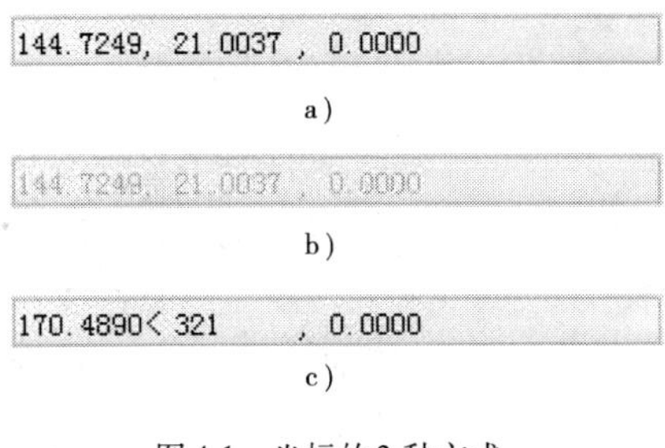

图 4-1　坐标的 3 种方式

a)动态绝对坐标;b)静态绝对坐标;c)动态相对极坐标

在实际绘图中,可以通过 F6 键或 Ctrl + D 组合键或单击状态栏的坐标显示区域,在这三种坐标显示方式之间循环切换。也可以把鼠标指向状态栏的坐标显示区域,单击右键,从弹出的快捷菜单中设置。

【例题 4-4】　绘制一长 150、宽 100 的矩形,长边与水平成 45°角。

①选择“工具/草图设置”菜单命令,打开“草图设置”对话框,在“极轴追踪”选项卡中进行如图 4-2 所示设置。

②选择“绘图/直线”菜单命令。

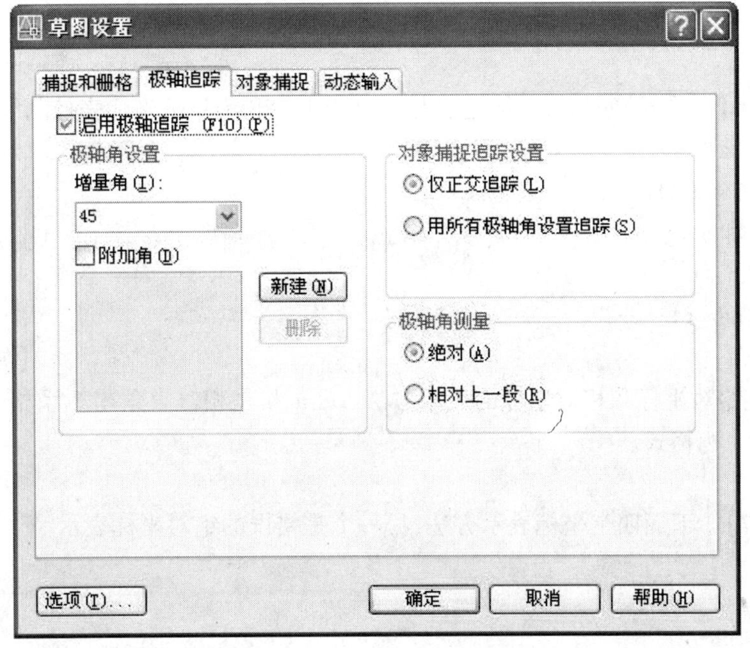

图 4-2　“极轴追踪”选项卡中进行设置

③点击绘图窗口中任意一点，然后移动鼠标到出现 45°追踪角时，输入 150，如图 4-3 所示，然后按 Enter 结束该段直线绘制。

④继续按照上述方法绘制直线，最后绘制的矩形效果如图 4-4 所示。

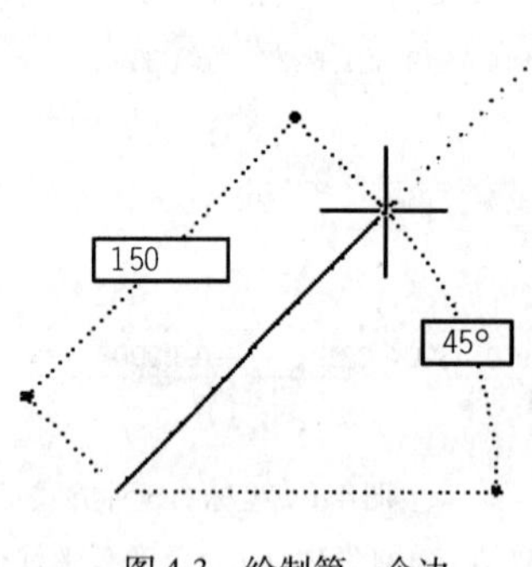

图 4-3　绘制第一个边

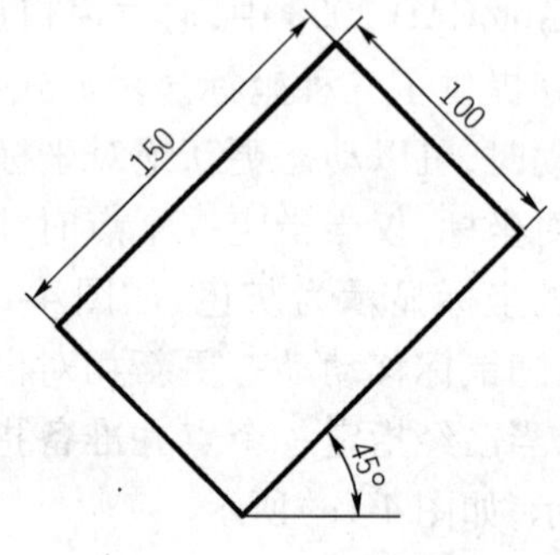

图 4-4　直接距离输入绘制图形

【例题 4-5】　下面四个坐标表示方法，哪一个是相对坐标？

A. @690

B. 6 <90

C. @6,90

D. 690

【答案】　C

本题考查了绝对坐标和相对坐标的表示方法。本题中选项 B 是绝对极坐标表示方法，选项 C 是相对笛卡儿坐标表示方法。其余选项表达都是错误的。

【例题 4-6】　平面绘图时，可以通过相对直角坐标和绝对极坐标来控制线段的起始点，格式分别是什么？

A. #a,b 和@ a <b

B. @ a,b 和 a <b

C. a,b 和 a <b

D. #a,b 和#a <b

【答案】　B

本题考查绝对坐标和相对坐标的表示方法。@ a,b 是相对直角坐标系格式，a <b 和#a <b 是绝对极坐标格式。

【例题 4-7】　下面四个坐标表示方法，哪一个是错误的绝对坐标表示？

A. 4 <0

B. @4,90

C. 4 <90

D. 4,90

【答案】 B

本题考查绝对坐标的表示方法。选项 B 是相对坐标的表示方法。

4.2.2　动态输入的概念、动态输入的开关以及指针输入和标注输入

AutoCAD 的动态输入功能,改进和提高了二维绘图功能的易用性。使用动态输入可以直接在鼠标点击处快速启动命令、读取提示和输入值,而不需要把注意力分散到绘图窗口以外。用户可在创建和编辑几何图形时动态查看标注值,如坐标、长度和角度,光标旁边显示提示信息将随着光标的移动而动态更新,如图 4-5 所示。

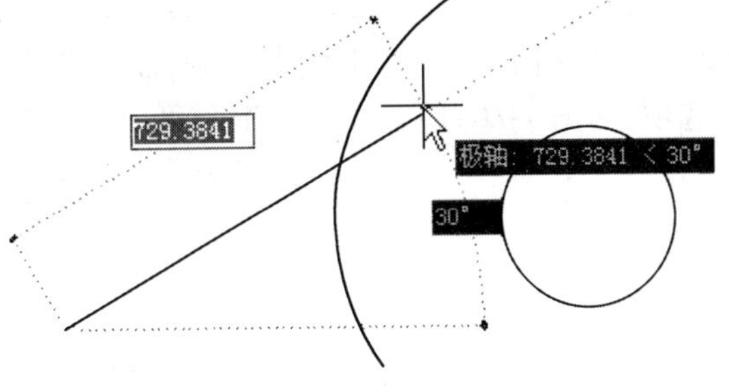

图 4-5　AutoCAD 的动态输入

动态输入主要有以下知识点可以考查。

(1)打开或关闭动态输入

通过单击状态栏中的“DYN”按钮或按 F12 键可以控制动态输入的打开和关闭。此外,通过草图设置对话框中的动态输入选项卡,可以设置动态输入功能的样式、可见性和外观如图 4-6 所示。

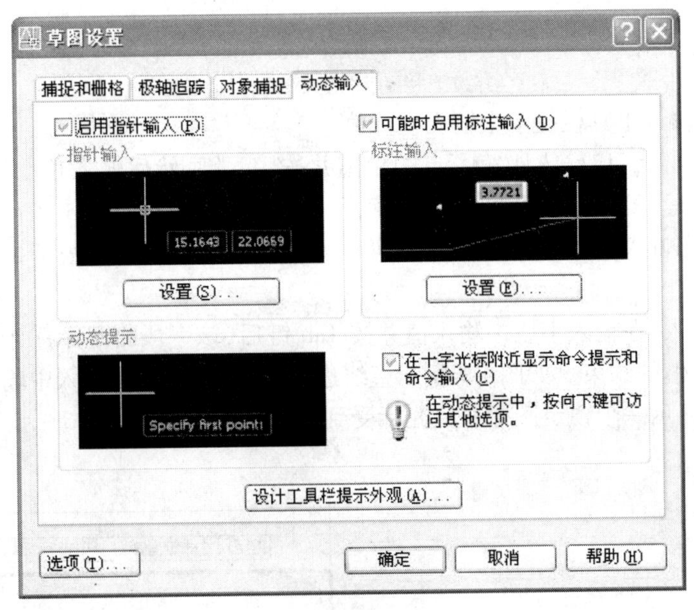

图 4-6　草图设置对话框中的“动态输入”选项卡

(2)动态输入有指针输入、标注输入和动态提示 3 个组件

打开指针输入后,当有命令在执行时,将在光标附近的工具栏提示中显示坐标值。可以在工具栏提示中输入坐标值。需要注意的是,在指定点时,第一个坐标是绝对坐标,第二个或后续点的默认格式为相对极坐标,不需要输入@ 符号,如果需要输入绝对坐标,可以加上前缀井号(#)。例如,要将对象移到原点,请在提示输入第二个点时,输入“#0,0”。通过“指

针输入设置”对话框可以修改坐标的默认格式，以及控制指针输入工具栏提示何时显示，打开标注输入后，坐标输入字段会与正在创建或编辑的几何图形上的标注绑定。当命令提示输入第二点时，工具栏提示将动态显示距离和绝对角度。按 Tab 键可以切换到要更改的值。若将光标停留在夹点上以编辑对象时，工具栏提示将显示原始标注。移动夹点时，长度和角度值将动态更新。通过“标注输入的设置”对话框修改设置，可以只显示希望看到的信息。动态提示可以在工具栏提示而不是命令行中输入命令，如图 4-7a）所示，也可以在工具栏中对提示做出响应。如果提示后有一个下箭头，按键盘↓键可以显示这些选项，然后选择一个选项，如图 4-7b）所示。动态提示可以与指针输入和标注输入一起使用。

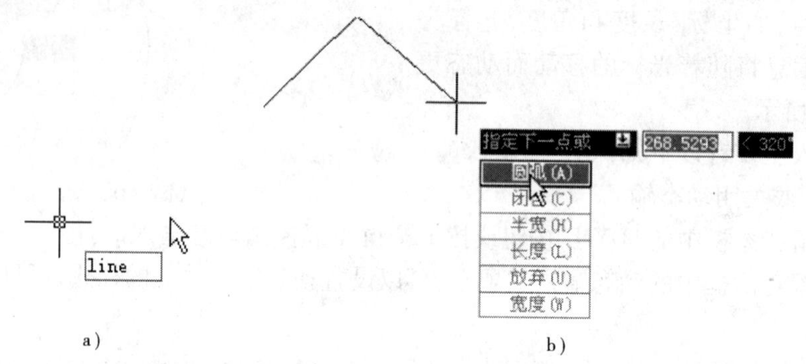

图 4-7　显示动态提示

a）直接在工具栏提示中输入命令；b）动态提示

（3）在动态输入工具栏提示中输入坐标值

要输入极坐标，可以输入距第一点的距离并按 Tab 键，然后输入角度值并按 Enter 键；要输入笛卡儿坐标，可以依次输入 X 坐标值、逗号（,）、Y 坐标值并按 Enter 键。如图 4-8 所示直线，使用动态输入进行绘制，首先指定第一点后，输入 200，然后按 Tab 键，输入 135，按 Enter 结束。

对于标注输入，在输入字段中输入值并按 Tab 键后，该字段将显示一个锁定图标，并且光标会受输入的值的约束。如图 4-9 所示直线进行标注时，在标注输入中输入数值并按 Tab 键后，该字段将显示一个锁定图标并且光标受到约束。

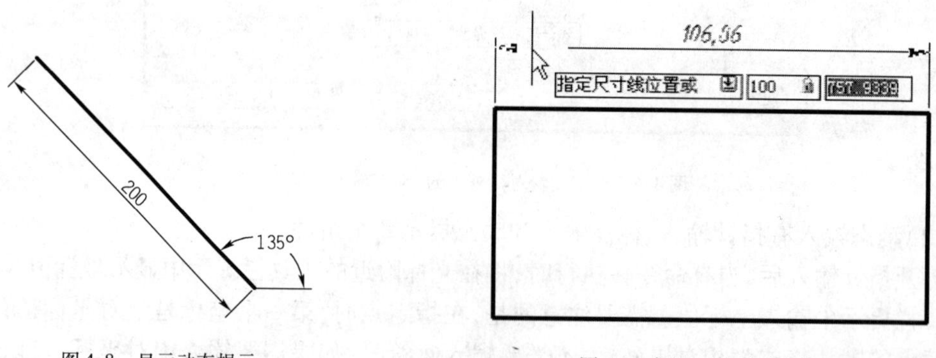

图 4-8　显示动态提示

图 4-9　标注时使用动态输入

(4)更正动态输入工具栏提示中的输入错误

当动态输入工具栏提示显示红色错误边框时,可以使用键盘上→键、←键、Backspace 键和 Delete 键来更正输入。更正完后,按 Tab 键、逗号(,)或左尖括号(<),可以去除红色边框并完成坐标。按↑键可访问最近输入的坐标,也可以通过单击右键并选择“最近的输入”,从快捷菜单中访问这些坐标。例如在图形中绘制一个圆,下一步以圆心为起点绘制直线,可以不使用捕捉,在启动绘制直线命令后启用动态输入,按↑键即显示圆心坐标,如图 4-10 所示。

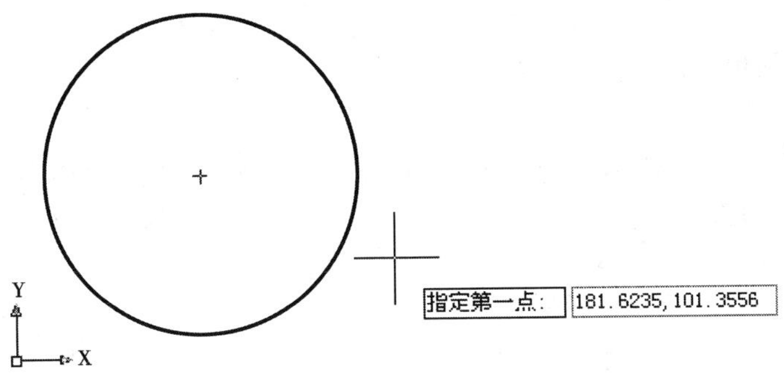

图 4-10　使用↑键访问最近输入坐标

如果在指针输入工具栏提示中键入@、#或 * 前缀后又想修改,只需键入所需的字符,不需要按 Backspace 键。

【例题 4-8】　启用动态输入,绘制直线时,第二个点和后续点的默认设置为哪种坐标?

A. 绝对极坐标

B. 相对极坐标

C. 相对笛卡儿坐标

D. 绝对笛卡儿坐标

【答案】　B

本题考对查动态输入的了解。当启用动态输入时,第二个点和后续点的默认设置为相对极坐标,而不需要输入@符号。

【例题 4-9】　绘制直线时,当已确定了起点,端点为离现在 20 单位远,成 80°角的点,需在“动态输入”中的工具栏提示中输入下列哪个选项?

A. 20 < 80

B. #20 < 80

C. 20,80

D. 80 < 20

【答案】　A

本题考查对查动态输入的了解。选项 B 是绝对坐标输入方法,选项 D 是离现在 80 单位远,成 20°角的点。

【例题 4-10】 启用动态输入时，绘制矩形并确定第一点后，若希望访问最近输入的坐标，应如何操作？

A. 按键盘↑键

B. 按键盘↓键

C. 按 Tab 键

D. 按 Esc 键

【答案】 A

本题考查访问最近输入坐标的方法。

【例题 4-11】 在提示指定下一点时开启动态输入，输入 90，然后输入 Tab，再输入 85 后回车，下列说法正确的是：

A. 该点的绝对坐标是 90,85

B. 该点与上一点的相对坐标是 90,85

C. 该点与上一点的相对坐标是@90 <85

D. 以上说法均不正确

【答案】 C

本题考查对动态输入命令的了解，本题选项 C 是正确的，第二个点和后续点的默认设置是相对极坐标。

【例题 4-12】 在命令中，当提示指定下一点时开启动态输入，输入 100 后输入 Tab，接下来输入的数值是什么？

A. 角度值

B. X 坐标值

C. Y 坐标值

D. Z 坐标值

【答案】 A

本题考查对动态输入命令的了解，本题选项 A 是正确的，第二个点和后续点的默认设置是相对极坐标。输入一个数值按 Tab 键后再输入的数值为角度值。

4.2.3 图层的概念及创建图层的方法

图层是一个非常重要的概念，它是 AutoCAD 提供的一个管理图形对象的工具。绘图中的每一个对象都必须在一个图层中，每一个图层都必须有一种颜色、线型和线宽。用户可以根据绘图的需要把不同用途的图形分别至于不同的图层中，从而实现对相同种类图形的统一管理，例如可以将构造线、标注、文字以及标题栏置于不同的图层上。

在 AutoCAD 中，使用“图层特性管理器”可以有效地组织和管理图形中的图层。

关于图层主要有以下知识点可以考查。

(1)图层的默认设置以及当前层的概念

所有的图层都必须有一个名称、颜色、线型和线宽。对于一个图形来说，都有一个默认的图层，称之为 0 图层，其颜色设置为白色或黑色（由背景色决定）、线型设置为连续型（Continuous）、线宽为默认值（默认值为 0.01 英寸或 0.25 毫米）。0 图层不能被删除或重命名。

在 AutoCAD 中，只能在当前层上绘制图形，当前层是当前正在使用的图层，显示为✔图标，当前层只有一个。在没有建立新层时，0 图层是当前层，图形对象是在 0 图层上绘制的。当创建新图层后，图层对象在当前层上创建。当前层不可以关闭，也不可以删除。当前图层不能被冻结，也不能将冻结图层改为当前层，否则将会显示警告提示。

（2）图层具有 4 种状态类型

图层有 4 种状态类型，这些状态控制了图层的可见性、重新生成、可编辑性以及可打印性。

打开/关闭　默认情况下，图层是开的，显示图标，此时图层上的图形可以使用，也可以打印输出。如果图层上的对象干扰绘图过程可以关闭图层，例如要编辑图层 2 上的对象，但附近存在其他图层上的对象，可关闭其他图层，以便于用窗口快速选择图层 2 上的对象。图层在关闭时，显示图标，此时图层上的对象不可见，不会重新生成图形，也不能打印输出。但若未被锁定可以被通过“All”方式选择。

冻结/解冻　一般说来，当长时间不需要查看图层上的对象，可以冻结图层。图层被冻结时显示图标，此时与关闭图层的效果相同，不同的是冻结图层上的图形对象不能编辑修改。图层被解冻将显示图标，此时图层上的图形对象可以显示，也可以打印输出，还可以编辑修改。解冻一个或多个图层将导致重新生成图形，同时图层上的对象被锁定。冻结和解冻图层比打开和关闭图层需要更多的时间。

锁定/解锁　如果要确保不改变某一图层上的对象，可锁住该图层。图层被锁定时，显示图标，该图层上的对象可以显示出来，但不能编辑，同时可以在锁定的图层上绘制新的图形对象，也可以以被锁住的图层上的对象作参考（例如对象捕捉）。图层被解锁时，显示图标。

可打印/不可打印　可打印的图层是可以打印输出的，默认状态图层被设置为可打印。当在图形中创建一些参考文本和辅助线，但不想打印它们，可以将此图层设为不可打印。该设置只对打开和解冻的图层有效，因为关闭和冻结的图层是无法输出的。

（3）创建新图层的方法

创建新图层时，可以单击“图层”工具栏中的“图层特性管理器”，打开“图层特性管理器”对话框。该对话框列出了所有当前的图层及其属性。根据需要，单击“新建图层”按钮，在图层列表中可以创建一个名为“图层 1”的新图层，同时可以在“图层 1”中命名图层名称，需注意命名时，在图层名称中不能包含通配字符（＊和?）和空格，也不能与其他图层重名。默认状态下，新建图层与当前图层的状态、颜色、线型、线宽等设置相同。

创建新图层时，可以对图层的颜色、线型和线宽进行初步的设置。

（4）“图层”工具栏的使用

在 AutoCAD 中,除了使用“图层特性管理器”可以有效地组织和管理图形中的图层,还可以通过“图层”工具栏对图层特性进行设置和管理,非常方便快捷。

“图层”工具栏主要可以完成以下功能:

切换图层　如果当前的图形中包含了多个图层,可以单击“图层”工具栏上的图层列表,从列表中选择要作为当前层的图层,如图 4-11 所示。这里需要注意的是要确认没有选中对象,因为,那样很可能无意中改变对象的所在图层。

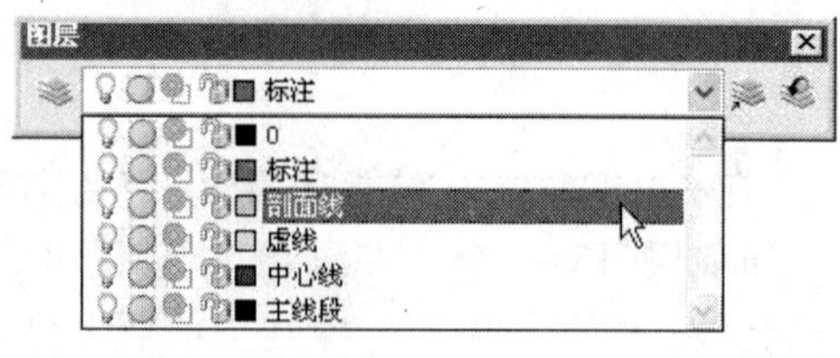

图 4-11　“图层”工具栏上的图层列表

打开/关闭、冻结/解冻、锁定/解锁图层　可以单击“图层”工具栏上的图层列表,选择某一图层名称前面相应的图标即可。

根据选择的对象设置当前层　单击“图层”工具栏上的“将对象的图层设置为当前”按钮即可。

将上一次使用的图层作为当前层单击“图层”工具栏上的“上一个图层”按钮就可以将上一次使用的图层作为当前层。再单击它一次,可切换到处于更前面的图层。这个功能非常适用于频繁在几个图层间切换的绘图,非常快捷。

技巧:使用“图层”工具栏可以很方便地修改已有对象的图层,只需选择一个或多个对象,然后在“图层”工具栏上的图层列表中选择要放置的图层名称。

除了上述功能,要改变图层的其他状态,如可打印/不可打印等,还需到“图层特性管理器”中进行相应操作。

(5)改变对象的颜色、线型和线宽

在 AutoCAD 中,在使用图层绘制图形时,系统将新对象的各种特性默认为随层,即由当前图层的默认设置决定。使用“对象特征”工具栏可以直接给一个对象指定颜色、线型和线宽,如图 4-12 所示。

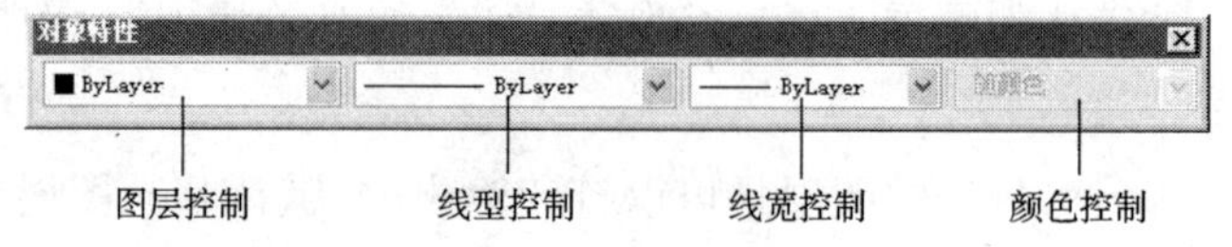

图 4-12　“对象特征”工具栏

以改变对象的颜色为例。用户创建一个新图层并给该层指定一个颜色,然后使用该层进行绘图,颜色显示为 Bylayer(随层),意思是指图形对象的颜色采用对象所在图层的颜色。同时用户可以在颜色下拉列表中看到可被选择的对象颜色,还可以重新选择列表中没有的颜色,如图 4-13 所示。可见,即使图层确定好颜色,也可以在该层上绘制不同颜色的对象。

注意:Byblock(随块),意思是使用 7 号颜色(白或黑,由屏幕颜色决定)来创建对象,如果对象置于一个块中,该块在插入时取当前的颜色。

需要指出的是,组织图形最好的办法还是按照图层指定对象的颜色、线型和线宽。

(6)改变当前的颜色、线型和线宽

在 AutoCAD 中，可以改变当前的颜色、线型和线宽。以改变当前的颜色为例。若当前颜色被改变，以后所绘制的所有对象都将使用该属性，而不再依照其图层上设置的颜色。一般来说，只有需要在一个图层上有两种不同颜色的对象时，才需要这样做。大多数情况下，应该避免直接指定对象特性，因为这样会使图层的组织价值丧失。

例如，文本“AutoCAD 2008”单独放在一个图层，该图层颜色设置为蓝色，如果想使“2008”使用蓝色，则在输入“2008”前改变当前颜色为蓝色。需注意，在绘制其他任何对象前，要将当前颜色重新改为 Bylayer。

图 4-13　“对象特征”工具栏中的颜色下拉列表

(7)设置线型比例

在实际绘图中，需要设定合理的线型比例，线型比例若给的不合理，有时就会造成一些设置的非连续线型(例如虚线、点划线等)显示不出来，如图 4-14a)所示。设置线型比例是通过“特性”选项板实现的，如图 4-15 所示。在“特性”选项板中的“基本”特性中，可以看到“线型比例”缺省为 1，更改比例为 0.4 后，达到满意的效果，如图 4-14b)所示。

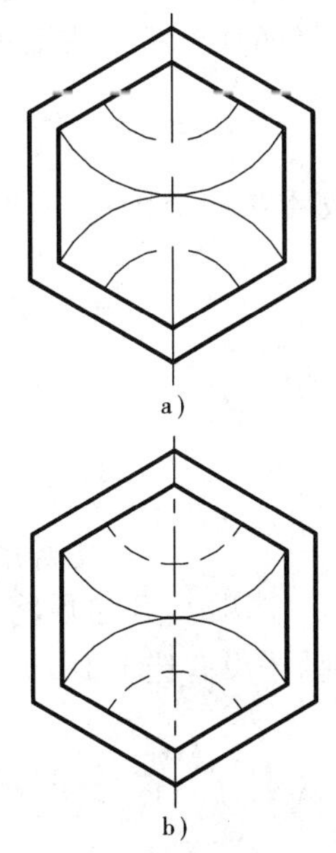

图 4-14　线型比例更改
a)更改前线型比例为 1；
b)更改后线型比例为 0.4

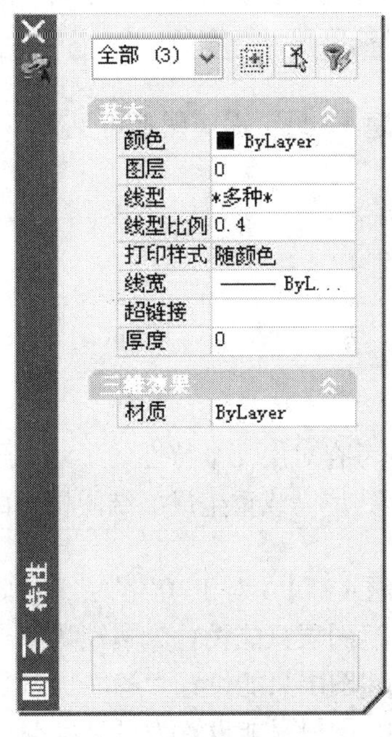

图 4-15　通过特性更改线型比例

此外，也可以通过打开“线型管理器”对话框，通过设置“全局比例因子”和“当前对象缩放比例”来设置线型比例。其中，“全局比例因子”用于设置图形中所有线型的比例，“当前对象缩放比例”用于设置当前选中线型的比例。

(8)保存与恢复图层设置

在 AutoCAD 中，可以将图形的当前图层设置保存为命名图层状态，以后再恢复这些设置。如果在绘图的不同阶段或打印的过程中需要恢复所有图层的特定设置，特别是对于有大量图层的图形,那么保存图形设置可以带来很大的方便。

图层设置包括图层状态和图层特性。图层状态包括图层是否打开、冻结、锁定和打印。图层特性包括颜色、线型或线宽等。

例如,可以选择只恢复图形中图层的"冻结/解冻"设置,而忽略所有其他设置。恢复该命名图层状态时,除了每个图层的冻结或解冻设置以外,其他设置都保持当前设置。在 AutoCAD 中,可以使用的"图层状态管理器"对话框来管理所有的图层状态。在"图层特性管理器"对话框中单击"图层状态管理器"按钮,可以打开"图层状态管理器"对话框。

【例题 4-13】 若已确定层的颜色,则该层上:

A. 只能画出一种颜色的线条

B. 只能画出二种以内颜色的线条

C. 能画出三种以内颜色的线条

D. 能画出多种颜色的线条

【答案】 D

本题考查对层设置颜色的了解。对于一个已经设置了颜色的层,用户依旧可以对该层的每个对象单独设置颜色。

【例题 4-14】 需要图形可见又不可操作,可以将图形放置在一个单独的图层,然后将该图层:

A. 锁定

B. 关闭

C. 冻结

D. 拆离

【答案】 A

本题考查对层几个特性的了解。选项 B 开启后将不可见;选项 C 开启后将不会显示、打印、消隐、渲染或重生成冻结图层上的对象;"图层特性管理器"没有选项 D。

【例题 4-15】 对于"0"图层,下列说法正确的是:

A. "0"图层只能设置为解锁状态

B. "0"图层只能设置为解冻状态

C. "0"图层只能设置为可见状态

D. 可在"0"图层上绘制多种颜色的线条

【答案】 D

本题考查对"0"图层概念的了解。对于"0"图层,用户可以设定冻结、锁定和隐藏,绘制多种颜色的线条,但是不可以删除。

【例题 4-16】 在当前层中,若当前颜色为黄色,直线 1 的颜色为红色,直线 2 的颜色为 BYLAYER,设置该层颜色为蓝色后,则:

A. 直线 1 为蓝色,直线 2 为黄色
B. 直线 1 为红色,直线 2 为蓝色
C. 直线 1,2 都为蓝色
D. 直线 1,2 颜色不变

【答案】 B

本题考查对设置图层颜色的了解。当更改某层颜色后,随层颜色的对象颜色也随之更改,但是单独设置颜色的对象仍然保持该颜色。

【例题 4-17】 在什么情况下需要冻结一个图层?
A. 不想修改,但又希望显示图层上的对象
B. 不想显示,但又希望打印该图层上的内容
C. 不对该图层作任何绘图、编辑操作
D. 打算把该图层上的内容全部删除

【答案】 C

本题考查冻结图层的概念。选项 A 的实现可以锁定该图层,选项 B 在"图层特性管理器"无法设置,选项 D 的实现可以删除该图层。

【例题 4-18】 下列哪个图层的名称是正确的?
A. EDF =789
B. MIN! Block
C. AB * Drawing
D. My'CAD

【答案】 B

本题考查了命名图层名称的概念。在命名图层名称时,例如" = "、" * "、" ' "等特殊符号不能够设置为名称。

【例题 4-19】 当图层处在关闭和冻结状态时,下列说法不正确的是:
A. 该图层对象不能被选取
B. 在显示器上,看不到该图层中的对象
C. 在图形重新生成时,仍将重生该图层中的对象
D. 减少了图形重画的时间

【答案】 C

本题考查对图层关闭和冻结状态的了解。选项 C 中当关闭和冻结该图层后,重新生成图形时不重生该图层对象。

4.2.4　视图的概念及使用

在对图形进行了大量的平移和缩放后,要显示想要的图形部分可能要花很多时间,这时可以通过保存视图来加速显示的过程。所谓视图是某张图在屏幕上的显示,它可以是任何

比例图形的任一部分。在 AutoCAD 中,可以通过命名视图把某一显示图形的状态以某个名字保存起来。然后在需要是将其恢复成为当前显示,从而达到加快操作的目的。关于视图主要有以下知识点可以考查。

(1)视图管理器的使用

视图管理器是 AutoCAD 2008 中新增加的一个管理器,它增强了视图管理的功能。用户可以在一张工程图纸上创建多个视图。当要观看、修改图纸上的某一部分视图时,将该视图恢复出来即可。选择“视图/命名视图”命令,或在“视图”工具栏中单击“命名视图”按钮,就可以打开“视图管理器”对话框,如图 4-16 所示。其中,“当前视图”选项后显示了当前视图的名称,“查看”选项组的列表框中列出了已命名的视图和可作为当前视图的类别。单击一个视图可以显示该视图的特性。通过视图管理器,用户可以创建、设置、重命名、修改和删除命名视图(包括模型命名视图)、相机视图、布局视图和预设视图。命名视图可以保存整个视口显示,也可以只保存其中的一部分。既可以保存模型空间视图,又可以保存图纸空间布局或浮动视口的视图。

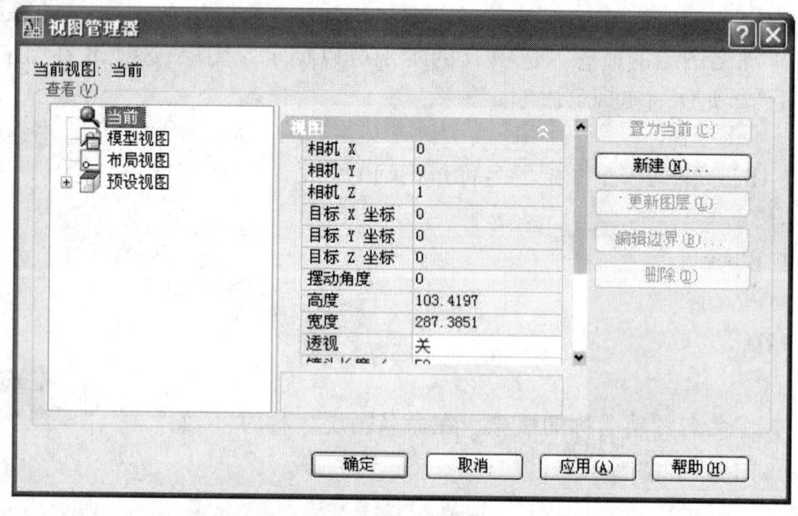

图 4-16 视图管理器

(2)命名和保存视图时,保存的参数

命名和保存视图时,将保存以下设置:

比例、中心点和视图方向;

指定给视图的视图类别(可选);

视图的位置(“模型”选项卡或特定的布局选项卡);

保存视图时图形中的图层可见性;

用户坐标系;

三维透视;

活动截面;

视觉样式;

背景。

【例题 4-20】　在 AutoCAD 2008 中，使用命名视图命令可以显示的视图种类包括：

A. 模型视图

B. 布局视图

C. 预设视图

D. 浮动视图

【答案】　A、B、C

本题考查了命名视图命令的概念。选项 D 是不包括在显示的视图种类中。

【例题 4-21】　在 AutoCAD 2008 中，使用命名视图命令新建视图，下列哪个既可以适用于布局视图，又可以适用于模型空间？

A. 类别

B. 视口关联

C. 活动截面

D. 视觉样式

【答案】　A、C、D

本题考查对命名视图命令的了解。选项 B 视口关联只能应用于布局中。

【例题 4-22】　在每个图形任务中，最多可以恢复之前多少个视图？

A. 6

B. 8

C. 10

D. 12

【答案】　C

本题考查对视图恢复的了解。

【例题 4-23】　在视图管理器中已经创建的模型视图，可以进行的操作是哪个？

A. 隐藏

B. 编辑边界

C. 删除

D. 置为当前

【答案】　B、C、D

本题考查对视图管理器的掌握。选项 A 不包括在视图管理器中，而其余选项均可以进行操作。

4.2.5　模型空间、布局的概念及创建(切换)

在 AutoCAD 中，提供了两种绘图空间，即模型空间和图纸空间(布局)。模型空间和图纸空间代表了两种不同的工作模式,极大地提高了设计效率。关于模型空间和图纸空间主要有以下知识点可以考查。

(1)模型空间和图纸空间的区别

模型空间主要用于二维图形和三维物体的创建和编辑;图纸空间用于将模型空间中绘制的二维或者三维对象按指定的观察方向正交投影为二维图形,并且可以按任一比例和数目剪切、粘贴在图形范围内的任何地方。

一般情况下,绝大多数的绘图工作都在模型空间中完成,例如创建二维或三维图形。在模型空间中,可以不受限制地按照物体的实际尺寸绘制图形对象,从某种意义上说,模型空间类似于实际生活中的三维世界。

为了便于控制图形,在模型空间中可以建立多个平铺视口,例如建立 4 个视口,分别以显示三视图和透视图的方式来观察一个图形对象。处在不同视口中的对象实际上是同一个对象,反映了不同的观察方向,所以不论改变哪一个视口中的对象,其他视口中的对象也会有相应的改变。另外,可以给每一个视口定义不同的坐标系。

布局是一种图纸空间环境,它模拟所显示的图纸页面,提供直观的打印设置,主要用来控制图形的输出,布局中所显示的图形与图纸页面上打印出来的图形完全一样。在图纸空间中可以创建并放置浮动视口,还可以在图形中创建多个布局以显示不同视图,每个布局可以包含不同的打印比例和图纸尺寸。

(2)布局的创建

布局的创建有几种方法:可以通过使用样板创建布局,使用向导创建布局,使用 Layout 命令创建布局。这里要重点掌握如何使用布局向导创建布局。选择“工具/向导/创建布局”子菜单中的命令,可以打开“创建布局”对话框,向导会提示关于布局设置的信息,可以按照要求逐步进行设置。设置内容包括:

新布局的名称　　与布局相关联的打印机

布局要使用的图纸尺寸　　图形在图纸上的方向

标题栏　　视口设置信息

布局中视口配置的位置:在创建布局完毕后,如果以后要对布局进行编辑,可以选择该布局,单击“文件”菜单中的“页面设置管理器”,单击页面设置管理器的“修改”按钮,在打开的“页面设置”对话框中进行修改。

(3)模型空间和图纸空间的切换

用户可以在模型空间和图纸空间之间切换,这由系统变量 TILEMODE 来控制。当系统变量 TILEMODE 为 1 时,将切换到模型空间工作。当系统变量 TILEMODE 为 0 时,将切换到图纸空间工作。

在打开“布局”标签后,可以按以下方式在图纸空间和模型空间之间切换:

双击一个视口,使其成为当前视口,进入模型空间。要使图纸空间成为当前状态,可双击浮动视口外布局内的任何地方。通过状态栏上的“模型”按钮或“图纸”按钮来切换在“布局”标签中的模型空间和图纸空间。通过该方法由图纸空间切换到模型空间时,最后活动的视口成为当前视口。使用 Mspace 命令从图纸空间切换到模型空间,使用 Pspace 命令从模型空间切换到图纸空间。

(4)平铺视口

平铺视口的作用是使绘图更为方便,观察视图更加直观。平铺视口是把屏幕分为若干个图框,可以在其中一个视口查看整个图形,同时在另一个视口查看该图形某部分的放大,如图 4-17 所示。

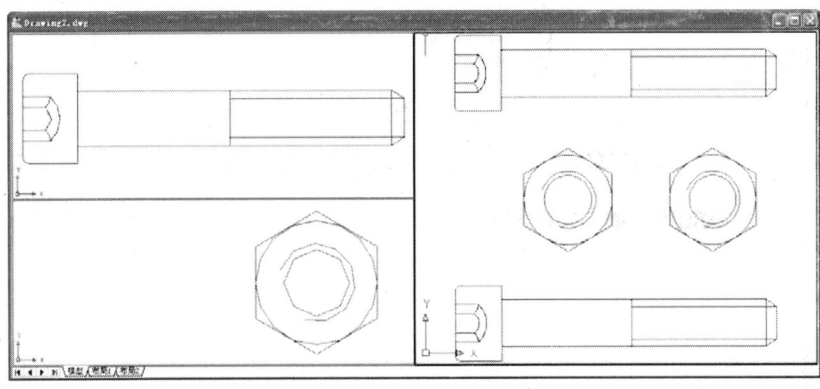

图 4-17　平铺视口的应用

选择"视图/视口"子菜单中的命令,如图 4-18 所示,可以设置平铺视口,包括命名视口、新建多个视口、创建多边形视口及合并视口。一个布局中可以设置多达几十个视口,但是每次只能激活一个视口,被激活的视口为粗边框。还可以在一个视口开始一个命令,在另一个视口中结束该命令。但应注意进行合并视口操作时,合并的视口必须有相邻的边,得到的视口将继承主视口的视图,如图 4-19 所示。

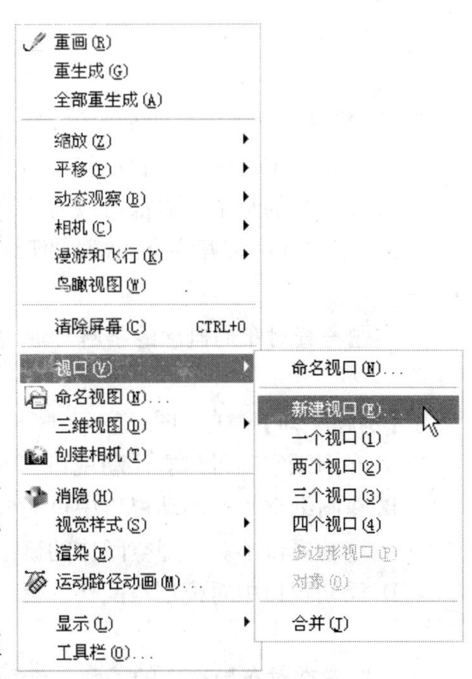

图 4-18　视口的子菜单

【例题 4-24】　下列哪句话是正确的?

A. 在模型空间中所建立的实体,可在图纸空间显示

B. 在图纸空间中所建立的二维实体,也可在模型空间显示

C. 图纸空间只有一个布局

D. 图纸空间中,在一个布局上画的实体在另一布局中也显示

【答案】　A

本题考查模型空间和视图空间显示图形的区别。图纸空间可以有无限个布局,它们之间可以独立显示图形。

【例题 4-25】　以下关于布局的说法,哪些是正确的?

A. 布局相当于图纸空间环境,一个布局就是一

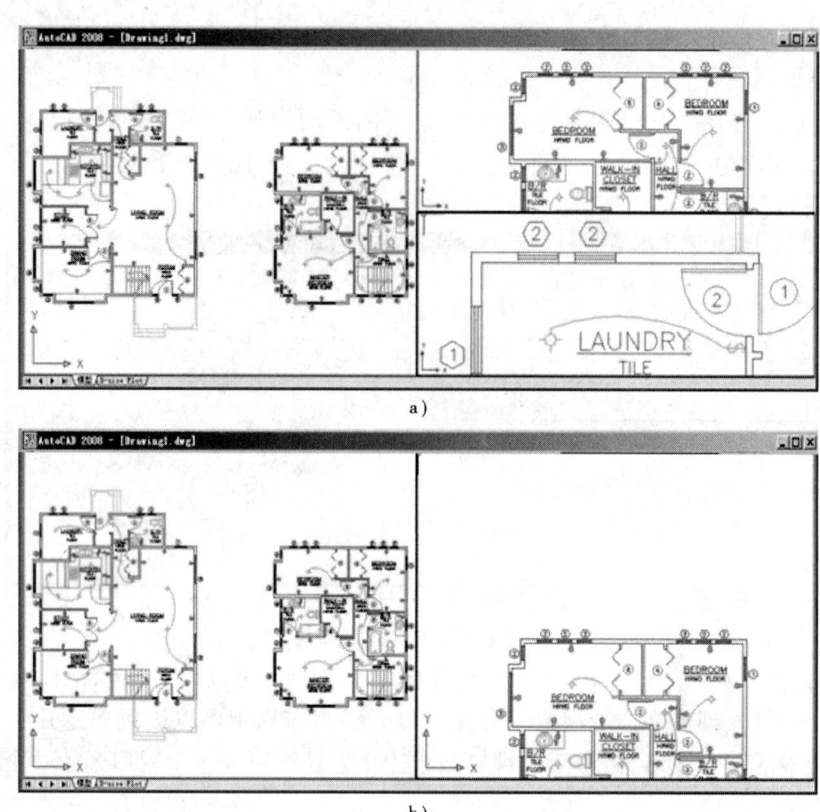

a)

b)

图 4-19　合并视口效果

a)合并前的视口;b)合并后的视口

张图纸,并提供预置的打印页面设置

B. 在布局中可以创建和定位视口,并生成图框、标题栏等

C. 布局中的每个视口都可以有不同的显示缩放比例或冻结指定的图层

D. 在 CAD 中打开一个 DWG 图形后,可以把图形中的所有布局全部删除

【答案】 A、B、C

本题考查对布局概念的了解。通过布局的概念介绍可以判断出选项 D 是错误的。

【例题 4-26】 关于图纸空间,哪种说法是不正确的?

A. 在图纸空间可建立浮动视口

B. 在图纸空间的浮动视口中可对模型空间的实体进行编辑

C. 浮动视口中对模型空间作的修改,不影响其他浮动视口的显示内容

D. 浮动视口中对模型空间作的修改,影响其他浮动视口的显示内容

【答案】 C

本题考查对布局视口的了解。选项 C 中叙述错误,浮动视口对模型空间作的修改会影响其他浮动视口的显示内容。

4.2.6　对象捕捉、追踪和极轴追踪

在图纸绘制中，快速、精确绘图是非常重要的，直接影响着后续的一些工作，比如尺寸的标注等。AutoCAD 提供了强大的精确绘图的功能，其中包括“捕捉”、“栅格”、“正交”、“对象捕捉”、“对象追踪”等。在具体绘图过程中恰当地运用，能够降低大量的工作量，极大地提高设计效率。

4.2.6.1　对象捕捉

AutoCAD 提供了对象捕捉（Object Snaps，简称 Osnaps）功能，可以通过捕捉已有对象上的几何特征点来指定一个新点，而无需输入点的坐标，这是一种非常精确有效的绘制方法。例如，要绘制一条直线，可能从一个已知圆的圆心开始，这时通过对象捕捉功能可以快速精确地找到所需的特征点。

关于对象捕捉主要有以下知识点可以考查。

（1）单点捕捉和自动捕捉

对象捕捉包括单点捕捉和自动捕捉两种方式。

单点捕捉只有指定一种点的捕捉类型之后，才能进行相应的操作，并且只能使用一次。同自动捕捉相比，单点捕捉具有较高的捕捉优先级。

如果启动了自动捕捉功能，在光标接近特殊点时，系统会自动根据设置的选项显示当前捕捉的情况，用户可以根据需要选择适当的点，比如设置了圆心点，在绘图状态下只要光标靠近圆心点，系统就会提示用靶框提示找到圆心点。自动捕捉的优先级较低，在单点捕捉执行过程中，自动捕捉不起作用。

注意：对象捕捉不是命令，只是一种状态，它必须是在某个命令执行过程中才能使用。

（2）打开或关闭对象捕捉的方式

启动单点捕捉：选择“对象捕捉”工具栏中的一个图标按钮，如图 4-20 所示；或按住 Shift 键或 Ctrl 键，在绘图窗口单击鼠标右键打开“对象捕捉”快捷菜单，如图 4-21 所示，选择所需的子命令。用户也可以在需要给定点时直接单击鼠标右键，在弹出菜单中选择“捕捉替代”进入“对象捕捉”菜单。

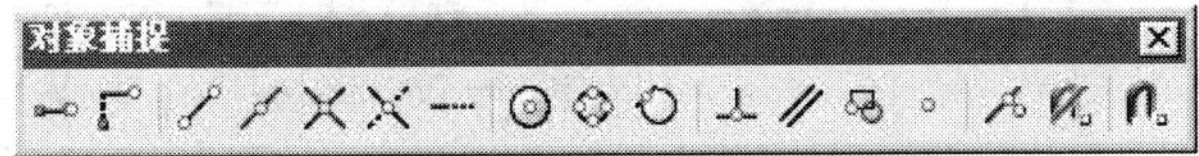

图 4-20　“对象捕捉”工具栏

启动自动捕捉：单击状态栏上的“对象捕捉”按钮；或按 F3 键（或 Ctrl + F）打开或关闭对象自动捕捉；或选择“工具 / 草图设置”菜单命令，打开草图设置对话框，在“对象捕捉”选项卡中，选中“启动对象捕捉”复选框。对象捕捉对应的命令为 Osnap 或 Os（简化命令），默认情况下，自动捕捉是打开的。

（3）提高对象捕捉的精确性

当设置了多个对象捕捉模式后，不论是单点捕捉还是自动捕捉，都比较难获得目标点。

如图 4-22 所示，要在绘图过程中捕捉被选择直线上的端点并不方便，因为，两个圆弧的端点与该直线的端点重合，在这种情况下，打开对象捕捉，将光标移到要捕捉的直线上方时，系统会自动给出对象捕捉的显示，按下 Tab 键，系统会遍历其他捕捉模式，同时将捕捉的对象高亮显示。需要注意的是，按下 Tab 键只能在打开的捕捉模式之间切换。

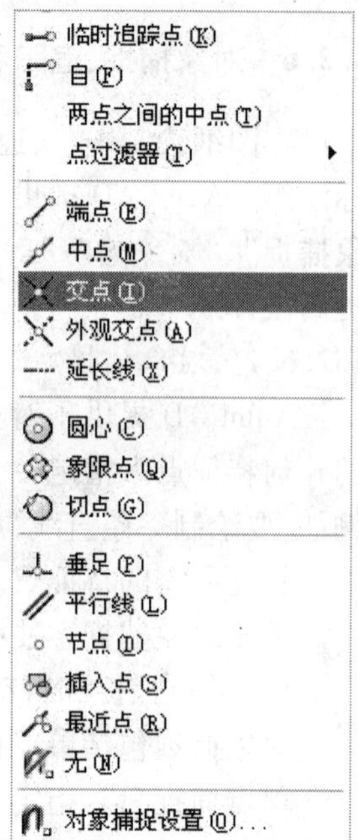

图 4-21 “对象捕捉”快捷菜单

4.2.6.2 自动追踪

自动追踪是帮助指定角度或按与其他对象的关系绘制对象。当自动追踪打开时，临时的对齐路径有助于精确绘制图形。自动追踪包括极轴追踪和对象捕捉追踪两种。极轴追踪是按照事先给定的角度增量来追踪特征点。例如，如果设置增量角为 45°，当光标穿过 0°或 45°角时，AutoCAD 将显示一条对齐路径和工具栏提示，如图 4-23 所示。对象捕捉追踪是按与对象的某种特定关系来追踪，这种特定的关系确定了一个未知角度，从而定位点。

自动追踪主要有以下知识点可以考查。

(1)打开或关闭自动追踪的方式

单击状态栏上的“极轴”和“对象追踪”按钮。

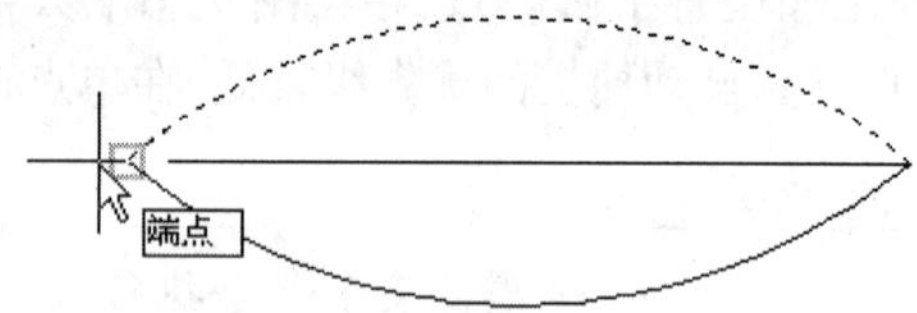

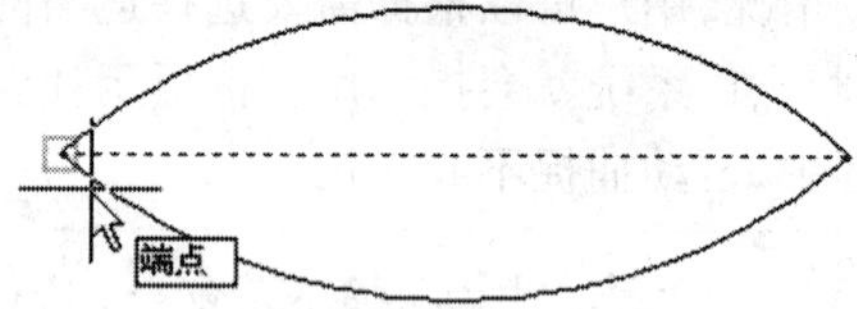

图 4-22 精确捕捉直线端点

按 F10 键打开或关闭极轴追踪，按 F11 键打开或关闭对象捕捉追踪。

(2)设置自动追踪选项

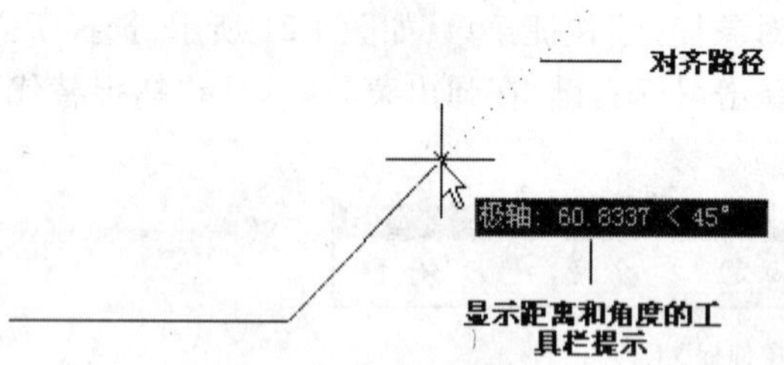

图 4-23 使用极轴追踪绘图

在“草图设置”对话框的“极轴追踪”选项卡中，可以设置极轴追踪和对象捕捉追踪的选项。

默认情况下，极轴追踪仅在 0°、90°、180°和 270°几个方向上起作用。如果希望它在其他特殊角度上起作用，可以利用“增量角”选项的下拉列表，可以选择集中特殊的角度作为极轴追踪的角度增量，例如 15°、22.5°、30°等。另外，如果选中“附加角”复选框，单击“新建”按钮就能在列表框中添加若干个需要进行追踪的特殊角度。附加角不同于增量角，系统可以捕捉增量角及其整数倍角度，但只能追踪附加角的位置，但不一定捕捉附加角的整数倍角度。

系统提供了两种极轴角测量的方式，即“绝对”测量方法和“相对上一段”测量方法，前者以当前 UCS 的 X 轴和 Y 轴为基准测量极轴追踪角;后者以最后指定的两个点作为基准测量极轴追踪,如果直线以一条直线的端点、中点或近点对象捕捉为起点,极轴追踪角度将相对这条直线进行计算。

默认情况下,对象捕捉追踪设置为“正交”,只显示始于追踪点的正交(水平/垂直)追踪路径;若设置“用所有极轴角设置追踪”,可以将极轴追踪设置应用到对象捕捉追踪。

4.2.6.3 捕捉和栅格

捕捉用于设定鼠标光标移动的距离,其作用是准确地对准到设置的捕捉间距点上,用于准确定位和控制间距。栅格是显示在用户定义的图形界限内的点阵,它类似于在图形下放置一张坐标纸,使用栅格可以对齐对象并直观显示对象之间的距离,可以直观地参照栅格进行绘制图形。例如,将栅格的间距设置为 10,在图形中就很容易找到坐标为(40,60)的位置。另外,栅格还显示了当前图形界限的范围,因为栅格只在图形界限以内显示。

捕捉和栅格主要有以下知识点可以考查。

(1)打开或关闭捕捉和栅格的方式

单击状态栏上的“捕捉”和“栅格”按钮。

按 F9 键打开或关闭捕捉,按 F7 键打开或关闭栅格。

(2)设置捕捉和栅格参数

捕捉和栅格的设置在同一个选项卡内,常常配合起来使用,用于捕捉绝对坐标。捕捉和栅格有共同的基点和旋转角度,但间距可以设置为相同值,也可以设置为不同值。

一般来说,栅格和栅格的间距和角度都设置为相同的数值,打开栅格捕捉功能之后,光标只能定位在图形中的栅格点上。

如图 4-24 中的矩形,左下角点的坐标是(30,40),右上角点 B 的坐标是(110,80),如果不使用栅格和捕捉功能,要两次输入坐标才能完成对象的创建。使用栅格和捕捉功能之后,只要使用光标在图形中进行定位,很方便就能在图形中指定这两个角点,完成矩形的创建。

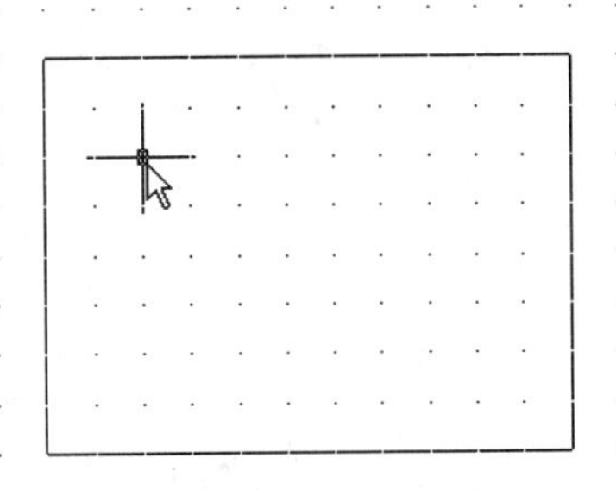

图 4-24 显示栅格

除了可以使用对话框来设置捕捉和栅格参数,还可以使用透明命令 Snap 和 Grid 来设置。默认情况下,需要设置捕捉间距和栅格间距值,默认的栅格间距均为 10mm。需要注意的是栅格间距不宜设置太小,否则将导致图形模糊,甚至无法显示栅格。

4.2.6.4 正交模式

在实际绘图中,可以将光标限制在水平或垂直方向上移动,以便于精确地创建和修改对象,在 0°、90°、180°、270°方向所画的直线称为正交线。使用正交模式,只能绘制正交线。正交方式还影响编辑功能,例如,用正交方式只可以垂直或水平地移动图形对象。

正交模式主要有以下知识点可以考查。

(1)打开或关闭正交模式的方式

单击状态栏上的“正交”按钮。

按 F8 键打开或关闭正交。

(2)用户坐标系 UCS 旋转时,正交的使用

当正交功能设置为打开时,默认情况下,用鼠标指定点时,总是限制为水平或垂直状态,但是,如果用户坐标系 UCS 旋转了,那么用鼠标指定点时,总是限制该点与上一点的连线平行于 X 轴或 Y 轴。正交方式只影响直接在屏幕上指定点,任何输入的相对或绝对坐标都有限于正交方式。

注意:“正交”模式和极轴追踪不能同时打开。打开“正交”将关闭极轴追踪。

【例题 4-27】 创建一直线,已知该直线的长度为 400,起点为 *C*,并且使该直线(或其延长线)通过另一条直线 *AB* 的端点 *A*,如图 4-25a)所示。

选择“直线”命令,选择点 *C*,将光标移动到直线 *AB* 的端点 *A* 附近,待系统给出如图 4-25b)所示的提示,输入 400 并按 Enter 键即可,结果如图 4-25c)所示。

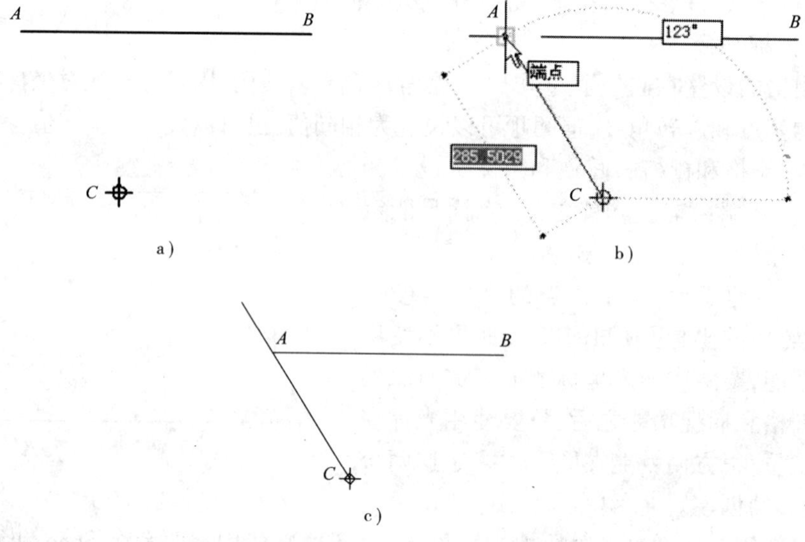

图 4-25 使用对象捕捉追踪绘制直线

【例题 4-28】 捕捉矩形 *ABCD* 的中心,如图 4-26a)所示。

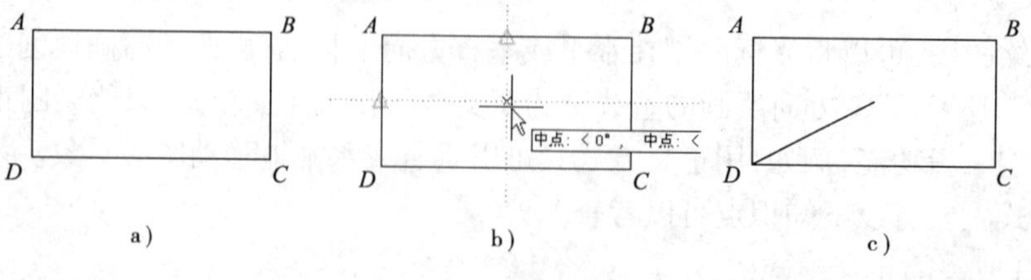

图 4-26 捕捉矩形中心

矩形的中心点无法直接捕捉，但由于矩形的特殊性，可以结合使用对象捕捉和对象追踪，来捕捉矩形的中心点。首先要打开对象捕捉和对象追踪，同时要确保对象捕捉的“中点”捕捉模式被选择。

选择“直线”命令，在要求“指定第一点”时，首先将光标移动到矩形边 *AB* 的中点附近，捕捉到这条边的中点，再将光标移动到矩形边 *AD* 的中点附近，捕捉其中点；然后将光标移动到矩形的中心附近，即可捕捉到矩形的中点，如图 4-26b）所示。再系统要求“指定下一点”时，捕捉矩形的左下角点 *D*，按 Enter 键结束命令，结果如图 4-26c）所示。

【例题 4-29】　在极轴追踪中新建一个 15°的增量角、一个 5°的附加角，则以下叙述正确的是哪个？

A. 以直接沿着 10°方向绘制一条直线

B. 可以直接沿着 －10°方向绘制一条直线

C. 可以直接沿着 －15°方向绘制一条直线

D. 可以直接沿着 －5°方向绘制一条直线

【答案】　C

本题考查了对“极轴追踪”选项卡的设置。选项 C 正好在增量角的倍数中，而其余选项既不在增量角的倍数中，也不在添加附加角中。

【例题 4-30】　哪种设置使得光标锁定在预先定义好的点上？

A. 栅格设置

B. 正交设置

C. 当前层

D. 捕捉栅格设置

【答案】　D

本题考查捕捉栅格的设置。当设定好捕捉栅格后，光标可以锁定在栅格预先定义好的点上，而其余选项均不可以。

【例题 4-31】　临时特殊点捕捉方式的启用方法为：

A. 直接鼠标右键单击

B. Ctrl + 鼠标右键单击

C. 直接鼠标左键单击

D. Shift + 鼠标左键单击

【答案】　B

本题考查了如何启用临时特殊点捕捉方式，即为 Ctrl + 鼠标右键单击，弹出快捷菜单中选择捕捉方式。

4.2.7　查询（设置）

对象的特性和查询图形信息：查询对象的特征和图形信息是一种重要的辅助绘图手段，用户可以从中获得某个对象的特征，如图层、颜色、线型、线宽等；还可以使用查询命令获取对象的数据库信息，如距离、面积、点坐标等；也可以获得一个图形文件和当前系统状态的详细信息。

在 AutoCAD 中，可以选择“工具 / 查询”子菜单命令或使用“查询”工具栏来查询对象特征和图形信息，如图 4-27 所示。

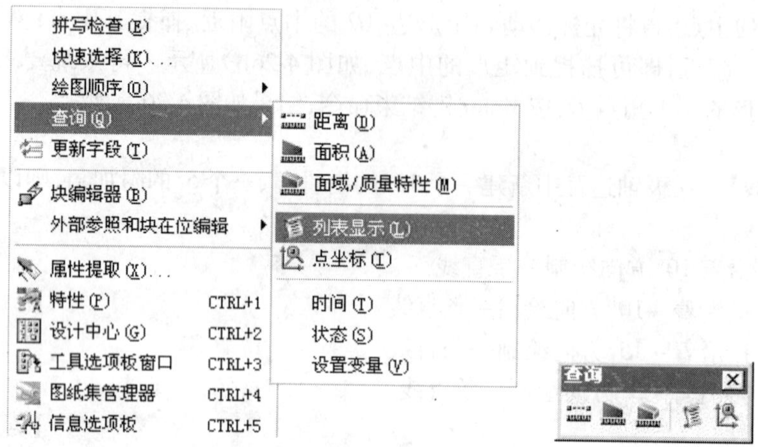

图 4-27 “查询”子命令和“查询”工具栏

查询（设置）对象的特性和查询图形信息主要有以下知识点可以考查。

（1）查询绘图状态、系统变量和绘图时间

查询绘图状态命令提供了一个非常有用的标准信息列表。该命令列出了图中对象的数目、图的绘图界限和范围以及在屏幕上当前显示的范围。其他重要信息有捕捉间距和栅格间距以及当前图层、颜色、线型和线宽，还有关于磁盘空间和可用内存的信息，如图 4-28 所示。

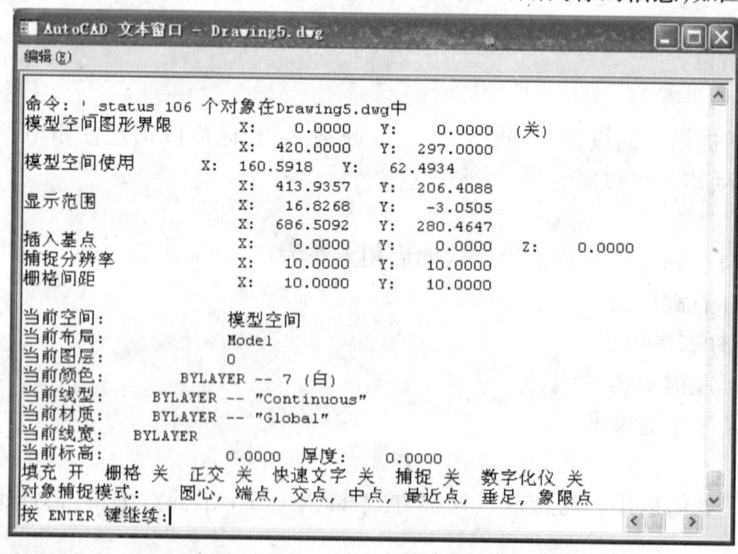

图 4-28 执行 Status 命令后显示的状态列表示例

AutoCAD 把设置存储在系统变量中。查询系统变量（Setvar）命令提供了所有变量及其设置的一个列表，如图 4-29 所示为一部分系统变量。使用 Setvar 命令浏览系统变量设置比

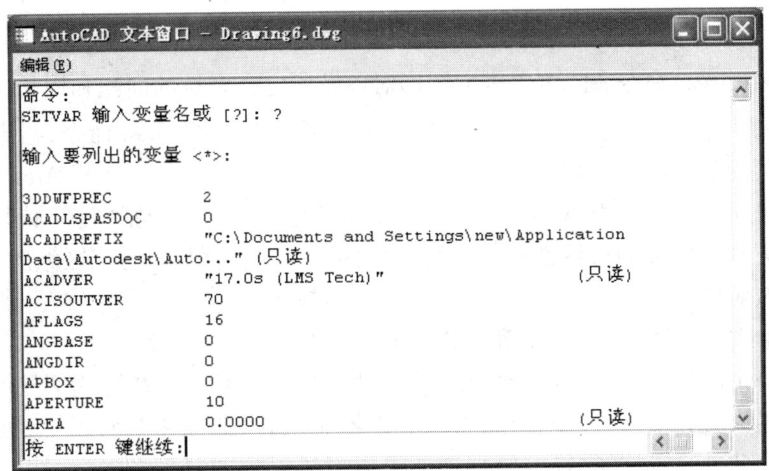

图 4-29　执行 Setvar 命令后部分系统变量列表示例

在命令行通过输入每一个单独的系统变量来查看其设置要快得多。使用 Setvar 命令除了可以列举系统变量外，还可以在系统提示下，输入变量，然后再输入新值来改变系统变量设置。需注意的是，只读系统变量只能提供信息，而不能被修改。在 AutoCAD 中，大多数系统变量只表示开或关，一般设置 1 表示开而设置 0 表示关，但也有一些系统变量允许其他数值存在。

Time 命令可以查询花在一个绘图上的工作时间，查询时间列表如图 4-30 所示。在列表的末尾，显示“输入选项[显示(D)/开(ON)/关(OFF)/重置(R)]:”，“显示(D)”选项可以使用新的时间重新显示列表，“开(ON)”和“关(OFF)”选项可以打开和关闭经过时间计时器，“重置(R)”选项将时间计时重新置为 0。

(2)使用查询命令获取对象的数据库信息

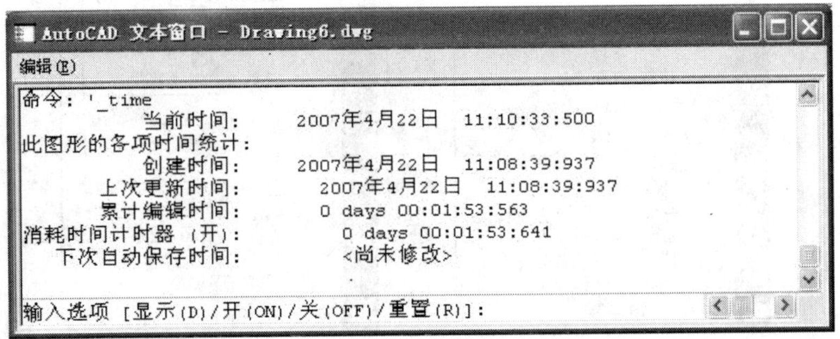

图 4-30　执行 Time 命令后显示的时间列表示例

列表查询(List)命令，可以列表显示任意 AutoCAD 对象的属性。显示的内容依赖于对象本身。例如，List 命令对于圆显示半径，对于直线显示长度。

距离查询(Dist)命令，可以查询有关两个指定点之间的距离和角度。该命令最好配合对象捕捉使用以便精确测量。

定位点查询(Id)命令，可以在命令行按 X、Y、Z 形式显示所拾取点的坐标值。

面域、质量特性查询(Massprop)命令，可以查询面域或实体的质量特性。

区域查询(Area)命令，可以查询图形对象及所定义区域的面积和周长。对于由多个直线段组成的简单图形，例如三角形、多边形等，可以直接执行 Area 命令，指定区域的各个顶点而获得其面积；对于由多段线、样条曲线组成的闭合图形，可以执行 Area 命令，指定构成区域的对象而获得其面积；对于由多个对象组成的图形(可能包括圆弧、椭圆弧或者样条曲线)，可以先根据区域的边界创建一个面域，测量面域的面积，即为该区域的面积，最后删除创建的面域对象。

(3)通过对象特性管理器查询和设置对象的特性

当选择一个图形对象后，该对象的图层、线型、线宽、颜色和打印样式都显示在对象特征管理器上。绝大多数信息可以从对象特征管理器中获得，如图 4-31a)所示，列出了一个圆的所有信息。此外，通过对象特性管理器还可以设置对象的特性，非常快捷。如图 4-31b)所示，若要重新设置该圆的颜色，只需选择“颜色”选项，右侧出现下拉箭头，单击箭头弹出颜色下拉列表，然后选择需要的颜色即可。对象特征管理器中列出的对象其他特性可以通过类似的方法进行设置，给绘图带来很大方便。例如已知一个圆的面积为 3080，要绘制该圆，这里不必计算圆半径，可以先任意绘制一个圆，然后选中该圆，调出对象特性管理器，选择“面积”选项，输入指定面积，按 Enter 键即可绘制出符合要求的圆。

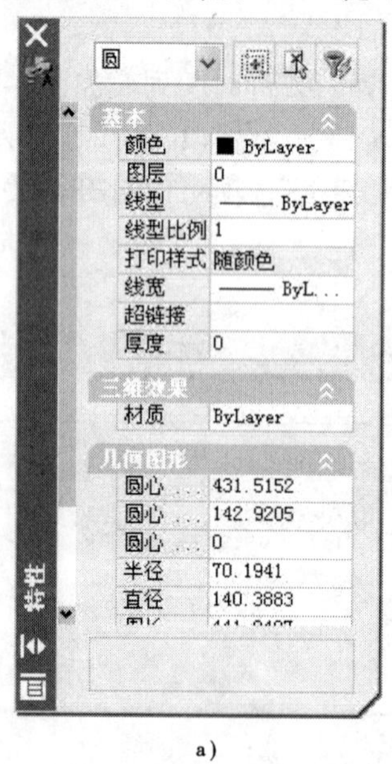

a)

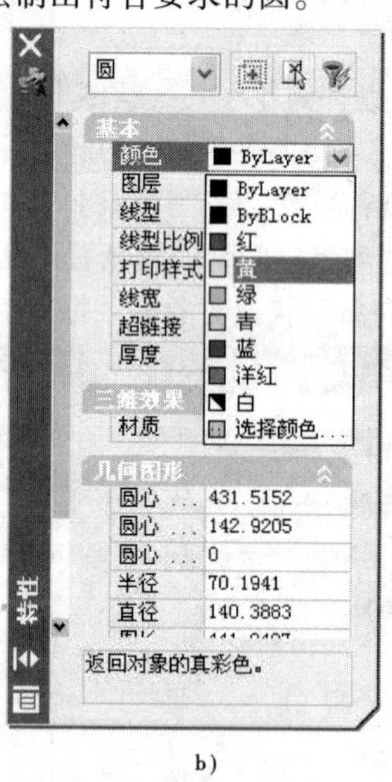

b)

图 4-31　对象特性管理器列出的某条直线相关信息

【例题 4-32】　如图 4-32 所示，查询图中阴影部分面积。

选择“工具／查询／面积”菜单命令，按照以下方法进行操作：命令：_area

指定第一个角点或[对象(O)/加(A)/减(S)]：a　　　　【选择要加的面积】

指定第一个角点或[对象(O)/减(S)]：o　　　　【使用对象选项】

("加"模式)选择对象:　　　　【选择最大面积的圆】
面积 =1256.6371,圆周长 =125.6637
总面积 =1256.6371
("加"模式)选择对象:　　　　【按鼠标右键结束选取】
指定第一个角点或[对象(O)/减(S)]:s　　　　【选择要减的面积】
指定第一个角点或[对象(O)/加(A)]:o　　　　【使用对象选项】
("减"模式)选择对象:　　　　【选择中等面积的圆】
面积 =314.1593,圆周长 =62.8319
总面积 =942.4778
("减"模式)选择对象:　　　　【按鼠标右键结束选取】
指定第一个角点或[对象(O)/加(A)]:a　　　　【选择要加的面积】
指定第一个角点或[对象(O)/减(S)]:o　　　　【使用对象选项】
("加"模式)选择对象:　　　　【选择最小面积的圆】
面积 =78.5398,圆周长 =31.4159
总面积 =1021.0176
("加"模式)选择对象:　　　　【按鼠标右键结束选取】

【例题 4-33】　如图 4-33 所示正三边形的周长是多少?

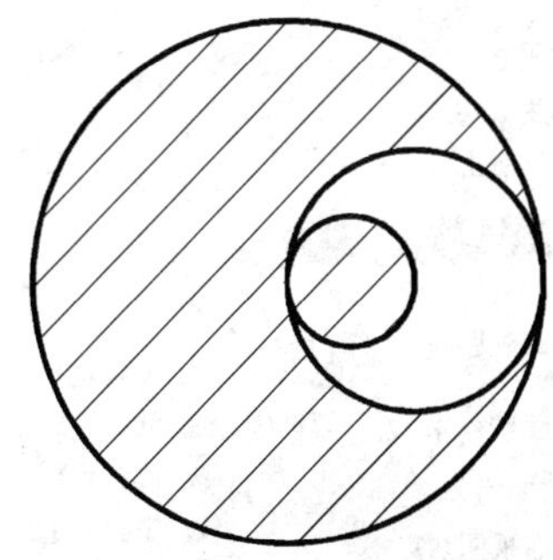
图 4-32　查询面积

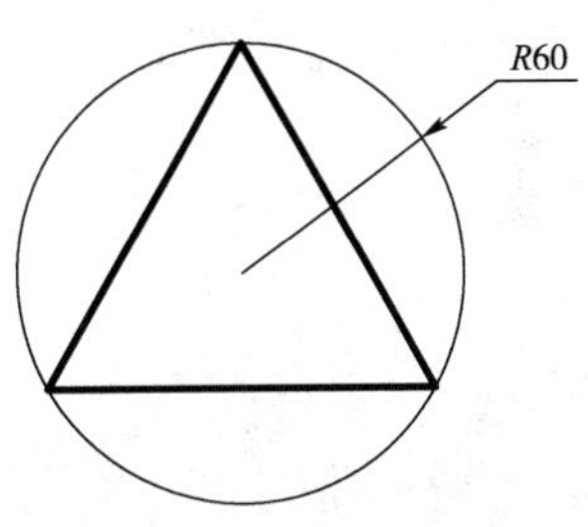

图 4-33　查询周长

A. 370.23
B. 311.77
C. 240
D. 180

【答案】　B

本题考查查询命令的使用。本题查询周长的方法可以使用"特性"选项板,也可以使用列表显示命令。

【例题 4-34】　下列哪个命令可查询列表信息?

A. LITS

B. LI

C. LIS

D. LS

【答案】 B

本题考查列表显示 List 命令的缩写方式 LI。

4.2.8 视窗显示控制

在 AutoCAD 中，常常需要对所绘制的图形进行显示控制，应试者要熟悉应用各种命令、工具栏按钮、菜单方式对视窗进行缩放、平移等操作，提高绘图的效率。需要明确一点，视窗显示控制并不会影响最终图形的大小和位置，只起辅助绘图的作用。视窗显示控制主要有以下知识点可以考查。

(1)理解缩放(Zoom)命令的各种功能

缩放(Zoom)命令类似于照相机的镜头，可以放大或缩小观察的视窗，但对象的实际尺寸保持不变。即不改变图形中对象的绝对大小，只改变视图的比例。在放大时，可以看到较小区域内的图形细节，就像靠近对象观察一样；当缩小时，图形看起来较小，但可以看到图的更多部分。在执行其他命令的过程中，Zoom 命令可以作为透明命令执行。通过“缩放”工具栏和标准工具栏中的缩放工具，可以非常方便地对视图进行缩放操作。还可以选择“视图／缩放”子菜单命令缩放视图，如图 4-34 所示。

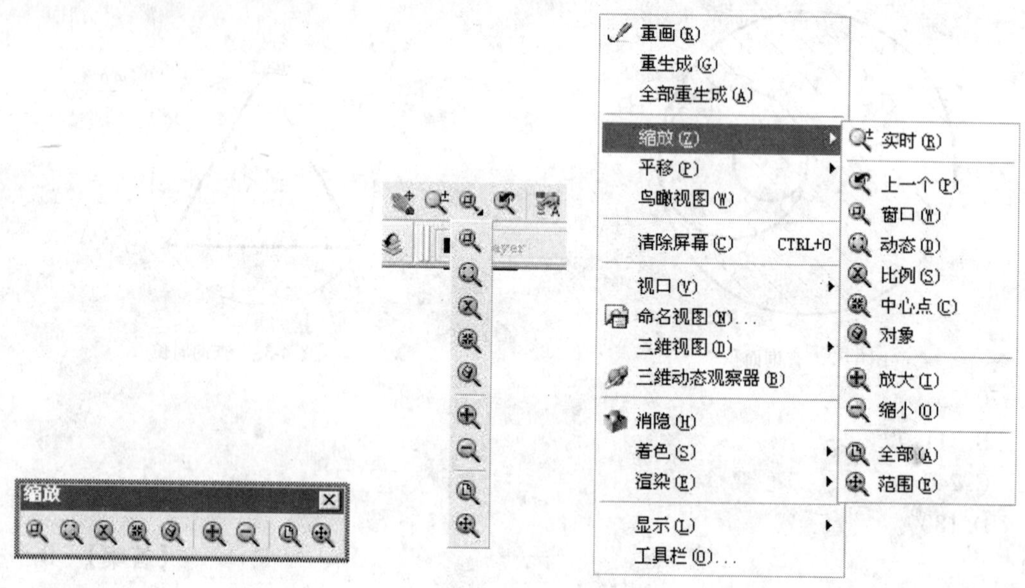

图 4-34 缩放工具

Zoom 命令提供了以下几个功能，应试者应熟练掌握和区分，做到应用自如。

实时缩放 图形随着光标的移动放大和缩小。自下向上拖动鼠标为放大，自上向下拖动鼠标为缩小。

窗口缩放　用于指定当前正在显示的图形中一部分较小的区域,并将此区域放大至整个屏幕。此操作通过指定矩形窗口的两个对角点来实现。

动态缩放　使用动态缩放,可以看到整个图形,然后通过操作光标选择下一视图的位置及尺寸。动态缩放是通过移动一个带"×"号的视图框和改变其大小来实现平移和缩放视图。"×"号表示进行缩放部分的中心,视图框则用来定义缩放的范围。

比例缩放　通过指定一定的比例因子缩放显示,将以当前视图中心为中心点进行比例缩放。AutoCAD 提供了 3 种方法指定缩放比例,例如,若在提示"输入比例因子"时输入"4",这是相对于图形界限的比例,该因子适用于整个图形,结果将以对象完全尺寸的 4 倍显示对象,输入 1,将以前一个视图的中心为中心在绘图窗口中显示尽可能大的图形界限,输入 0.5,将以完全尺寸的一半显示图像;若在提示下输入"4x",表示相对于当前视图的比例,结果是屏幕上的每个对象显示为原大小的 4 倍;若在提示下输入"4xp",表示相对于图纸空间单位的比例,结果将以图纸空间单位的 4 倍显示模型空间。

中心缩放　通过指定一个新的显示中心,然后再给出一个新的缩放比例或显示高度来缩放视图。例如,输入 50,视图就按 50 个图形单位的高度显示。如果输入的数值比默认值小,则会放大图像;如果输入的数值比默认值大,则会缩小图像。

缩放对象　可以精确的放大所选择的对象,使之充满整个屏幕。

放大　选择该命令,系统将会使整个图形放大 1 倍,即缺省的比例因数为 2。

缩小　选择该命令,系统将会使整个图形缩小 1 倍,即缺省的比例因数为 0.5。

全部缩放　按照图形界限或当前图形范围来显示图形,即哪个范围大按哪个范围缩放。也就是说,即使绘制的图形超出了图形界限也能显示在当前视窗中。

所谓图形范围,就是能够包含所有图形对象的最小矩形。而图形界限则由用户通过 Limits 命令设置,默认值与使用的图形样板有关,打开栅格,就可以观察当前的图形界限。

范围缩放　将所有图形对象显示在屏幕上,使图形充满屏幕。与全部缩放模式不同的是,范围缩放使用的显示边界只是图形范围而不是图形界限。

缩放上一个　每次执行缩放,都将保存起来(近 10 个),执行"缩放到上次"将上一次视图显示调出。

(2)使用平移(Pan)命令控制视窗显示

单击标准工具栏中的"实时平移"图标,可以非常方便地对视窗进行平移操作。平移(Pan)命令可以任何方向上移动观察图形,但不改变图形的显示比例。例如,当正在观察窗口中的图形时,不用移动窗口就可以向上、向下、向左、向右移动图形。Pan 命令可以对图形进行实时平移和定点平移。在执行其他命令的过程中,将 Pan 命令作为透明命令执行。此外通过移动绘图窗口右侧和下侧的滚动条,可以对图形进行处置和水平平移。但是不能预先确定视图移动的距离。因此,滚动条较 Pan 命令用处要少一些。

技巧:要恢复使用实时缩放和平移以前的原始视图,单击标准工具栏中的“实时平移”和“实时缩放”图标,单击鼠标右键,选择“缩放为原窗口”选项即可。

(3)重画和重生成显示的区别

在绘制和编辑图形时,绘图区常会留下对象的选取标志,使图形画面显得混乱,这时可使用 AutoCAD 系统提供的重画(Redraw)和重生成(Regen)命令来清除这些标记。屏幕的重画和重生成都是重新显示图形,但两者的操作有本质的不同。图形重画是在显示内存中更新屏幕,它不需要重新计算图形,因此显示速度较快。重画将删除用于标识指定点的点标记或临时标记,还可以更新当前窗口。如果一直用某个命令修改编辑图形,但该图形好像看上去变化不大,此时可以使用重生成命令更新屏幕显示。或当视图被放大之后,图形的分辨率将降低,许多弧线都变成了直线段,这就需要用视图的重生成来显示新的视图。图形重生成需要计算当前图形的尺寸,并将重新计算过的图形存储在显示内存中,当图形较复杂时,重生成过程需占用较长的时间,因此比重画命令慢。

(4)使用鸟瞰视图

鸟瞰视图能在一个独立的窗口中显示出整个图形,用户只需几次单击,就可以快速地平移和缩放指定的区域。要调用鸟瞰视图,可以执行 Dsviewer 命令。图 4-35 所示为实际应用中的鸟瞰视图,该窗口中的黑框为当前视口边界。

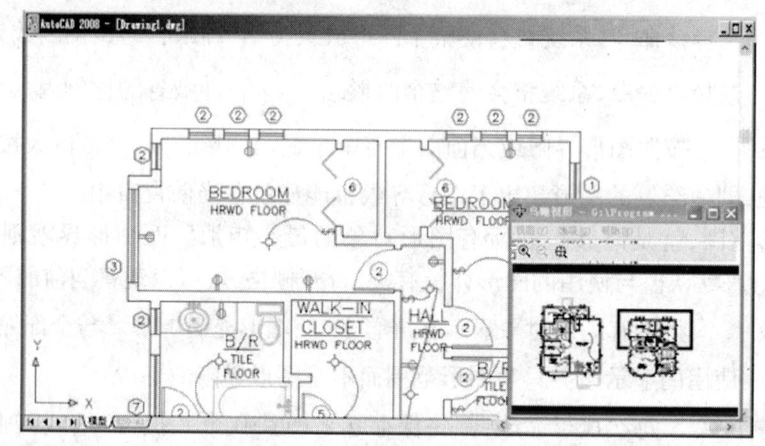

图 4-35 实际应用中的鸟瞰视图

在鸟瞰视图工具栏上单击“放大”按钮,可以将鸟瞰视图放大一倍;单击“缩小”按钮,可以将鸟瞰视图缩小一半;单击“全局”按钮,可以在鸟瞰视图窗口中显示整个图形。

鸟瞰视图窗口的“选项”菜单包含“自动视口”、“动态更新”和“实时缩放”两个选项,它们控制鸟瞰视图的工作。“自动视口”选项将自动显示活动视口的模型空间视图,“动态更新”选项控制鸟瞰视图的内容是否随绘图空间图形的改变而自动更新,“实时缩放”选项控制在鸟瞰视图进行缩放时绘图空间的图形是否适时变化。

【例题 4-35】 如图 4-36 所示,图 4-36a)是原始的视图,图形界限的范围大于图形范围,对其进行全部缩放和范围缩放。

图 4-36b）是执行全部缩放后的结果，从图中可以看出，当前图形范围小于图形界限时，视图将所放到图形界限。图 4-36c）是执行范围缩放后的结果，从图中可以看出，视图被缩放到图形范围。如果原始图形中图形范围大于图形界限，则两种操作会得到相同的结果。

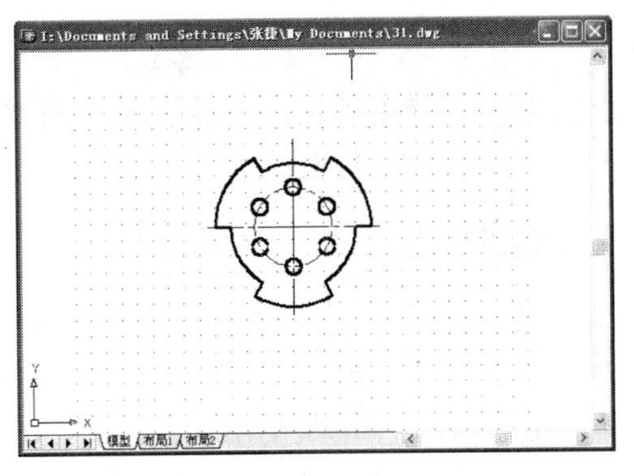

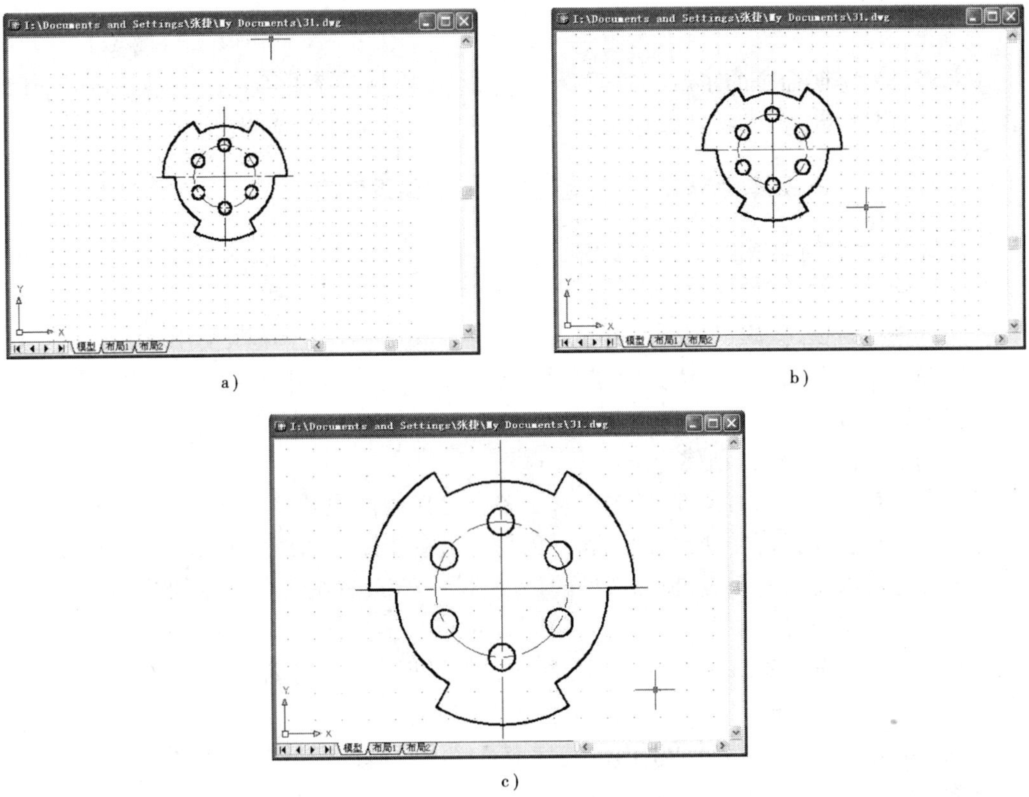

a）

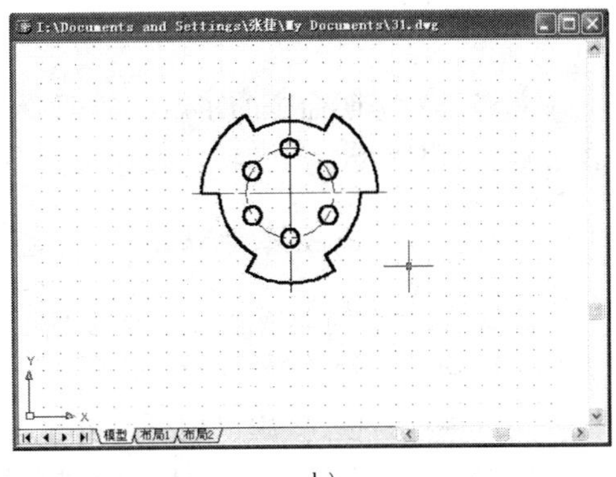

b）

c）

图 4-36　缩放显示控制

a）原始视图；b）全部缩放显示；c）范围缩放显示

【例题 4-36】　要恢复使用实时缩放和平移以前的原始视图，使用下列哪个选项？

A. 窗口缩放

B. 缩放为原窗口

C. 范围缩放

D. 中心缩放

【答案】　B

本题考查对缩放命令的了解。选项 A 是缩放显示由两个角点定义的矩形窗口框定的区域；选项 C 是缩放以显示图形范围并使所有对象最大显示；选项 D 是缩放显示由中心点和放大比例所定义的窗口。

【例题 4-37】 在 AutoCAD 中,下面哪一条不能作为透明命令使用?

A. PAN

B. ZOOM

C. REDRAW

D. REGEN

【答案】 D

本题考查对透明命令的了解。透明命令是指在使用另一个命令时,可以在命令行中输入该命令,退出该命令后继续执行原来的命令。选项 D 不能作为透明命令使用。

4.2.9 应用向导、样板图、默认设置,创建用户自己的绘图环境

在 AutoCAD 中创建新图形的方法有三种:使用默认的设置创建,使用样板创建,使用向导创建。使用默认的设置创建包括英制和公制两种单位系统;使用样板创建可以从已存在的样板文件中进行创建,用户也可以创建自己的样板文件,以便于下次使用;用户也可以根据照自己的需要按照向导提示逐步地建立基本图形设置。创建用户自己的绘图环境有如下的知识点可以考查。

(1)如何使用图形样板创建绘图环境

模板文件是一个特殊的文件,其中包含了各种已保存的设置。当使用模板作为基础进行绘图时,在模板中已包含的所有设置和对象都可以在新建的图形中使用。在 AutoCAD 中已保存了部分可以使用的模板,模板文件的扩展名是 DWT,默认情况下,图形样板文件储存在"\Documents and Settings\XXX(用户名)\Local Settings\ApplicationData\Autodesk\AutoCAD 2008\R18.0\chs\template"中,也可以更改储存样板文件的位置。

(2)在"选项"对话框中可以对绘图环境进行部分设定

应试者应能使用"选项"对话框内的选项卡对绘图环境进行设置,下面描述常用的一些参数设置。

在"选项"对话框的"打开和保存"选项卡中可将"最近所用文件"的数值设定为 0 到 9 中的任意数字;可以显示在使用保存命令保存文件时使用的有效文件格式;还可以以指定的时间间隔自动保存图形。在"选项"对话框的"显示"选项卡可以更改绘图区、命令行的颜色以及命令行的字体。在"选项"对话框的"系统"选项卡的"基本选项"选项组可以选择首次进入 AutoCAD 系统时,是否显示启动对话框,还可以设定系统是否为单文档兼容模式等等。在"选项"对话框的"配置"选项卡中可以将用户设置的绘图环境保存到配置中,并可对已有配置文件进行编辑,配置文件的扩展名为 ARG。

注意:AutoCAD 2004 是 AutoCAD 2004 版、AutoCAD 2005 版和 AutoCAD 2006 版使用的图形文件格式。块编辑器处于打开状态时,自动保存被禁用。

(3)使用向导创建新图形

下面以一实例讲解此知识点。

【例题 4-38】 使用向导创建新的绘图环境，要求如下：测量单位精度为 0.000，角度单位精度为 0.0，角度测量起始方向为西；顺时针角度测量方向，宽度为 297，长度为 420。

①使用“文件/新建”菜单命令，选择“使用向导”中的“高级设置”选项，如图 4-37 所示。

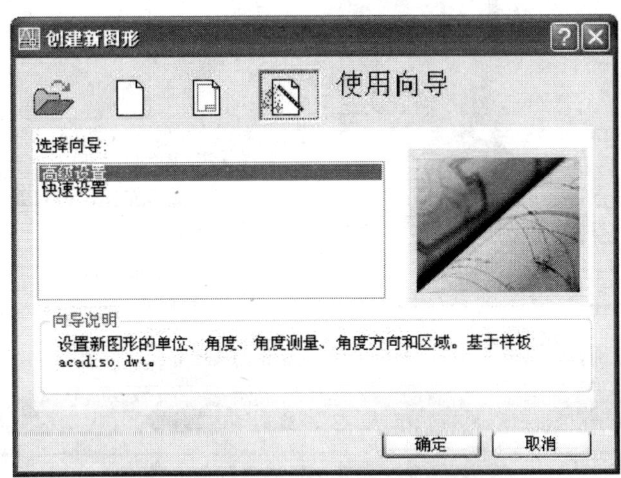

图 4-37　使用“向导”创建绘图环境

②单击“确定”按钮，在如图 4-38 所示的对话框中选择精度为 0.000。

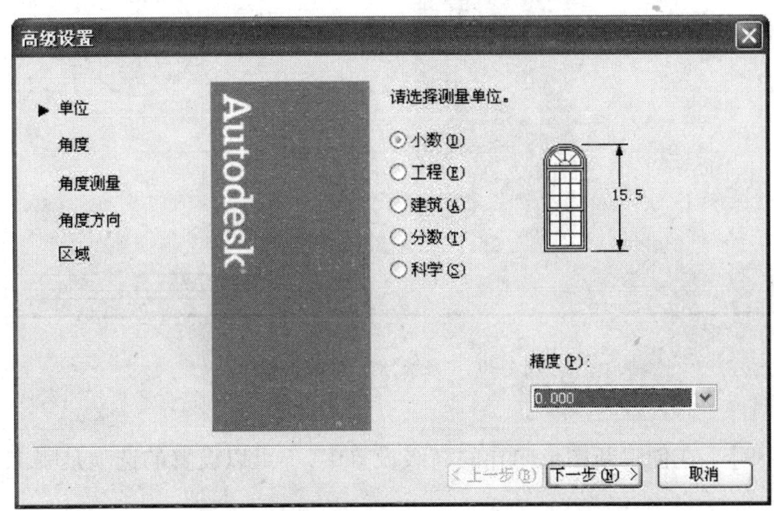

图 4-38　“系统”对话框的选项卡

③单击“下一步”按钮，在如图 4-39 所示的对话框中选择精度为 0.0。

④单击“下一步”按钮，在如图 4-40 所示的对话框中选择角度测量起始方向为西。

⑤单击“下一步”按钮，在如图 4-41 所示的对话框中选择角度测量方向为顺时针。

⑥单击“下一步”按钮，在如图 4-42 所示的对话框中输入宽度为 297，长度为 420。单击“完成”按钮创建完成。

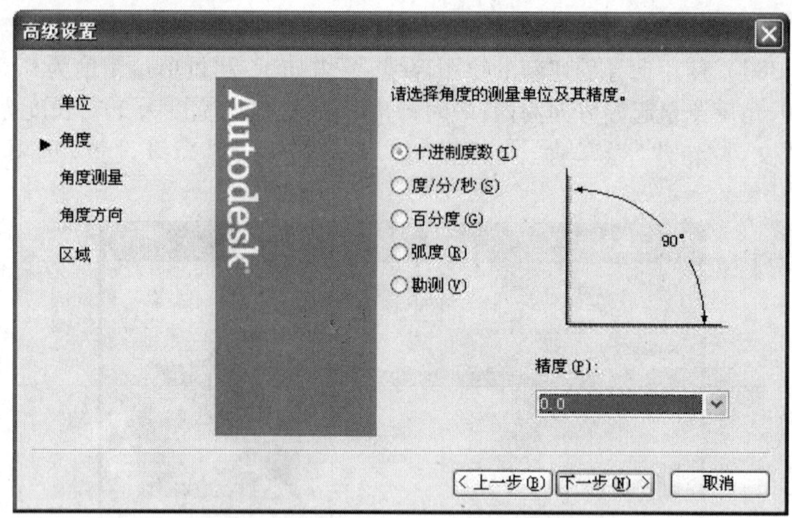

图 4-39 “系统”对话框的选项卡

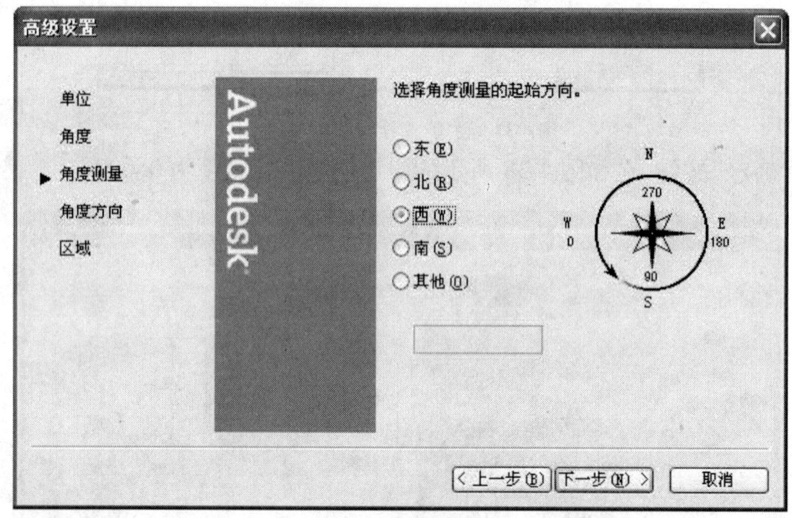

图 4-40 “系统”对话框的选项卡

【例题 4-39】 在创建新图形向导的高级设置中，不可以设置的选项是哪个？

A. 测量单位

B. 角度测量起始方向

C. 图层

D. 绘图区域大小

【答案】 C

本题考查对创建新图形向导高级设置的了解。选项 C 图层不能在“高级设置”对话框中设置。

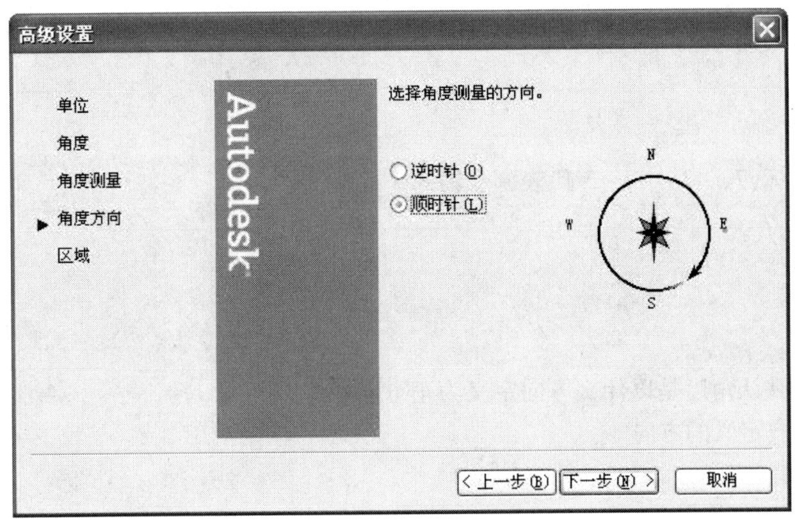

图 4-41　“系统”对话框的选项卡

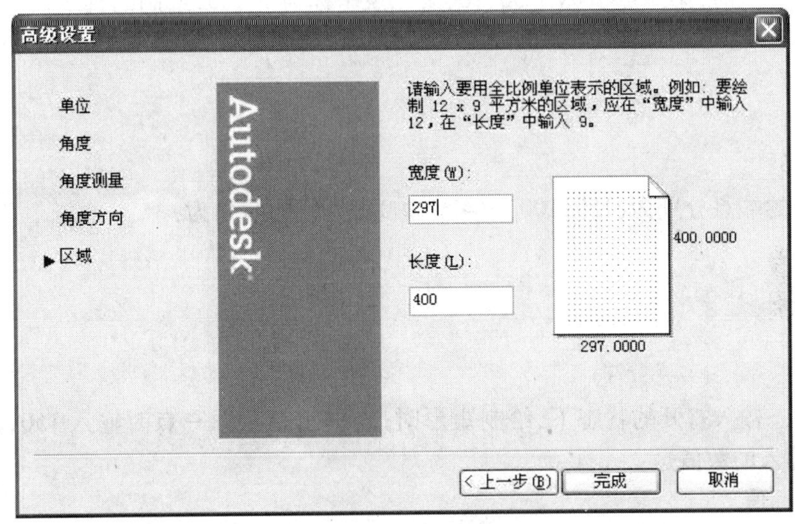

图 4-42　“系统”对话框的选项卡

【例题 4-40】　关于模板文件(DWT),说法正确的是:

A. 模板文件不可以删除

B. 可以更改模板文件的储存路径

C. 不可以自定义模板文件

D. 如果根据现有的样板文件创建新图形,则新图形中的修改也会影响样板文件

【答案】　B

本题考查了模板文件的概念。

4.3 习题与答案

4.3.1 习题

1. 在坐标(7，-3)中，-3 代表哪个轴的坐标？

A. X 轴

B. 极轴

C. Z 轴

D. Y 轴

2. 系统默认角度是以什么方向定义为正方向？

A. 由用户定义的方向

B. 逆时针

C. 顺时针

D. 以上都可以

3. 绘制直线时，第一点坐标为 30,10，第二点坐标为 10,60，绘制的直线长度为：

A. 60.83

B. 53.85

C. 85.44

D. 55.46

4. 直线的端点分别为(150,100)、(420,300)，直线的倾角为：

A. 35°

B. 33°

C. 40°

D. 37°

5. 在动态输入打开的状态下，绘制矩形时，当提示指定下一点时输入 150，然后按 Tab 键，接下来输入的数值是：

A. X 坐标值

B. Y 坐标值

C. 角度值

D. 相对坐标值

6. 在 AutoCAD 2008 中，打开和关闭“动态 UCS”的功能键是：

A. F4

B. F6

C. F10

D. F12

7. 对于图层的特性，哪个选项是不正确的？

A. 可在“0”图层上绘制多种颜色的线条

B. “0”图层只能设置为解冻状态

C. “0”图层只能设置为可见状态

D. “0”图层不可以删除

8. 当前图形有五个层 0，Al，A2，A3，A4，如果 A3 为当前层，并且每个层上都有实体。打开图层控制对话框，那么，下面哪句话是正确的？

A. 任意一层都可以被改名。

B. 任意一层都可以被删除。

C. 除 0 层外的所有层都可以被删除。

D. 除 0 层外的所有层都可以被改名。

9. 图层上对象不可以被编辑或删除，但在屏幕上还是可见的，而且可以被捕捉到，则该图层被：

A. 冻结

B. 锁定

C. 打开

D. 固定

10. 在 AutoCAD 中预设的视图包括哪个？

A. 西南等轴测

B. 俯视

C. 前视

D. 后视

11. 在一个图形中只能有模型空间的数量最多为多少？

A. 1

B. 4

C. 255

D. 多少都可以

12. 在 AutoCAD 中缺省的 Grid（栅格）设置是几个绘图单位？

A. 1

B. 10

C. 20

D. 0

13. 在极轴追踪中新建一个 35°的增量角、一个 15°的附加角，则以下叙述正确的是：

A. 可以直接沿着 50°方向绘制一条直线

B. 可以直接沿着 -15°方向绘制一条直线

C. 可以直接沿着 70°方向绘制一条直线

D. 可以直接沿着 -10°方向绘制一条直线

14. 默认情况下，极轴追踪在哪几个方向起作用？

A. 0°、45°、90°、180°

B. 0°、180°、360°

C. 0°、30°、60°、90°

D. 0°、90°、180°、270°

15. 查询当前图形的创建时间使用哪个查询命令？

A. 状态

B. 时间

C. 设置变量

D. 列表显示

16. 若希望选定的对象重新显示并覆盖整个绘图区域，在“视图/缩放”字菜单中选择哪个选项？

A. 对象

B. 范围

C. 动态

D. 窗口

17. AutoCAD 绘图窗口的默认颜色是：

A. 蓝色

B. 白色

C. 灰色

D. 黑色

18. 设定文件自动保存，可以在“选项”对话框的哪个选项卡中进行设置？

A. “打开和保存”选项卡

B. “系统”选项卡

C. “文件”选项卡

D. “用户系统配置”选项卡

19. 使用向导中“高级设置”选项创建新图形，可以设定的测量单位是什么？

A. 工程

B. 小数

C. 分数

D. 科学

20. 在状态栏显示坐标包括下列哪些类型？

A. 静态显示

B. 范围显示

C. 动态显示

D. 距离和角度显示

4.3.2 答案

1. D

2. B

3. A

4. D:该题可以绘制一条直线,两个端点分别为给定的点。选择该直线,然后单击鼠标右键查询特性,显示直线角度。

5. B:该题考查对动态输入的掌握,对于矩形当提示指定下一点时输入某数值后按 Tab 键,接下来输入的数值是 Y 坐标值。

6. B

7. B、C

8. D:该题考查对图层的了解,“0”图层不可以被删除,也不可以改名。

9. B

10. A、B、D

11. A

12. B

13. C、D

14. D

15. B

16. A:该题考查对缩放命令的了解,选择“对象”将选定的对象重新显示并覆盖整个绘图区域。

17. D

18. A

19. A、B、C、D

20. A、C、D:该题考查状态栏中坐标显示的几种类型。选项 B 不存在。

第五章　基本绘图和编辑方法

5.1　考试要求

本章大纲

熟练掌握点、直线；圆、弧、椭圆、圆环、多段线、样条曲线、矩形、正多边形的绘制方法。

掌握基本 3D 实体建模及综合建模的绘制方法。

掌握螺旋图形的绘制方法。

能够创建图案填充、渐变填充并编辑图案填充。

掌握基本的图形编辑功能，如取消、重复、删除。

熟练掌握移动、旋转、镜像、缩放、复制、阵列、偏移、剪切、延伸、截断、分解、测量、圆角和倒角、合并图形编辑方法。

能够进行 3D 实体的编辑。

掌握从三位模型创建截面的方法。

能够进行多段线编辑。

掌握夹点编辑、特性匹配等。

熟悉各种选择集的构造与使用方法，了解快速选择、循环选择方法、对象编组的构造与使用。

了解创建和修改材质的方法。

了解相机的使用方法。

本章为认证考试的重中之重，无论从是考试题量还是分数上都占整个考试的较大比重，应试者应足够重视本章的内容。

本章主要考查 AutoCAD 基本的绘图和编辑方法，应试者以应紧扣大纲，彻底掌握大纲中的内容。

5.2　知识要点及例题分析

下面就本章应该掌握的知识点逐个进行分析讲解。

5.2.1　绘制点、直线

5.2.1.1　绘制点

点是最基本的图形元素，但在实际绘图过程中，点对象用的并不太多，主要起到一个标记功能，例如，可以将点对象作为对象捕捉和偏移的节点或参考点。在 AutoCAD 2008 中，可以通过单点、多点、定数等分和定距等分四种方法绘制点。绘制点主要有以下知识点可以考查。

(1)设置点的样式和大小

通过 Point 命令·，可以通过输入坐标值或鼠标直接点击的方式给定点的位置，绘制单点和多点。默认情况下，点对象仅被显示为一个小圆点，绘制前通常要对点的样式和大小进行设置，以保证在屏幕上清晰可辨。

选择"格式／点样式"命令，打开"点样式"对话框，可以根据需要设置点的样式和大小，其中，点的大小可以按照相对于屏幕的百分比及按绝对绘图单位两种方式来设置。如图5-1所示即为两种不同点的样式创建的点。

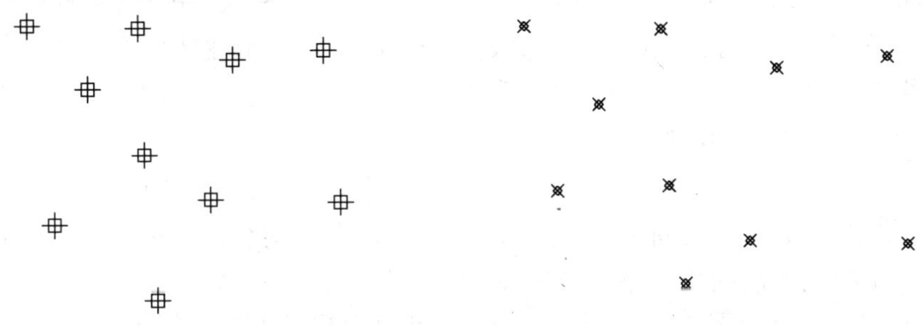

图 5-1　按不同样式创建的点

(2)绘制定数等分点和定距等分点

定数等分(Divide)可以在指定的图形对象上按指定的数目等间隔地绘制点，也可以在等分点处插入块。定距等分(Measure)可以在指定的图形对象上按指定间距绘制点或者插入块。这两种操作并不是真的将对象等分成独立的对象，它仅仅是标明等分的位置，作为几何参照点。可定数等分或定距等分的对象包括直线、圆、圆弧、椭圆、多段线和样条曲线。

【例题 5-1】　如图 5-2a)所示，将图中对象 AB 分成 9 等分。

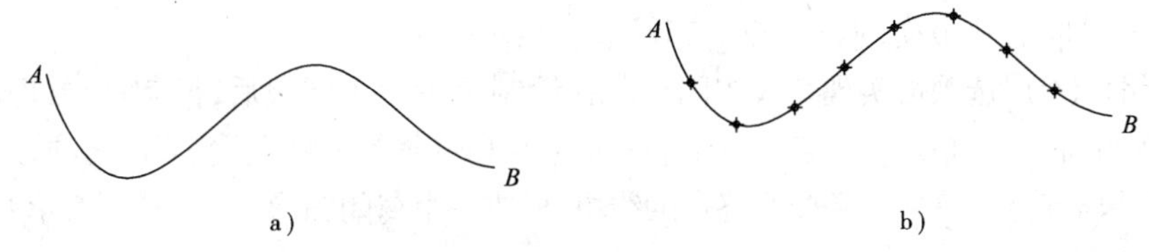

图 5-2　定数等分对象

a)定数等分前；b)定数等分后

在绘制定数等分点时，按照系统提示首先选择需要等分的对象 AB，然后输入等分的数量 8 即可得到如图 5-2b)所示的结果。该图中的点的样式已经进行设置，等分点能够明显地显示出来。

注意：这里输入的是等分数，而不是绘制点的个数，所以如果将所选对象分成 N 份，则实际只生成 $N-1$ 个点。此外，绘制定数等分点每次只能对一个图形对象进行操作，不能对一组图形对象进行操作。

【例题 5-2】 如图 5-3 所示,将对象 *CD* 按长度 *AB* 定距等分,已知 *AB* 长度如图所示。

在绘制定距等分点时,按照系统提示首先选择需要定距等分的对象 *CD*,然后指定线段的长度 *AB* 即可。

注意:放置点的起始位置从离对象选取点较近的端点开始;如果对象总长不能被所选长度整除,则绘制点到对象端点的距离将不等于所选长度。

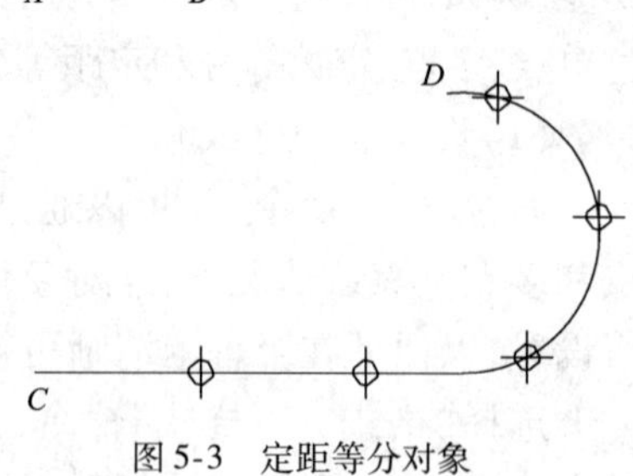

图 5-3 定距等分对象

5.2.1.2 绘制直线

直线是最常用的绘图对象,在 AutoCAD 中,直线(Line)命令专指绘制直线段。构造线(Xline)命令可以绘制向两端无限延长的直线,它没有起点和终点,主要用于绘制辅助线。例如,用构造线寻找三角形的中心;用于创建三视图等。直线(Line)命令主要有以下知识点可以考查。

(1)Line 命令可以自动连续使用

Line 命令可以将一条直线的终点自动作为下一条直线的起点,并连续提示下一个直线的终点,这样可以绘制一系列首尾相连的直线。若要终止连续的提示,可以按 Enter 键或 Esc 键或右击鼠标在弹出的快捷菜单中选择"确定"选项。

如果刚刚结束一直线绘制,直接按 Enter 键,可再次启动 Line 命令,系统"指定第一点"再次按 Enter 键可以从上一次绘制的线段端点处开始绘制新的线段。若最后绘制的是一个圆弧,启动 Line 命令后按 Enter 键将从圆弧端点开始绘制直线,且与圆弧相切。

注意:尽管这一系列的直线是使用同一个 Line 命令绘制而成的,但每一条直线均为各自独立的对象,其特性同调用 Line 命令分别绘制每一条直线相同。如果需要将一系列线段绘制成一个对象,可使用多段线。

(2)使用 Line 命令中的"放弃(U)"选项和"闭合(C)"选项

要取消绘制的上一条线段,可以选择"放弃(U)"选项,然后按 Enter 键,而且可以多次取消,一直可以取消到最初的第一点。"U"选项表示 Undo。

使用"闭合(C)"选项可实现直线的闭合。在绘制至少两条线段后,换句话说即连续输入 3 个点后,命令行将提示"指定下一点或[闭合(C)/放弃(U)]",选择"闭合(C)"选项,系统将自动绘制一条从线段起点到最后一条线段终点的线段,形成一个封闭图形。"C"选项表示 Close。

【例题 5-3】 绘制如图 5-4 所示的图形。

①选择"绘图 / 直线"菜单命令。

②按照如下命令行提示进行操作:

命令:_line 指定第一点:0,0 【指定直线起点】

指定下一点或[放弃(U)]:@50,0 【指定直线下一端点】

指定下一点或[放弃(U)]:@0,25 【指定直线下一端点】

指定下一点或[闭合(C)/放弃(U)]:@ -30,30 【指定直线下一端点】

指定下一点或[闭合(C)/放弃(U)]:@ -40,0 【指定直线下一端点】

指定下一点或[闭合(C)/放弃(U)]:c　　　　　　　　　　【闭合线段】

按照以上步骤,绘制结果如图 5-4 所示。

构造线(Xline)命令主要有以下知识点可以考查。

(1)熟练掌握使用构造线命令的各个选项,包括绘制水平构造线、垂直构造线、与参照线有倾角的构造线、与参照线有偏移的构造线。能够在实际绘图工作中应用构造线。

(2)熟练掌握使用构造线绘制角平分线。

【例题 5-4】　如图 5-5 所示,创建∠*AOB* 的角平分构造线。

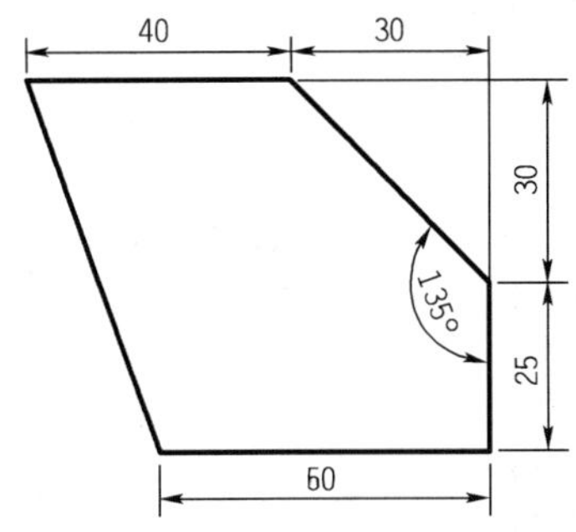

图 5-4　使用直线工具绘制图形

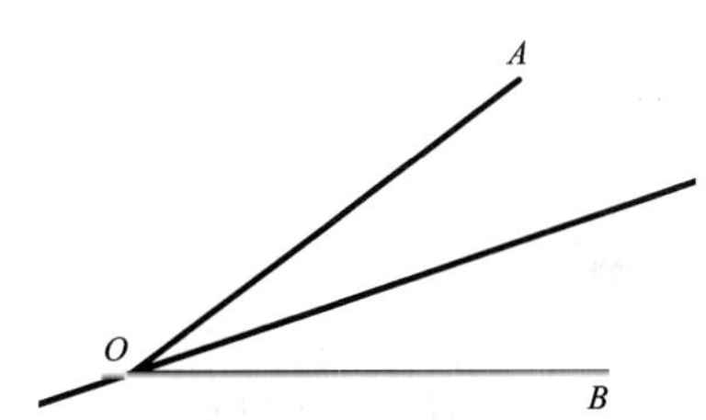

图 5-5　二等分法创建角平分构造线

①选择"绘图 / 构造线"菜单命令。

②按照如下命令行提示进行操作:

命令:_xline 指定点或[水平(H)/垂直(V)/角度(A)/二等分(B)/偏移(O)]:B

【指定选项 B】

指定角的顶点:　　　　　　　　　　【指定角的顶点 O 点】

指定角的起点:　　　　　　　　　　【指定角的起点 A 点】

指定角的端点:　　　　　　　　　　【指定角的终点 B 点】

指定角的端点:

③按 Enter 键结束命令。

【例题 5-5】　如图 5-6a)所示,通过绘图得出∠*CAB* 的角平分线,并测量被圆截取的线段。

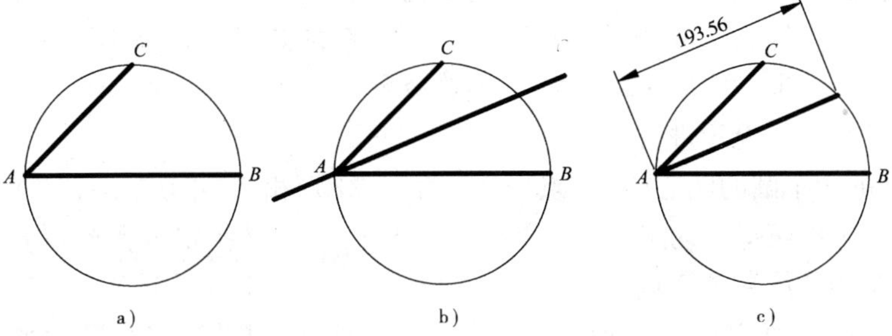

图 5-6　应用构造线举例

a)原始图形;b)绘制构造线;c)得到线段长度

①选择“绘图 / 构造线”菜单命令。

②按照如下命令行提示进行操作：

命令：_xline 指定点或［水平(H)/垂直(V)/角度(A)/二等分(B)/偏移(O)］:b

【指定选项 b】

指定角的顶点：【指定角的顶点 A】

指定角的起点：【指定角的起点】

指定角的端点：【指定角的端点】

指定角的端点：【Enter 键结束命令】

③使用修剪命令删除多余部分，测量圆内长度即可。

5.2.2 圆、弧、椭圆、圆环等命令

在 AutoCAD 绘图中出现比较多的几何元素除了直线之外就是圆弧类的图线，比如圆、圆弧、圆环及椭圆等，这部分也是认证考试涉及比较多的部分，应试者应熟练掌握。

5.2.2.1 使用多种方法绘制圆

圆是 AutoCAD 中常见的一种对象，在机械和建筑绘图中经常使用。圆(Circle)命令提供了 6 种方法绘制圆，这些方法都包含在“绘图 / 圆”菜单命令中，如图 5-7 所示。

绘制圆主要有以下知识点可以考查。

(1)绘制圆的默认方式是：指定圆心和半径。可以用距离输入半径，或者拾取圆周上的某个点来得出半径。

(2)通过三点法绘制三角形的外接圆。三点法虽然简单，但是对用户绘图很有帮助。

(3)通过“相切、相切、半径”法绘制公切圆。

(4)通过“相切、相切、相切”法绘制内切圆。

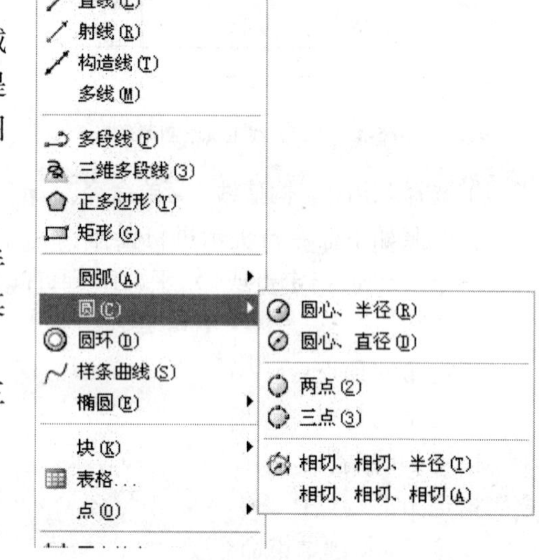

图 5-7 绘制圆子菜单

【**例题 5-6**】 两圆半径分别为 60 和 100，圆心相距 200。绘制两个圆的公切圆，公切圆的半径为 240，问这样的公切圆有几个？

①按照题目要求绘制出两个半径分别为 60 和 100 的圆，如图 5-8 所示。

②选择“绘图 / 圆 / 相切、相切、半径”菜单命令。

③按照如下命令行提示进行操作：

命令：_circle 指定圆的圆心或［三点(3P)/两点(2P)/相切、相切、半径(T)］:_ttr

指定对象与圆的第一个切点：【指定 B 点附近】

指定对象与圆的第二个切点：【指定 F 点附近】

指定圆的半径 <10.0000>:240 【指定公切圆的半径】

绘制出如图 5-9 所示的公切圆。

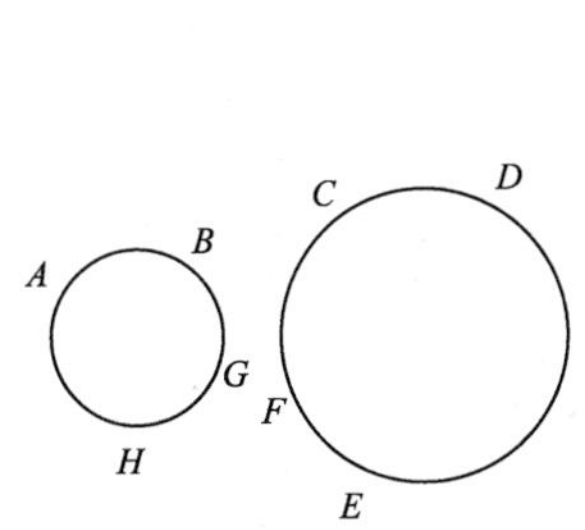

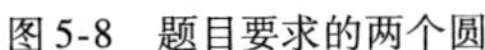
图 5-8　题目要求的两个圆

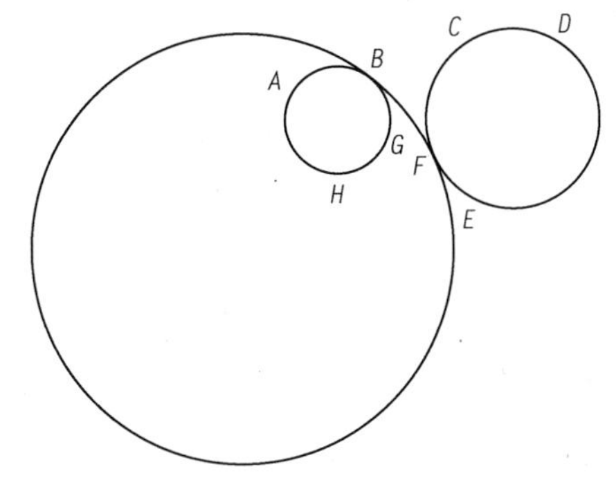

图 5-9　绘制的第一个公切圆

④按照相同步骤，分别指定 H 点和 E 点、A 点和 D 点、G 点和 C 点为圆的第一切点和第二切点，半径指定为 240，绘制出三个公切圆，如图 5-10 所示。

⑤根据图形分析，若以半径 60 和 100 的圆的圆心绘制中心线，在已绘制的四个公切圆的镜像位置还有四个公切圆，可以判断这样的公切圆共有 8 个。最终绘图结果如图 5-11所示。

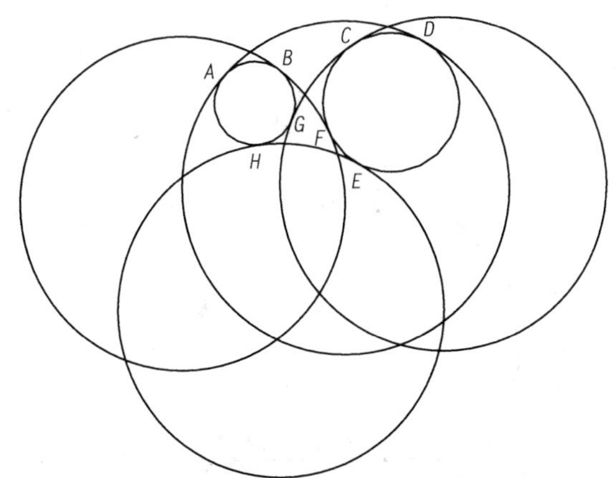

图 5-10　绘制的四个公切圆

图 5-11　绘制出所有的公切圆

【例题 5-7】　已知如图 5-12 所示图形，绘制出如图 5-16 所示的图形。

①选择“绘图／圆／3P”菜单命令。

②以三边形的三个角为三个点绘制外接圆，对三个三边形均绘制外接圆，如图 5-13 所示。

③选择“绘图／圆／相切、相切、相切”菜单命令。

④选择三个外接圆上各一点作为切点，绘制出内公切圆如图5-14所示。

⑤删除图中多余部分，如图 5-15 所示。

⑥选择“绘图／圆／相切、相切、相切”菜单命令。

⑦选择三个外接圆上各一点作为切点，绘制出外公切圆，最终绘图结果如图 5-16 所示。

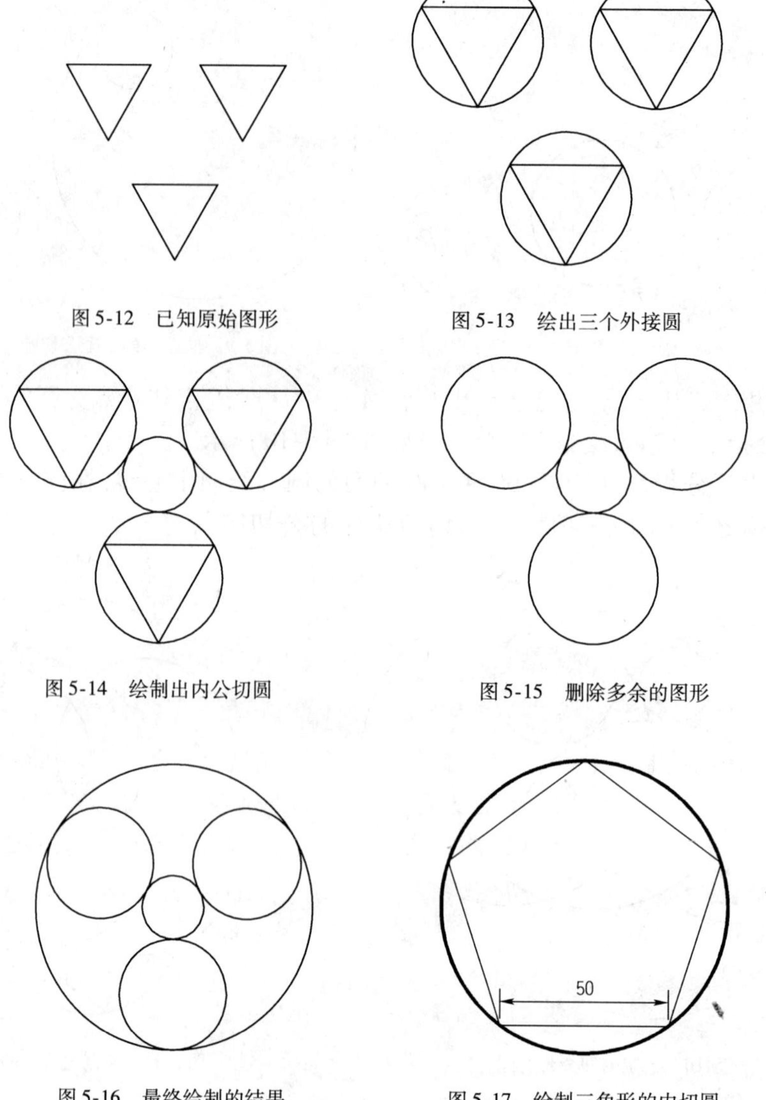

图 5-12　已知原始图形

图 5-13　绘出三个外接圆

图 5-14　绘制出内公切圆

图 5-15　删除多余的图形

图 5-16　最终绘制的结果

图 5-17　绘制三角形的内切圆

【例题 5-8】 根据图 5-17 中正五边形绘制圆对象，该圆与每条边都相接，该圆半径为多少？

A. 42.53

B. 46.84

C. 53.68

D. 100

【答案】 A

本题考查绘制圆对象的方法。本题采用“3P”选项，即可绘制外接圆。

5.2.2.2　使用多种方法绘制圆弧

圆弧的绘制方法与圆的绘制方法类似，在 AutoCAD 中，圆弧(Arc)命令提供了 11 种绘制圆弧方法，这些方法都包含在“绘图／圆弧”菜单命令中，如图 5-18 所示。

圆弧的各种绘制方法如下所示：

“三点”法　指定圆弧的起点、圆弧上的某一点和圆弧端点创建圆弧。这是默认的绘制方法，也是最常用的方法。

“起点、圆心、端点”法　指定圆弧的起点、圆心和终点创建圆弧。

“起点、圆心、角度”法　指定圆弧的起点、圆心和圆弧所对应的圆心角创建圆弧。

“起点、圆心、长度”法　指定圆弧的起点、圆心和圆弧所对应的弦长创建圆弧。

“起点、端点、角度”法　指定圆弧的起点、终点和圆弧所对应的圆心角创建圆弧。

“起点、端点、方向”法　指定圆弧的起点、终点和圆弧起点外的切线方向创建圆弧。

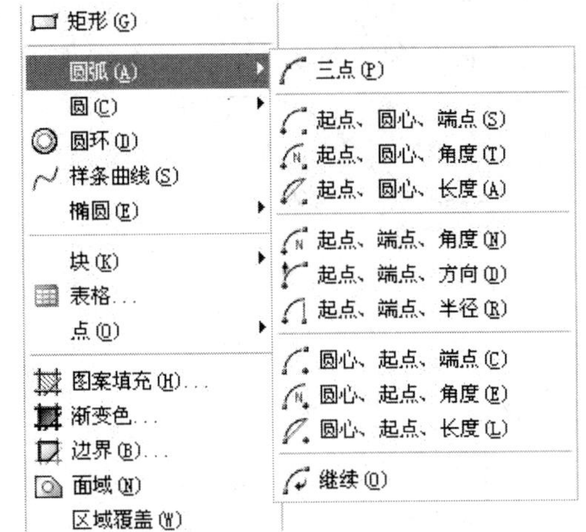

图 5-18　绘制圆弧菜单

“起点、端点、半径”法　指定圆弧的起点、终点和圆弧的半径圆心角创建圆弧。

“圆心、起点、端点”法　指定圆弧的圆心、起点和终点创建圆弧。

“圆心、起点、角度”法　指定圆弧的圆心、起点和圆弧所对应的圆心角创建圆弧。

“圆心、起点、长度”法　指定圆弧的圆心、起点和所对应的弦长创建圆弧。

“继续”法　该命令以上一次绘制的线段或圆弧的终点作为新圆弧的起点，以最后所绘线段方向或圆弧终点处的切线方向作为起始点处的切线方向创建圆弧。

绘制圆弧主要有以下知识点可以考查。

(1)在以上所讲述的方法中，当输入圆心角为正数时，圆弧沿逆时针方向绘制；当输入圆心角为负数时，圆弧沿顺时针绘制。当弦长为正数时绘制劣弧，反之绘制优弧。

(2)通过观察可以发现，以上绘制圆弧的方法基本上是大同小异的。实际绘图中，应根据具体情况灵活运用，如果可以确定起点和圆心，使用“起点、圆心、角度”方式比较方便；如果可以确定两个端点但不能确定圆心，使用“起点、端点、角度”或“起点、端点、半径”方式比较方便。

【例题 5-9】　绘制出如图 5-22 所示的图形。

①选择“绘图／圆／圆心、半径”菜单命令，绘制一个圆。

②选择“绘图／正多边形”菜单命令，绘制一个内接于该圆的正三边形，如图 5-19 所示。

③选择“绘图／圆弧／三点”菜单命令，按照如下命令行提示进行操作：

命令：_arc 指定圆弧的起点或[圆心(C)]：　　　　【指定 *A* 点作为起点】

指定圆弧的第二个点或[圆心(C)/端点(E)]:　　　　　　【指定 *O* 点作为第二点】
指定圆弧的端点:　　　　　　【指定 *B* 点作为端点】
绘制结果如图 5-20 所示。

④按照相同的方法绘制出其他的两段圆弧,如图 5-21 所示。

⑤删除多余的部分,最终显示结果如图 5-22 所示。

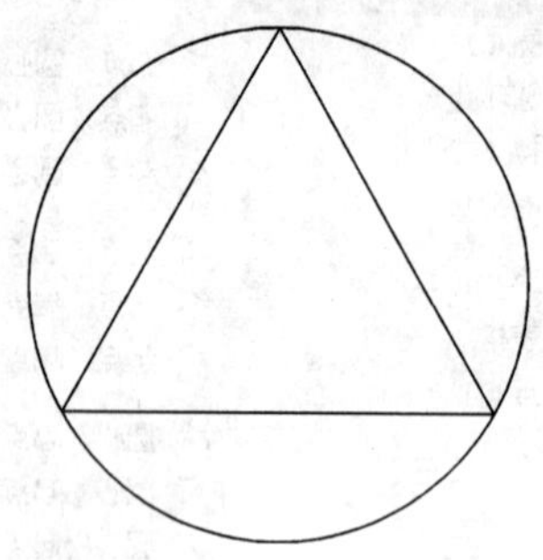

图 5-19　绘制内接于圆的五边形

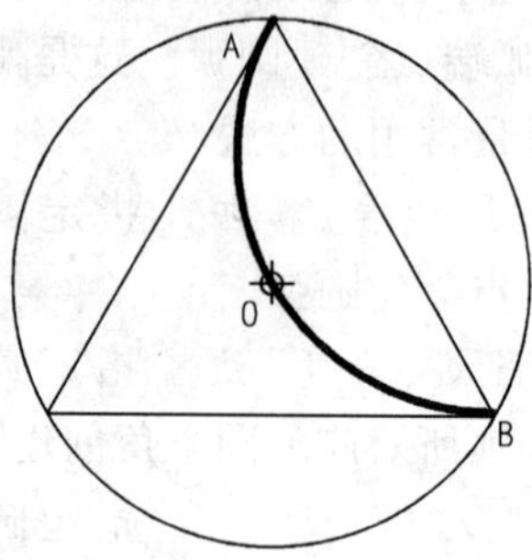

图 5-20　绘制出第一段圆弧

图 5-21　绘制出其他两段圆弧

图 5-22　最终绘制的图形

【例题 5-10】　半径 80,弦长为 110 的圆弧包角为多少?

A. 85°

B. 87°

C. 124°

D. 135°

【答案】　B

本题考查绘制圆弧的方法。本题选择"圆心、起点、长度"方法绘制圆弧即可。

【例题 5-11】　长短轴直径分别为 60、30,起始角度 50°,终止角度 210°的椭圆弧长度为多少?

A. 64. 24

B. 65. 51

C. 67. 15

D. 65. 88

【答案】 A

本题考查绘制椭圆弧的方法，首先绘制长轴，然后输入短轴半径，接着输入起始角度和终止角度。再使用“列表显示”查询得到椭圆弧长度。

5.2.2.3　椭圆、椭圆弧和圆环的绘制方法

椭圆、椭圆弧和圆环的内容相对较少，这里将以上三部分放在一起进行讲解。

椭圆和圆一样，也有圆心，不同的地方是椭圆具有长轴和短轴。在 AutoCAD 中，绘制椭圆和椭圆弧的命令均为 Ellipse，只是选项不同，如图 5-23 是椭圆命令的椭圆弧选项。要绘制椭圆弧，应首先绘制一母体椭圆，然后再给出椭圆弧所要求的夹角或其他参数，如图 5-24 所示。

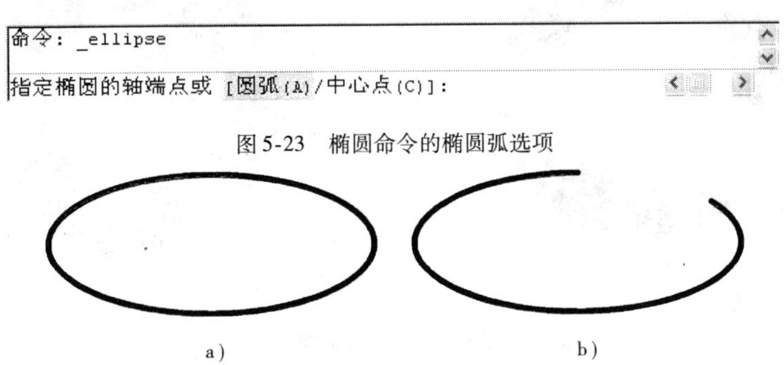

图 5-23　椭圆命令的椭圆弧选项

图 5-24　椭圆与椭圆弧

a) 椭圆效果；b) 椭圆弧效果

圆环是由一对同心圆构成，在 AutoCAD 中，绘制圆环(Donut)实际绘制的是闭合的多段线，主要参数有圆心、内圆直径和外圆直径。如果内圆直径为 0，则得到一个填充圆；如内圆直径等于外圆直径，则为普通圆。

椭圆、椭圆弧和圆环的绘制主要有以下知识点可以考查。

(1)绘制椭圆的选项

绘制椭圆的默认方法是“轴、端点”法，首先指定第一根轴的两个端点，然后指定第二根轴的半轴长度，它是沿着第二根轴在椭圆周上距第一根轴的长度。若不指定第二根轴的半轴长度，可以选择“旋转(R)”选项，该选项通过一个 0°到 90°之间的度数定义短轴，它是长轴与短轴的比率，如果旋转角度为 0，则绘制一个圆，随着旋转角度的增加椭圆越来越扁。

若不指定端点，可以“轴、中心点”法绘制椭圆。输入 C 可以指定椭圆中心，然后指定第一根轴的端点，此轴可以是长轴，也可以是短轴。最后指定另一轴的距离，它是从中心沿着第二根轴到椭圆周的长度。或者不指定第二根轴长度，也可以用“旋转(R)”选项来定义椭圆。

(2)绘制椭圆弧的选项

绘制椭圆弧很容易，由于需构造母体椭圆，所以第一个提示与椭圆相同，然后系统继续提示“指定起始角度或[参数(P)]”。指定起始角为默认值，在指定起始角后，可以指定圆弧的夹角来完成椭圆弧，此夹角为沿逆时针方向从起点到终点之间的夹角。

(3)在命令行中输入系统变量“PELLIPSE”决定椭圆的类型

当系统变量“PELLIPSE”参数设定为0(默认值)时,所绘椭圆是由 NURBS 曲线构成的真实平滑椭圆。当参数设定为1时,所绘椭圆是由多段线近似组成的椭圆。请注意这两种选项的区别。

(4)设置系统变量“FILL”决定圆环的填充效果

用户可以设定是否填充圆环内部。在命令行中输入系统变量“FILL”决定圆环的填充效果。当变量值为 ON 时,即为填充打开模式,如图 5-25a)所示;当变量值为 OFF 时,即为填充关闭模式,如图 5-25b)所示。

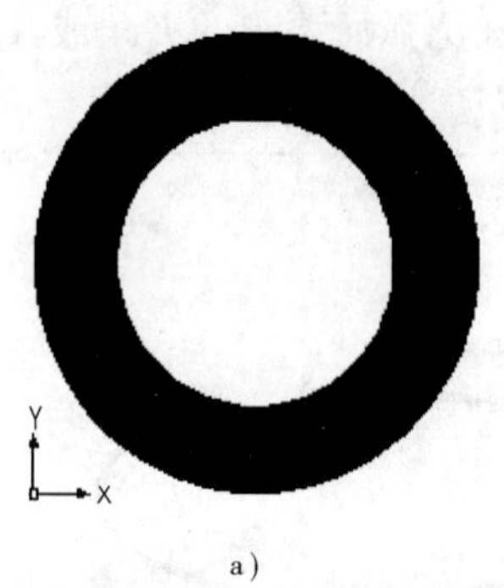

a)

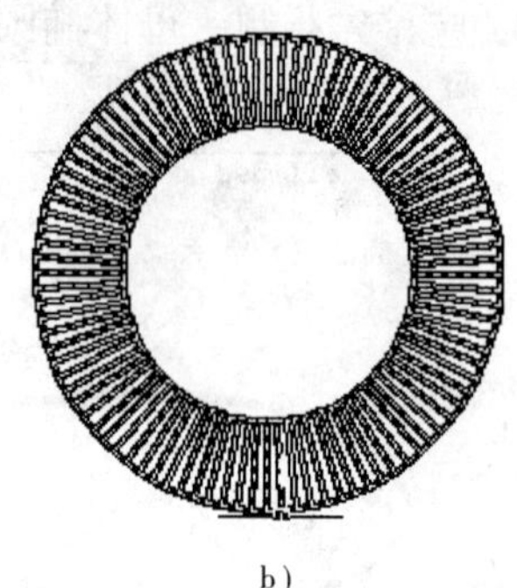

b)

图 5-25 椭圆与椭圆弧
a)打开填充效果;b)关闭填充效果

【例题 5-12】 内径为 20,外径为 24 的圆环,环面积为:

A. 380.13

B. 240.70

C. 113.13

D. 285.70

【答案】 A

本题考查圆环的绘制,画出圆环,然后通过“特性”选项板查看圆环面积,也可以利用“列表显示”命令查询面积。正确答案为 A。

【例题 5-13】 圆环内部的填充方式取决于:

A. 内径大小

B. 外径大小

C. 系统变量

D. Fill 命令

【答案】 D

在命令行中输入系统变量“FILL”决定圆环的填充效果。当变量值为 ON 时,即为填充打开模式,当变量值为 OFF 时,即为填充关闭模式,所以答案为 D。

5.2.3　多段线、样条曲线

5.2.3.1　多段线的绘制

多段线是由线段和圆弧组成的单独对象,使用多段线(Pline)命令,可以绘制由不同宽度、不同线型的直线或圆弧所组成的连续线段。多段线可将一组线和圆弧作为一个对象来编辑。

多段线的绘制主要有以下知识点可以考查。

(1)多段线与直线及圆弧绘制的不同

多段线是作为单个对象来创建的,可以创建直线段、弧线段或两者的组合线段。如图5-26中的两个图形外观一样,但图a)是由多段线绘制而成,而图b)是由圆弧和直线绘制而成。

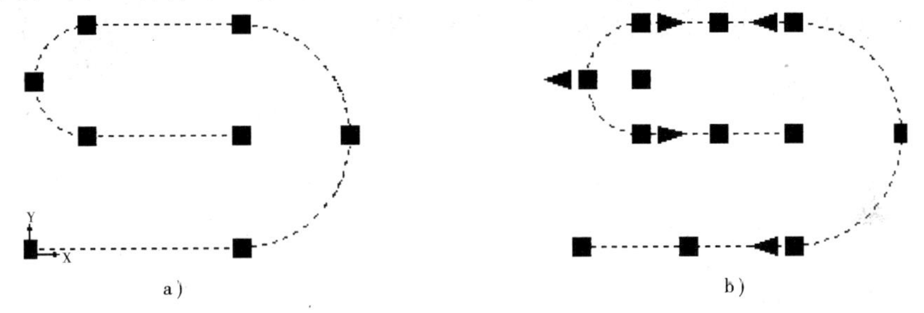

图5-26　多段线与直线或圆弧绘制的区别

a)由多段线绘制;b)由直线和圆弧绘制

多段线还提供单个直线或圆弧所不具备的编辑功能,可以调整多段线的宽度,如图5-27a)所示。也可以使用“修改”工具栏中的“炸开”命令将其转换成独立的直线段和弧线段,但是将其炸开以后,多段线中设置的线宽消失,如图5-27b)所示。

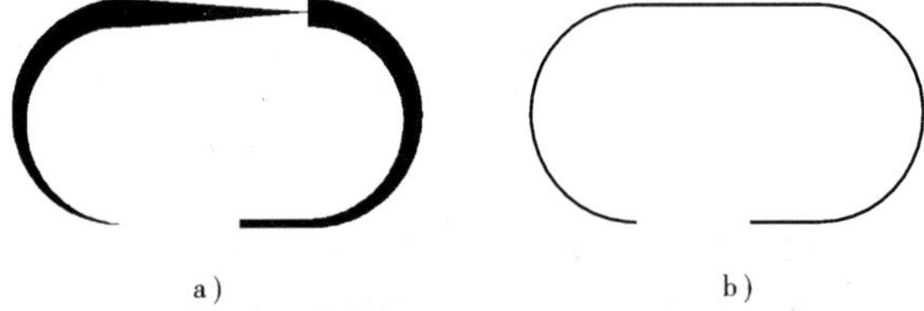

图5-27　多段线设置线宽效果

a)设置宽度的多段线;b)使用炸开命令分解后的效果

(2)使用多段线(PLine)命令绘制圆弧时,各选项的功能

启动多段线(PLine)命令,系统提示:

指定起点:当前线宽为0.0000

指定下一个点或[圆弧(A)/半宽(H)/长度(L)/放弃(U)/宽度(W)]:

像Line命令一样,Pline命令会不断提示输入更多的端点,每次重复出现整个提示。当操作完毕,按Enter键结束。

如果选择“圆弧(A)”选项,系统则以绘制圆弧的方式提示:“指定圆弧的端点或[角度(A)/圆心(CE)/闭合(CL)/方向(D)/半宽(H)/直线(L)/半径(R)/第二个点(S)/放弃(U)/宽度(W)]:”,默认值是指定圆弧的端点,其他选项大多数都类似于Arc命令选项,各选项功能如下:

角度(A)　指定包含的角度(顺时针为负)。

圆心(CE)　指定圆弧中心。

闭合(CL)　从上个圆弧的终点到该多段线的起点绘制一段圆弧封闭多段线。

方向(D) 从起点指定圆弧的切前方向。

半宽(H) 设定多段线的半宽——从多段线中心到边缘的距离。该选项提示输入起始半宽及终点半宽。

直线(L) 切换回直线模式。

半径(R) 指定圆弧半径。

第二个点(S) 指定圆弧的第二点。

放弃(U) 放弃上一次选项的操作。

宽度(W) 定义多段线线宽。该选项提示输入起始宽度和终点宽度。

【例题 5-14】 使用多段线(Pline)命令绘制如图 5-28 所示的图形。

图 5-28 使用多段线绘制的图形

选择“绘图 / 多段线”菜单命令,按照如下命令行提示进行操作:

命令:_pline

指定起点: 【指定多段线的起点位置】

当前线宽为 10.0000

指定下一个点或[圆弧(A)/半宽(H)/长度(L)/放弃(U)/宽度(W)]:w

【设定多段线的宽度】

指定起点宽度 <10.0000>:10 【指定起点的宽度】

指定端点宽度 <10.0000>:10 【指定端点的宽度】

指定下一个点或[圆弧(A)/半宽(H)/长度(L)/放弃(U)/宽度(W)]:100

【多段线的第二点位置】

指定下一点或[圆弧(A)/闭合(C)/半宽(H)/长度(L)/放弃(U)/宽度(W)]:w

【按相同方法绘制第二部分】

指定起点宽度 <10.0000>:100

指定端点宽度 <100.0000>:0

指定下一点或[圆弧(A)/闭合(C)/半宽(H)/长度(L)/放弃(U)/宽度(W)]:80

指定下一点或[圆弧(A)/闭合(C)/半宽(H)/长度(L)/放弃(U)/宽度(W)]:w

【按相同方法绘制第三部分】

指定起点宽度 <0.0000>:0

指定端点宽度 <0.0000>:100

指定下一点或[圆弧(A)/闭合(C)/半宽(H)/长度(L)/放弃(U)/宽度(W)]:80

指定下一点或[圆弧(A)/闭合(C)/半宽(H)/长度(L)/放弃(U)/宽度(W)]:w

【按相同方法绘制第四部分】

指定起点宽度 <100.0000>:10

指定端点宽度 <10.0000>:10

指定下一点或[圆弧(A)/闭合(C)/半宽(H)/长度(L)/放弃(U)/宽度(W)]:100

指定下一点或[圆弧(A)/闭合(C)/半宽(H)/长度(L)/放弃(U)/宽度(W)]:

绘制结果如图 5-28 所示。

【例题 5-15】 在 AutoCAD 中,关于 PLINE 命令绘制的多段线,下列说法不正确的是:

A. PLINE 多段线是一个实体

B. PLINE 多段线宽度在起点与终点可不一样

C. 不可以分解

D. PLINE 多段线只能整体删除,不能删除其中一段

【答案】 C

使用 PLINE 命令,可以绘制由不同宽度、不同线型的直线或圆弧所组成的连续线段。虽然多段线是由线段和圆弧组成的单独对象,但我们可以使用“分解”命令(EXPLODE)将其转换成独立的直线段和弧线段,分解以后,多段线中设置的线宽消失。正确答案为 C。

【例题 5-16】 将一系列的线段转换为多段线,需要使用 PEDIT 哪个选项?

A. 合并

B. 样条曲线

C. 拟合

D. 连接

【答案】 B

本题考查利用 PEDIT 命令编辑多段线,通过 PEDIT 命令的“样条曲线”选项可以将线段转换为多段线,通过夹点显示可以区别转换前后的不同,线段有 3 个夹点,多段线有 2 个夹点,正确答案为 B。

【例题 5-17】 若当前图中多段线已设置了的线宽,使用“分解”命令将多段线进行分解后,下列说法正确的是:

A. 多段线中设置的线宽仍然存在,多段线转换为独立的直线段和弧线段

B. 多段线中设置的线宽消失,多段线转换为独立的直线段和弧线段

C. 无法分解

D. 多段线中设置线宽的部分无法分解,其余部分转换为独立的直线段和弧线段

【答案】 B

使用“分解”命令(EXPLODE)将其转换成独立的直线段和弧线段,分解以后,多段线中设置的线宽消失。正确答案为 B。

5.2.3.2　样条曲线的绘制

样条曲线又称为 NURBS 曲线,它表示非均匀 B 样条曲线,是经过或接近一系列给定点的光滑曲线。在 AutoCAD 中,样条曲线(Spline)命令~,可以绘制样条曲线。样条曲线的绘制主要有以下知识点可以考查。

(1)使用 Spline 命令和 Pedit 命令创建样条曲线

使用 Spline 命令创建样条曲线,即 NURBS 曲线。与那些包含类似形的样条曲线拟合多段线的图形相比,包含样条曲线的图形占用较少的内存和磁盘空间。

使用 Pedit(编辑多段线)命令的“样条曲线”选项可以将多段线创建为样条曲线。但该样条曲线是使用统一节点矢量创建的,不是真正的 NURBS 曲线。选择样条曲线命令的“对象(O)”选项,可以将该种样条曲线很容易地转换为真正的样条曲线。

(2)通过设定拟合公差控制曲线与点的拟合程度

在 AutoCAD 中,可以给定一系列点,使样条曲线经过这些给定点。也可以通过设定拟合公差设定样条曲线与给定点之间的距离,即控制曲线与点的拟合程度。

公差表示样条曲线拟合所指定的拟合点集时的拟合精度。公差越小,样条曲线与拟合点越接近。公差为 0,样条曲线将通过该点。在绘制样条曲线时,可以改变样条曲线拟合公差以查看效果。

如图 5-29a)所示的图形即为拟合公差设定为 0 的效果,图 5-29b)和 c)分别为拟合公差设定为 20 和 40 时的效果。从图中可以看出,拟合公差数值不同对图形的影响很大。

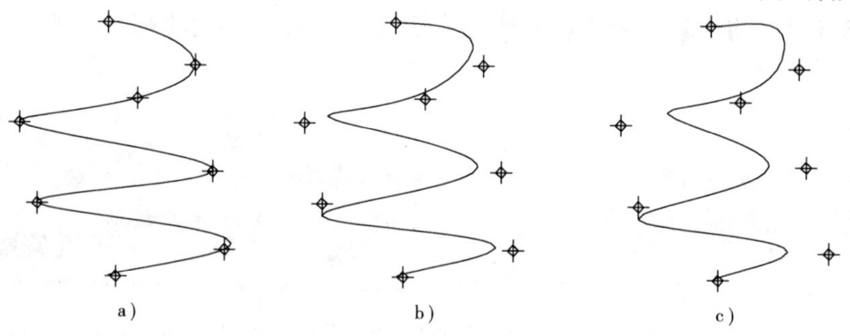

图 5-29 使用多段线绘制的图形

a)拟合公差为 0;b)拟合公差为 20;c)拟合公差为 40

(3)使用 Splinedit 命令编辑样条曲线

由于整个样条曲线是一个单一的对象,因此除了在大多数对象上使用的一般编辑操作外,编辑样条曲线(Splinedit)命令可以对样条曲线进行修改。可编辑的特性包括:拟合点的数量和位置、端点特性,如打开和关闭、切线方向及样条曲线的公差。Splinedit 命令对选定的样条曲线的控制点(与拟合点不同)进行操作,这些操作包括添加控制点及修改不同样条曲线控制点的权值。权值用于确定绘制的样条曲线与控制点的接近程度。

注意:使用 Splinedit 命令选择样条曲线后,看到的是控制点而非拟合点,如图 5-30 所示,夹点指明的是控制点。

图 5-30 使用 Splinedit 命令选择样条曲线后,夹点指明了控制点,它们不在样条曲线上

【例题 5-18】　如图 5-31a)所示样条曲线,编辑该样条曲线,将拟合公差设置为 20 时,该样条曲线的长度为:

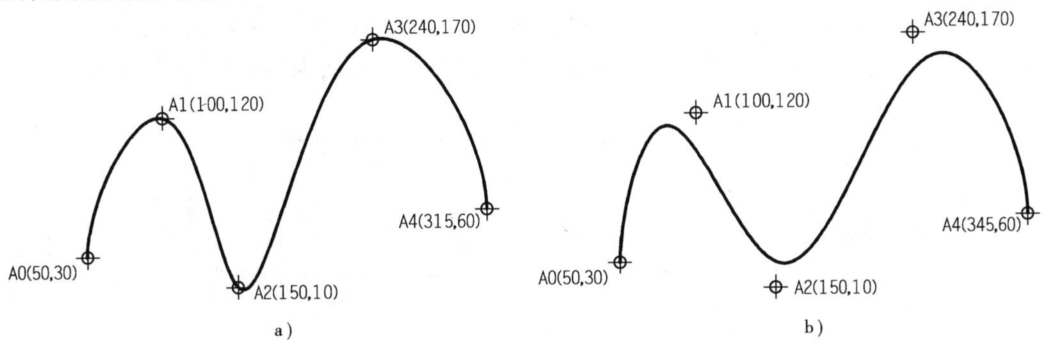

图 5-31　绘制样条曲线

a)原始样条曲线;b)设置拟合公差后的样条曲线

A. 514.08

B. 533.05

C. 无法得到

D. 637.05

【答案】　A

本题考查编辑编辑样条曲线 Splinedit 命令的使用。选择“拟合数据/公差”选项进行设置。

【例题 5-19】　已知样条曲线图形如图 5-32 所示,编辑该样条曲线,将 A3 点删除,编辑后的样条曲线长度为:

A. 411.38

B. 380.63

C. 411.71

D. 无法得到

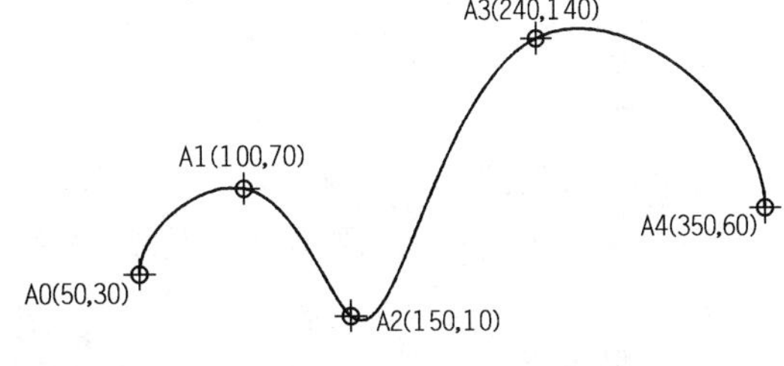

图 5-32　编辑样条曲线

【答案】　B

本题考查编辑编辑样条曲线 Splinedit 命令的使用。选择“拟合数据/删除”选项,将 A3 点删除,再使用“列表显示”进行查询。

5.2.4　矩形、正多边形

5.2.4.1　矩形的绘制

矩形在图形绘制中是最基本的图形元素,使用矩形(Rectang)命令口绘制的矩形和使用直线命令绘制的矩形不一样。使用直线命令绘制的矩形四个边是四个独立的线对象;而使用矩形命令绘制的矩形要指定两个对角点,所有四个边是一个对象,也就是一条多段线。

矩形的绘制主要有以下知识点可以考查。

(1)设置矩形的倒角和圆角。

使用 Rectang 命令绘制矩形时,利用“倒角(C)”选项和“圆角(F)”选项,可以为所绘制的矩形分为倒直角和倒圆角。图 5-33a)和 b)中所示分别为矩形倒直角和倒圆角的效果。

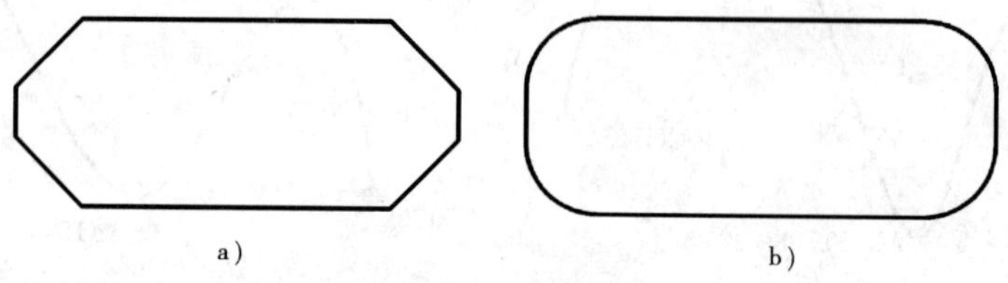

图 5-33 倒角的效果

a)倒直角效果;b)倒圆角效果

(2)使用“面积(A)”、“尺寸(D)”和“旋转(R)”选项绘制矩形

使用 Rectang 命令绘制矩形时,一旦指定了矩形的第一个角点,系统默认会提示指定矩形的另一角点,同时也提供了“面积(A)”、“尺寸(D)”和“旋转(R)”三个选项绘制矩形,利用这三个选项,可以方便快捷地得到所需要的矩形。

【例题 5-20】 使用矩形(Rectang)命令绘制如图 5-34 所示的图形。

选择“绘图/矩形”菜单命令,按照如下命令行提示进行操作:

命令:_rectang

当前矩形模式:圆角 =50.0000 旋转 =30

指定第一个角点或[倒角(C)/标高(E)/圆角(F)/厚度(T)/宽度(W)]:f 【指定矩形圆角】

指定矩形的圆角半径 <50.0000 >:5 【指定矩形的圆角大小】

指定第一个角点或[倒角(C)/标高(E)/圆角(F)/厚度(T)/宽度(W)]: 【指定矩形的第一个角点】

指定另一个角点或[面积(A)/尺寸(D)/旋转(R)]:r 【指定矩形旋转】

指定旋转角度或[拾取点(P)] <30 >: -30 【指定矩形的旋转角度】

指定另一个角点或[面积(A)/尺寸(D)/旋转(R)]:a 【指定矩形使用面积绘制】

输入以当前单位计算的矩形面积 <20000.0000 >:600 【指定矩形总面积】

计算矩形标注时依据[长度(L)/宽度(W)] < 长度 >:L 【指定矩形长度】

输入矩形长度 <10.0000 >:30

绘制的图形效果如图 5-34 所示。

【例题 5-21】 绘制如图 5-35 所示矩形,其面积为:

A. 284.00

B. 287.00

C. 358.00

D. 450.00

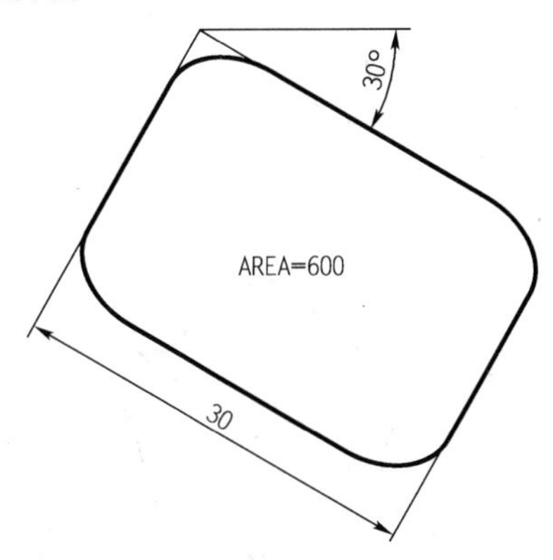

图 5-34　根据面积和长度绘制矩形

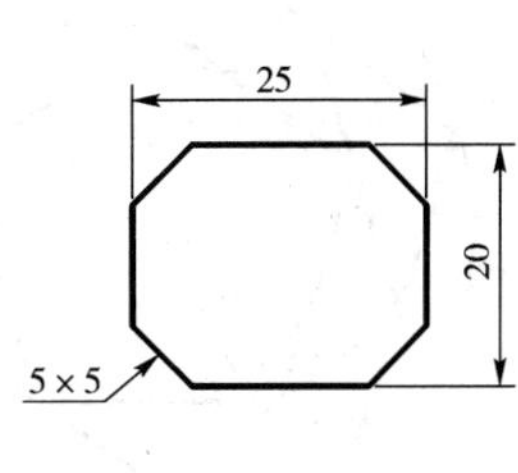

图 5-35　绘制矩形

【答案】　D

使用 Rectang 命令的“倒角(C)”选项先设定倒角尺寸,再使用“尺寸(D)”选项绘制矩形,最后查询图形面积。正确答案为 D。

【例题 5-22】　已知一个长轴为 100,短轴为 60 的椭圆,绘制一长为 80 的内接矩形,该矩形的宽为多少?

A. 30

B. 40

C. 36

D. 50

【答案】　C

本题考查绘制矩形的方法,首先绘制短轴中心线,使用偏移命令(两边各偏移 40)确定内接矩形的短边,最后经剪切后查询矩形的宽。

5.2.4.2　正多边形的绘制

正多边形(Ploygon)命令 ⬠,可以用来绘制封闭的等边多边形。可以绘制边数从 3 到 1024 的等边多边形。绘制多边形的默认方式是指定多边形的中心及从中心点到每个顶角点的距离,以便整个多边形位于一个虚构的圆中,即为内接多边形。另外,可以使绘制的多边形的每条边的中点在一个虚构的圆中,即为外切多边形;也可以指定一条边的起点和端点,即指定长度的方法绘制多边形。

正多边形的绘制可以考查的知识点是:以正多边形为辅助图形解决实际问题。

【例题 5-23】　已知一个圆半径为 100,求图 5-36 中大圆的半径。

(1)选择“绘图/正多边形”菜单命令,设定边的数目为 5,正多边形的中心为圆心 O,下一步设定选项为内接于圆,最后设定该正五边形外切于半径为 100 的圆,如图 5-37 所示。

(2)按照相同的步骤再绘制两个外切正五边形。

(3)选择"绘图/圆/圆心、半径"菜单命令,绘制一个圆外接于最大的正五边形,测量该圆的半径为188.85。

图5-36　通过绘图得到大圆半径

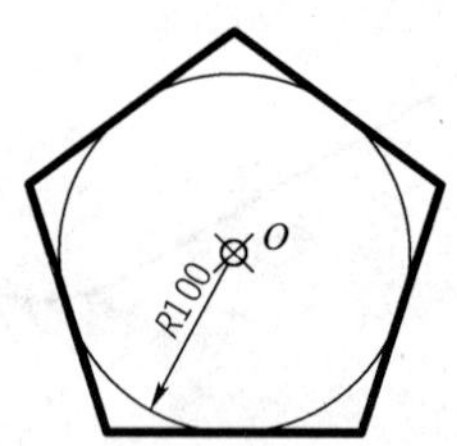

图5-37　通过绘图得到大圆半径

【例题5-24】　绘制一个正九边形,其内接于半径为50的圆,该正九边形的边长为多少?

A. 20.20

B. 23.20

C. 33.20

D. 34.20

【答案】　D

本题考查绘制内接于圆的正多边形,画出图形并查询,正确答案为D。

【例题5-25】　如图5-38所示,已知该正三边形边长为80,图中正五边形的边长为多少?

A. 27.15

B. 24.36

C. 28.30

D. 26.75

【答案】　A

本题先通过"三点相切"绘制正三边形的内切圆,然后绘制该圆的内接正五边形,最后查询正五边形的边长即可。

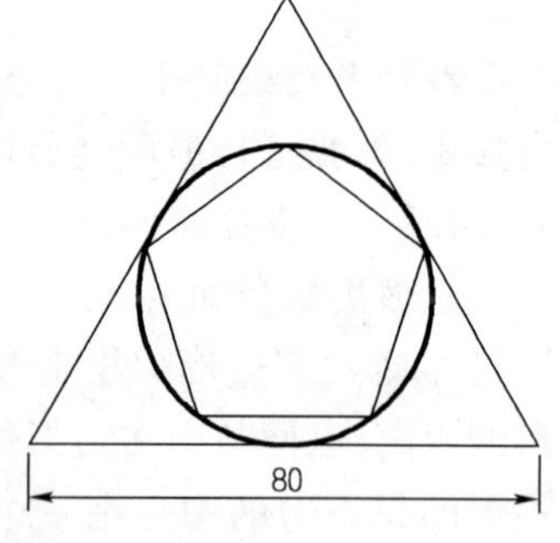

图5-38　绘制正多边形

5.2.5　基本3D实体建模及综合建模

3D建模是AutoCAD软件的一个重要方面,应掌握3D建模的一些最基本的概念和方法,比如用户坐标系的基本使用(UCS)、实体图元、边界生成、拉伸建模、旋转建模、布尔运算等。应熟练掌握这些知识,快速创建3D模型。

在 2008 版本中新增加了多段体、螺旋、创建平面曲面、通过加厚创建实体等，应重视这些新增功能。

【例题 5-26】 创建三维圆柱体时，底面圆的生成方法有多种，但不包括：

A. 相切、相切、相切

B. 三点(3P)/两点(2P)/椭圆

C. 相切、相切、半径

D. 圆心、半径

【答案】 A

底面圆的生成方法有"三点(3P)/两点(2P)/相切、相切、半径(T)/椭圆(E)"，而 D 选项是默认的底面圆生成方法。

【例题 5-27】 在使用 3P 方式作圆球体时，三点恰好与边长为 12 的正三角形三边相切，圆球的体积为：

A. 不存在

B. 114.1247

C. 124.12

D. 174.12

【答案】 D

本题考查创建圆球体时的创建方法，按照题意建模即可查询到模型体积。

【例题 5-28】 沿如图 5-39 所示的路径生成多段体，多段体的高度为 140，宽度为 5，则该多段体的体积为：

A. 402800.00

B. 263491.1739

C. 495800.00

D. 292831.12

【答案】 B

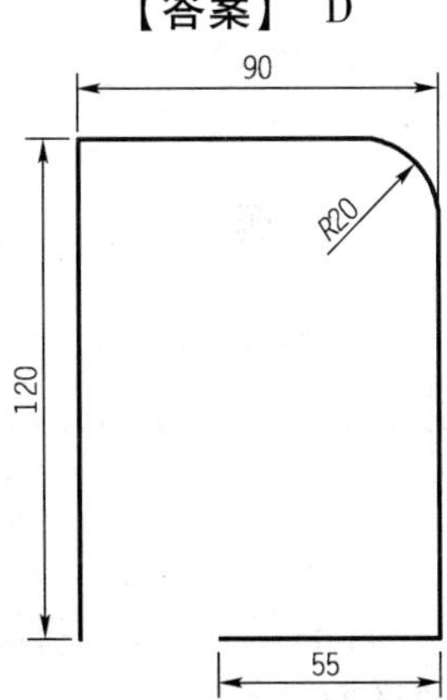

图 5-39　多段体创建

本题考查多段体的创建方法。首先绘制本题的平面图形，然后将其编辑为一条多段线，然后利用多段体的创建方法，给定高度和宽度即可创建，然后查询其体积。

【例题 5-29】 在如图 5-40 所示的平面曲线，拉伸高度为 10，拉伸锥度角为 5°，其体积为：

A. 4682.46

B. 4107.36

C. 4763. 34

D. 0

【答案】 B

本题考查了拉伸的相关知识，一是拉伸曲线的处理，如何生成封闭多段线或面域（Pedit、Boundary、Region），二是如何进行拉伸，拉伸的步骤和方法。拉伸后的模型查询其体积。

【例题 5-30】 如图 5-41 所示的形体体积是：

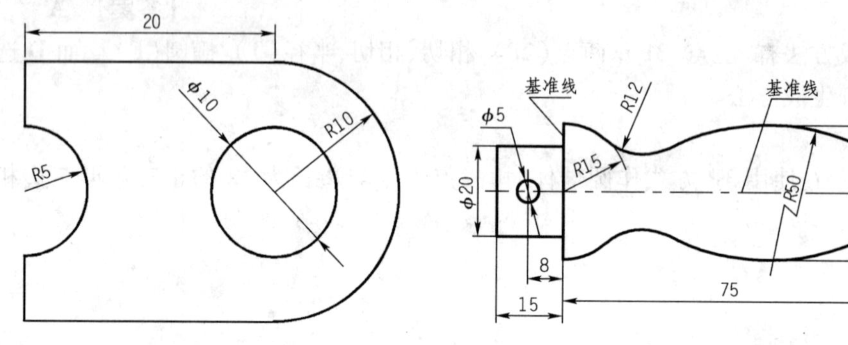

图 5-40 拉伸所需的平面曲线

图 5-41 3D 建模

A. 40489. 75

B. 40100. 18

C. 38969. 74

D. 48969. 74

【答案】 B

该题是 3D 建模的综合题，首先要将所需的平面图形绘制出来，其绘制还是有一定的难度的。绘制后旋转建模，然后拉伸出直径为 5 的圆柱体，进行布尔差运算。最终形体的体积答案为 B。

【例题 5-31】 在创建平面曲面时，可以利用封闭区域对象，下面哪些不是构成有效封闭区域对象？

A. 三维多段线

B. 椭圆、椭圆弧

C. 平面样条曲线

D. 直线、圆、圆弧二维多段线

【答案】 A

平面曲面是 2007 版本后新增的工具，可以通过选择构成一个或多个闭合区域的一个或多个对象，或通过指定矩形的对角点来创建平曲面。若通过闭合区域创建，则与 REGION 命令类似，有效对象包括：直线、圆、圆弧、椭圆、椭圆弧、二维多段线、平面三维多段线和平面样条曲线。

【例题 5-32】　将半径为 12，高度为 20 的圆锥面加厚，厚度为-3，则得到的模型体积为？

A. 3243.76

B. 2112.78

C. 3015.93

D. 无法加厚

【答案】　B

加厚是 2007 版本后新增的工具，可以将曲面加厚为三维实体。对于本题，可以先创建题目要求的圆锥体，将其分解，然后加厚圆锥面即可。注意题目要求的是加厚 -3，A 中的值是加厚 3 所得，圆锥体的体积的答案是 C。

5.2.6　生成螺旋图形

螺旋(Helix)命令，是 AutoCAD 2007 中新增的一个绘图命令。螺旋就是开口的二维或三维螺旋。在 AutoCAD 中主要用来创建对象，如弹簧或者螺钉等。

螺旋的绘制主要有以下知识点可以考查。

(1)通过螺旋命令中的设置，可以绘制各种螺旋的形状

如果指定一个值来同时作为底面半径和顶面半径，将创建圆柱形螺旋。如果指定不同的值来作为顶面半径和底面半径，将创建圆锥形螺旋。如果指定的高度值为 0，则将创建扁平的二维螺旋。这里需要注意的是螺旋的底面半径和顶面半径均不能都设置为 0。

(2)修改螺旋的形状和大小的方法

可以使用夹点或"特性"选项板来修改螺旋的形状和大小。使用螺旋上的夹点更改以下内容：起点、底面半径、顶面半径、高度和位置。而使用"特性"选项板除了可以更改以上的内容，还可以更改：圈数、圈高和扭曲的方向(顺时针或逆时针)。

【例题 5-33】　绘制两个螺旋，底面半径均为 50，顶面半径均为 25，圈数均为 5，高度分别为 0 和 100，并比较两个螺旋的长度。

①选择"绘图/螺旋"菜单命令。

②按照以下方法进行操作。

命令：_Helix

圈数 = 3.0000 扭曲 = CCW

指定底面的中心点：　　【设定螺旋的中心】

指定底面半径或[直径(D)] <50.0000>:50　　【输入螺旋底面半径】

指定顶面半径或[直径(D)] <50.0000>:25　　【输入螺旋顶面半径】

指定螺旋高度或[轴端点(A)/圈数(T)/圈高(H)/扭曲(W)] <50.9112>:t

【选择圈数选项 t】

输入圈数 <3.0000>:5　　【输入需要的圈数】

指定螺旋高度或[轴端点(A)/圈数(T)/圈高(H)/扭曲(W)]<50.9112>:0

【输入螺旋的高度】

③按照同样的步骤绘制另外一个高度为 100 的螺旋。

④绘制完毕的两个螺旋图形如图 5-42 所示。

④选择"工具/查询/列表显示"菜单命令,分别测量长度为 1175.50 和 1179.91。

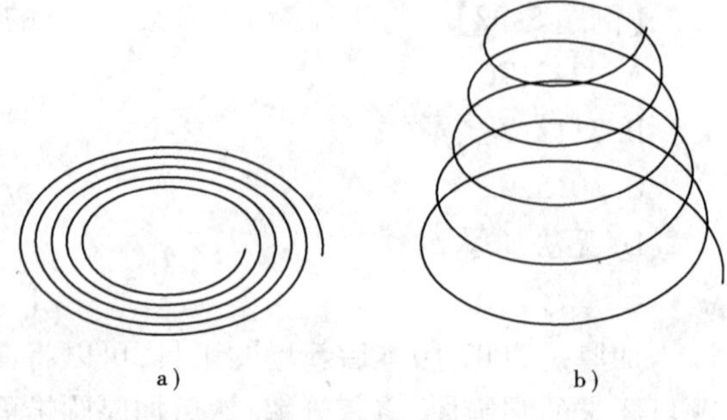

图 5-42 绘制的螺旋

a)高度为 0 的螺旋;b)高度为 100 的螺旋

【例题 5-34】 绘制螺旋时,首先输入底面半径为 0,当输入顶面半径为 0 时,将会:

A. 绘制一个底面半径和顶面半径均为 0 的螺旋

B. 报错并退出命令

C. 电脑出现死机

D. 命令行提示"底面半径和顶面半径不能都为零",继续指定底面半径数值

【答案】 D

使用螺旋命令时,底面半径和顶面半径不能都设置为 0。如果底面半径和顶面半径都输入 0 时,则命令行提示"底面半径和顶面半径不能都为零",让用户继续指定底面半径数值,所以本题答案为 D。

5.2.7 创建图案填充、渐变填充及图案填充的编辑

在实际绘图中经常使用到图案填充,常用于表现剖面和材质。图案的填充种类多种多样,在 AutoCAD 2008 中提供了大量的填充图案给用户选择。创建图案填充有两个关键问题:一个是确定填充的边界,即需定义的填充区域、范围;另一个是填充图案的特性。其他的问题都围绕这两个问题展开。

在 AutoCAD 中,通过图案填充和渐变色(Bhatch)命令和 Hatch 命令(该命令仅在命令行中可用),在弹出的"图案填充和渐变色"对话框中,可以填充封闭的区域或指定的边界,还可以设定填充图案的旋转角度,旋转角度以 X 轴正方向为零度,逆时针为正,此对话框包括"图案填充"和"渐变色"两个选项卡。

5.2.7.1 创建图案填充

(1)图案填充是块

在图案填充中填充的图案是块,也就是说填充区域的所有元素都是一个对象。若不希望是一个对象,可以选择"修改/分解"命令将填充区域的所有元素分解为独立的对象。

(2)确定图案填充的边界

图案填充的关键是确定图案填充的边界,而不是定义图案填充。给完整的对象填充图案是放置图案填充最简单的方法,但实际所要填充图案的区域往往是比较复杂的,这个边界

一般要求为封闭,在定义边界时方法多种,可以通过"添加:拾取点"、"添加:选择对象"、"重新创建边界"等方法创建边界。

拾取点通过给定封闭区域内一点,系统自动搜索绕该点最小的封闭区域,如图5-43所示。该方法灵活方便,是最常用的方法。

添加:选择对象。直接选择对象作为填充边界,这要求事先要先绘制出边界。由于要先绘制边界,所以实际使用起来不是很方便。

删除边界:就是在创建好的边界集中去除不当的边界,有点像"对象选择"中的"删除(R)"。

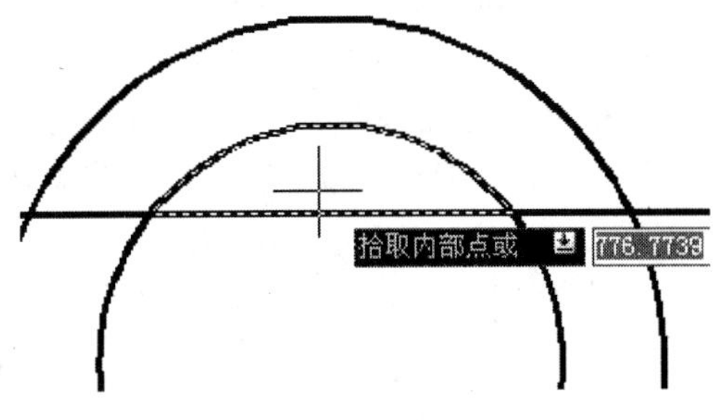

图5-43　"图案填充和渐变色"对话框

通过"查看选择集"还可以查看已经创建的边界集合。需要注意的是,如果填充边界内有文字、属性这样特殊的对象,且在选择填充边界时也选择了它们,在填充图案时这些对象会自动断开,使对象看起来更加清晰,如图5-44所示。

(3)通过设置"允许的间隙"来填充非完全封闭的图形中

在AutoCAD 2008中,通过设定允许的间隙,可以对有间隙、非完全封闭的图形进行图案填充。可以在"图形填充和渐变色"对话框的"允许的间隙"选项组中设定一个公差来忽略间隙,当设置的"公差"大于图中的间隙,也就是说间隙在设置公差的范围内时,该间隙可以忽略,填充效果如图5-45b)所示。

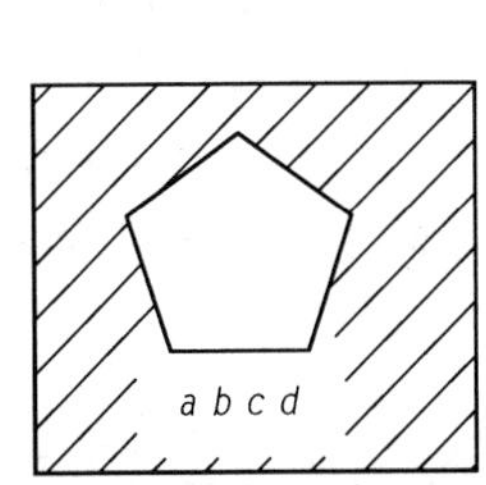

图5-44　包括特殊对象的图案填充

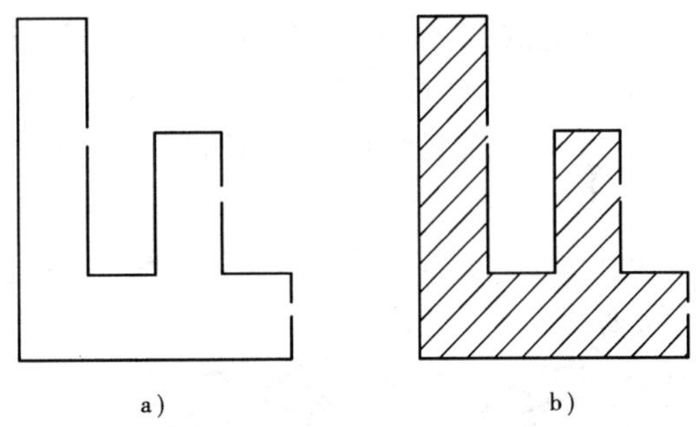

图5-45　设定允许的间隙后图案填充

a)有间隙的图形;b)进行图案填充后效果

(4)使用填充图案

AutoCAD 2008提供了实体填充以及多种行业标准填充图案,使用它们可以区分对象的部件或表示对象的材质。

填充的图案有很多类型,总的可以分为三种类型的图案:

预定义图案:图案调色板中的图案,存放在ACAD. pat文件中;

用户定义图案:这是用户可以自己定义的图案,只有两种形式,一种是平行直线,一种是两组互相平行的直线;

自定义图案:这是用户事先预定好的图案。

(5)创建关联图案填充

关联图案填充就是在修改边界后，填充的图案自动根据新的边界进行更新，如图 5-46 所示。而非关联图案填充则与它们的边界无关。

默认情况下，使用 Bhatch 命令创建的图案填充区域是相关联的。任何时候都可以删除关联图案填充或者将默认设置修改为创建非关联图案填充。若不希望图案填充关联图形，可以在“图形填充和渐变色”对话框的“选项”选项组中将“关联”框对勾去掉，绘图效果如图 5-47 所示。Hatch 命令用于创建非关联图案填充，适用于填充非封闭边界的填充。

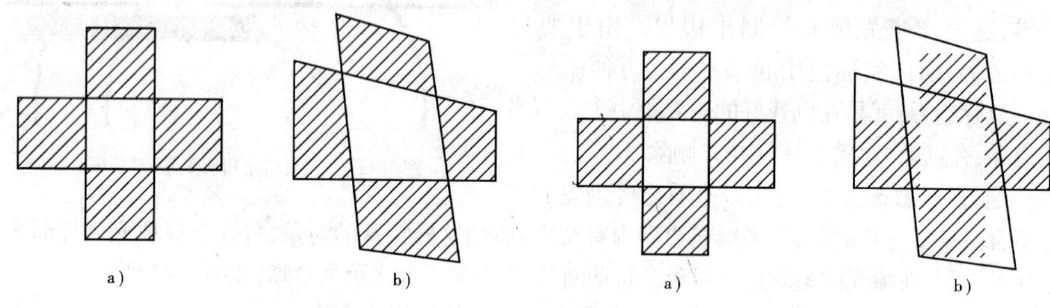

图 5-46　设定图案填充相关联
a）编辑前图形的图案填充样式；b）编辑后图形的图案填充样式

图 5-47　设定图案填充不相关联
a）编辑前图形的图案填充样式　b）编辑后图形的图案填充样式

（6）设置孤岛

在进行图案填充时，通常将位于一个已定义好的填充区域内的封闭区域称为孤岛。

AutoCAD 提供了“普通”、“外部”和“忽略”3 种孤岛样式。这三种孤岛样式创建的图案填充样式不同，区别如图 5-48 所示。“普通”样式是从最外边界向里面画填充线，遇到与之相交的内部边界时断开填充线，遇到下一个内部边界时继续绘制填充线，如图 5-48b）所示；“外部”样式是从最外边界向里面画填充线，遇到与之相交的内部边界时断开填充线，不在往里绘制填充线，如图 5-48c）所示；“忽略”样式是忽略边界内的对象，所有内部结构都被填充线覆盖，如图 5-48d）所示。

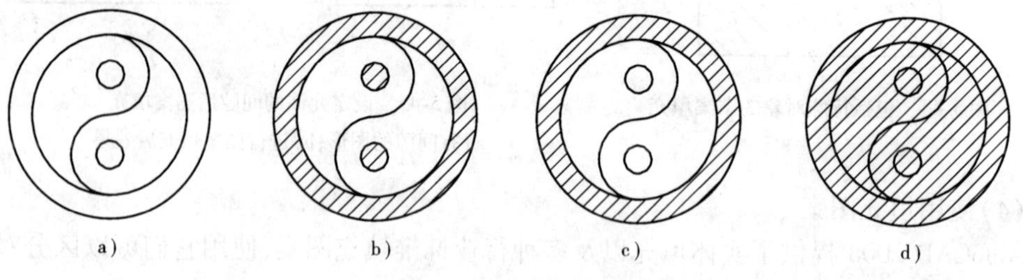

图 5-48　“孤岛样式”效果
a）未填充前的图形；b）“普通”样式；c）“外部”样式；d）“忽略”样式

【例题 5-35】　在如图 5-49a）所示图形中创建填充图案，效果如图 5-49b）所示。

①选择“绘图／图案填充”菜单命令，打开“图形填充和渐变色”对话框。

②将“孤岛显示样式”设定为“普通”选项，单击“边界”选项组中“添加：拾取点”按钮，然后在绘图窗口中单击 *A* 区域中任意一点，四个三边形对象均高亮显示，如图 5-50 所示。

③按下 Enter 键返回“图形填充和渐变色”对话框,单击“边界”选项组中“删除边界”按钮,然后在绘图窗口中单击 A 与 B 区域间三边形、C 与 D 区域间三边形,不将这两个三边形作为填充边界,如图 5-51 所示。

④按下 Enter 键返回“图形填充和渐变色”对话框,在“类型和图案”选项组中设置填充图案的特性,最后单击“确定”按钮完成填充,最后得到填充效果如图 5-49b)所示。

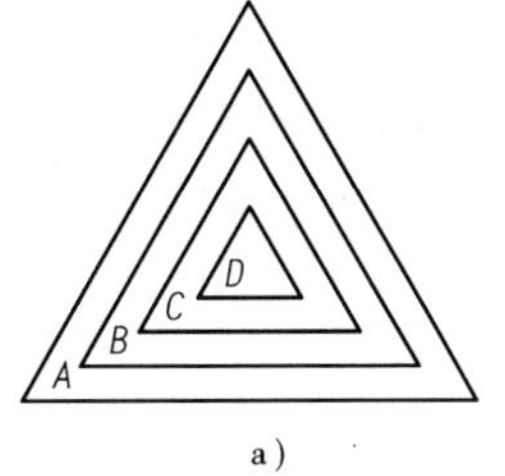

a)

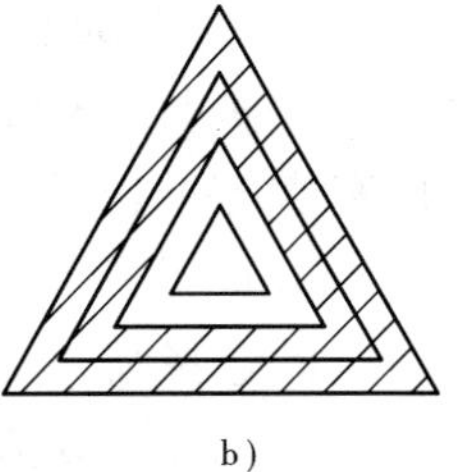
b)

图 5-49　创建填充后效果

a)原始图形;b)创建填充后效果

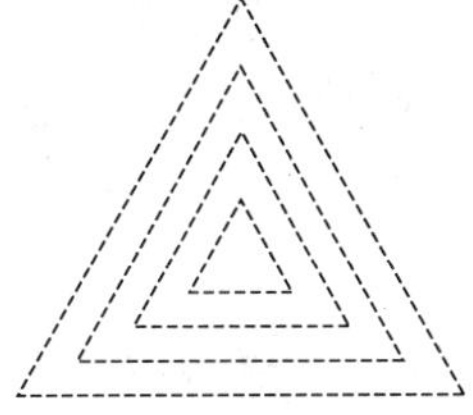

图 5-50　“孤岛模式”为普通时选取效果

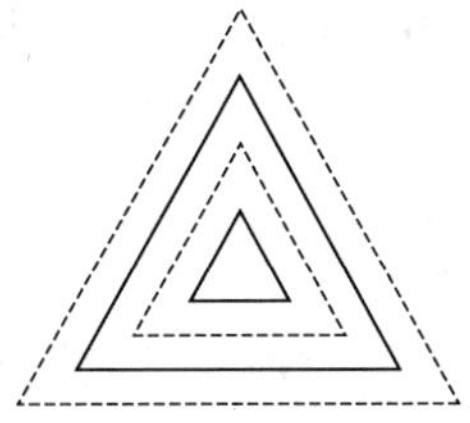

图 5-51　删除部分边界后效果

【例题 5-36】　图案填充命令孤岛显示样式有三种,下列哪个选项不是其样式?

A. 普通

B. 外部

C. 忽略

D. 内部

【答案】　D

本题考查图案填充的孤岛显示样式。通常将位于一个已定义好的填充区域内的封闭区域称为孤岛。AutoCAD 提供了“普通”、“外部”和“忽略”3 种孤岛样式。

【例题 5-37】　如图 5-52 所示,左侧矩形为当前视图平面(显示区域),右上长方形为使用矩形命令创建的矩形,右下长方形为使用直线命令创建的矩形。保持当前视图平面不变,A、B 哪个区域可以进行图案填充?

A. A 区域

B. B 区域

C. A、B 区域都可以

D. A、B 区域都不可以

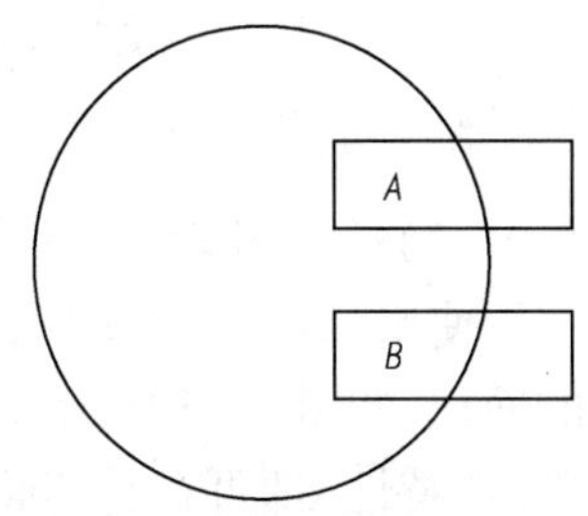

图 5-52　创建图案填充

【答案】　C

本题考查图案填充的概念。图案填充只需要在封闭的区域内即可实现,所以选项 C 是正确的。

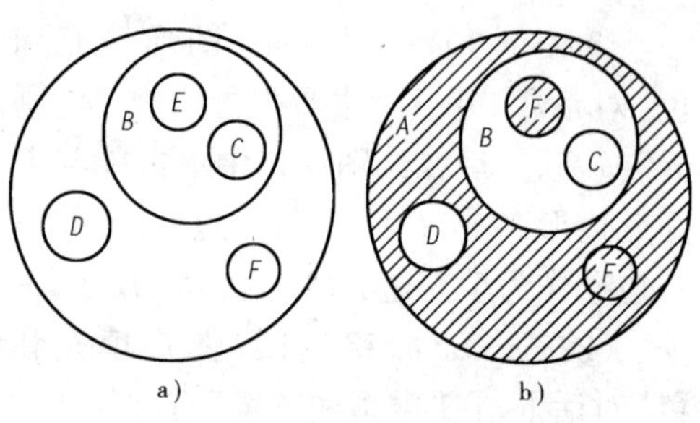

图 5-53 创建图案填充

【例题 5-38】 如图 5-53 所示，当孤岛显示样式为普通时，若希望填充出图 b）所示效果，需要在图案填充的“边界”选项组中添加选择哪些对象？

A. 选择圆 A、B、D、E

B. 选择圆 A、C、E、F

C. 选择圆 B、D

D. 选择圆 A、E、F

【答案】 A

本题考查对图案填充中设置孤岛样式的了解。“普通”样式是从最外边界向里面画填充线，遇到与之相交的内部边界时断开填充线，遇到下一个内部边界时继续绘制填充线，选择 A、B 是为了保持 B 区域空心状态，选择 D 是为了保持 D 区域空心状态，选择 E 是为了保持 E 区域填充状态。

5.2.7.2 编辑图案填充

图案填充后，有时需要修改图案填充或修改图案填充区域的边界。用户可以使用“编辑图案填充”（HATCHEDIT）命令对图案填充进行方便、快捷的编辑和修改。执行 HATCHEDIT 命令后，系统提示“选择图案填充对象”，选择需进行编辑的填充对象，也可以直接双击填充图案，弹出“图案填充编辑”对话框，通过它可将选择的填充图案进行编辑。

（1）编辑图案填充边界

在“编辑图案填充”对话框中，使用“边界”区域中的选项可以添加、删除和重新创建边界，还可以查看当前选择。还可以在创建图案填充或编辑图案填充时添加或删除内部孤岛。图 5-54a）是带孤岛的填充对象，图 5-54b）使用“删除边界”选项，从填充中删除了一个孤岛。

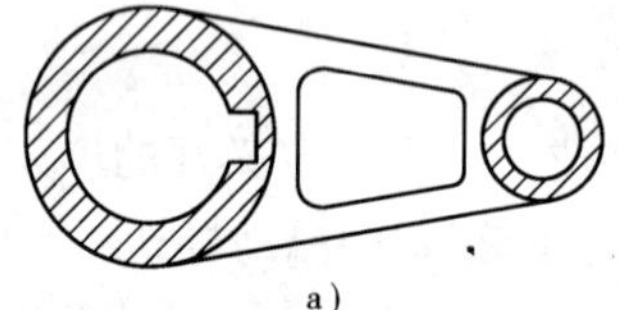
a)

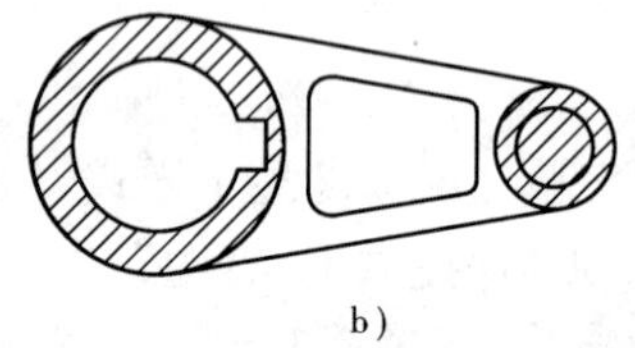
b)

图 5-54 删除填充边界示例

a）带孤岛地填充；b）删除边界后

（2）计算图案填充面积

使用“特性”窗口中新的“面积”特性快速测量图案填充的面积，如图 5-55 所示。在图案填充上单击鼠标右键，然后单击“特性”即可查看其面积。如果选择多个图案填充，可以查看它们的总面积。

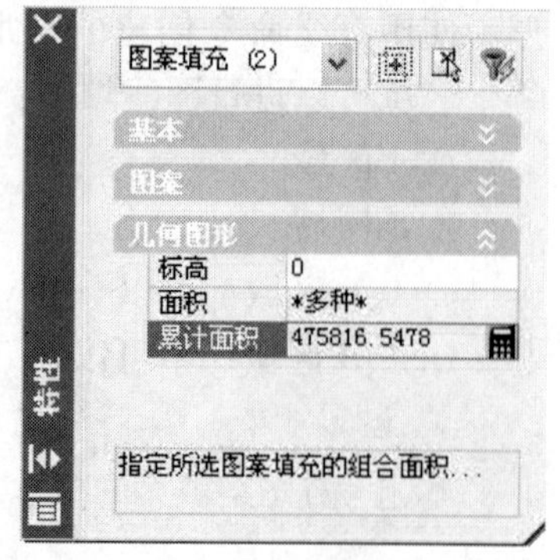

图 5-55 多个区域面积查询

（3）创建独立的图案填充

选择“创建独立的图案填充”复选框，这样将同一个填充图案同时应用于图形的多个区域时，可以指定每个填充区域都是一个独立的对象。以后，用户可以修改一个区域中的图案填充，而不会改变所有其他图案填充，如图 5-56 所示。

(4) 图案填充原点特性

通过指定图案基于的原点，可以更改图案填充的对齐方式。当需要时可以使用当前原点；通过拾取点来设置位置；指定图案的角点作为原点；使新的原点设置成为默认设置。如图 5-57 所示，相同的填充编辑和填充图案特性得到的填充并不一样。

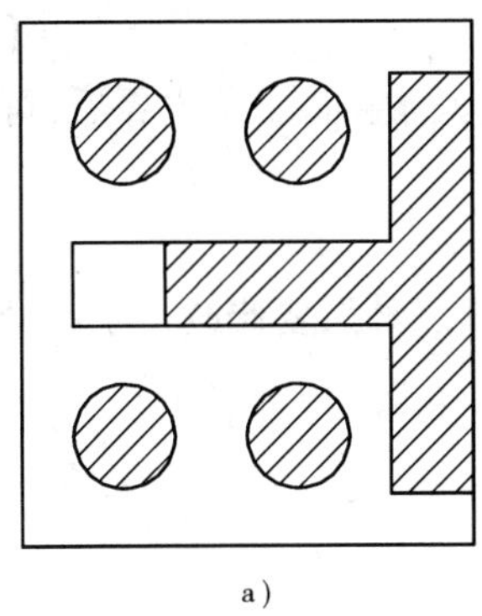

a)

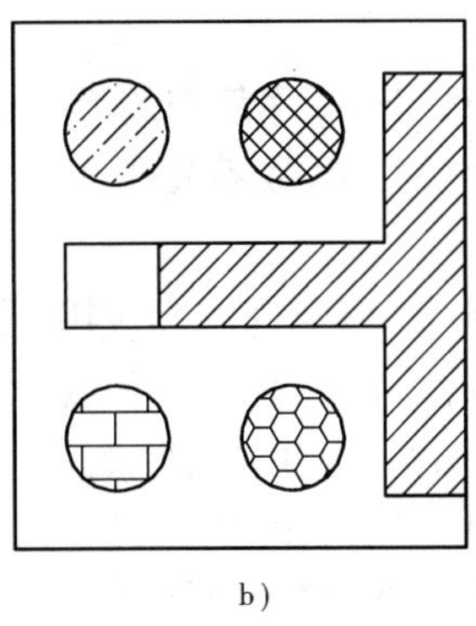

b)

图 5-56　创建独立的图案填充

a) 创建独立的图案填充；b) 修改独立区域中的图案填充

a)

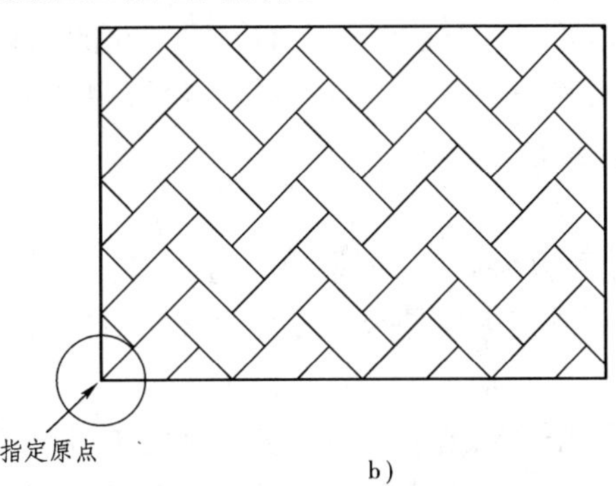

b)

图 5-57　更改填充原点

a) 使用当前原点；b) 指定原点

(5) 修剪图案填充

可以按照修剪任何其他对象的方法来修剪图案填充对象。在“修改”菜单中，单击“修剪”。选择剪切边，然后选择图案填充区域中要修剪的那个部分，如图 5-58 所示。

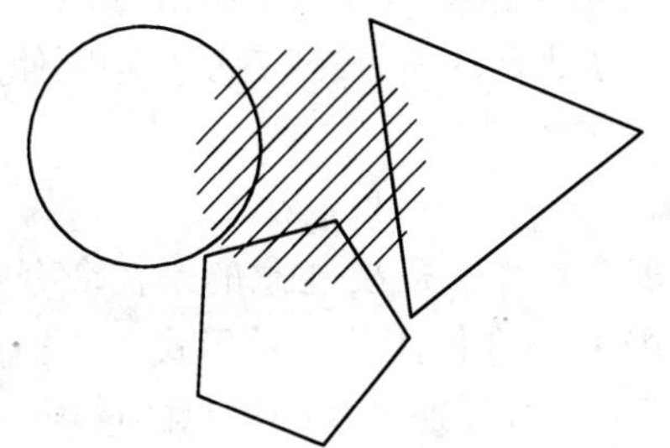

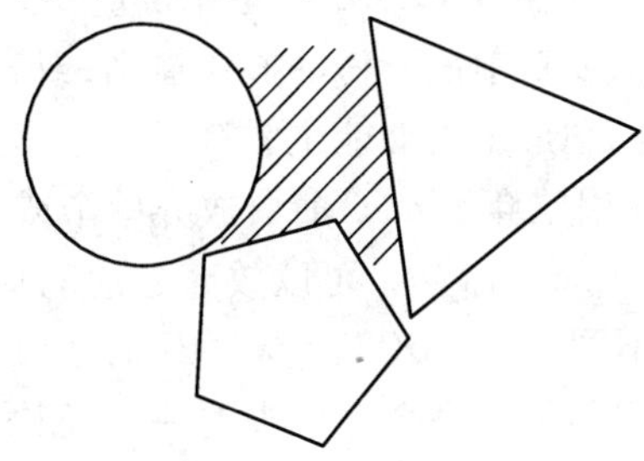

图 5-58　对填充图案进行修剪处理

【例题 5-39】 图案的边界可以重新生成,生成后的边界和图案之间:

A. 一定关联

B. 一定不关联

C. 可以选择关联或不关联

D. 以上都没有说出它们之间的真正关系

【答案】 C

本题考查对编辑图案填充边界知识的了解。当重新生成图案边界后,可以选择生成后的边界和图案之间关联或不关联。

【例题 5-40】 将填充图案应用于图形的多个区域,如果要修改一个区域的填充图案而不影响其他区域,则:

A. 在创建图案填充时选择"关联"

B. 在创建图案填充时选择"创建独立的图案填充"

C. 删除图案,然后重新对该区域进行填充

D. 将图案分解

【答案】 B

本题考查对创建独立的图案填充的了解。使用独立的图案填充命令,可以指定每个填充区域都是一个独立的对象。以后,用户可以修改一个区域中的图案填充,而不会改变所有其他图案填充。

【例题 5-41】 如果填充边界内有文字对象,在创建图案填充时,说法正确的是:

A. 系统提示是否填充覆盖文字对象

B. 在填充图案时会覆盖文字对象

C. 在填充图案时会覆盖文字对象,但鼠标移近文字对象时会亮显

D. 在填充图案时这些填充的对象会在文字部分自动断开

【答案】 D

本题考查图案填充的概念,本题正确答案是 D。

5.2.8 掌握基本的图形编辑功能,如取消、重复、删除

图形编辑在 AutoCAD 中是非常重要的部分,它是快速精确绘制图纸的基础。在绘图过程中经常需要对前面所做的操作撤销,或者中断正在执行的命令,或者重复刚刚使用命令。

基本的图形编辑功能主要有以下知识点可以考查。

(1)使用放弃(Undo)命令放弃单个或多个操作

放弃(Undo)命令可以放弃之前的单个或多个操作。需要注意的是在命令行中键入"U"命令不同于"UNDO"命令,"U"命令仅是"UNDO"命令使用的一种形式,它没有选项,且执行一次只能放弃命令序列中的一个,而"UNDO"命令可以通过系统提示的选项"输入要放弃的操作数目或[自动(A)/控制(C)/开始(BE)/结束(E)/标记(M)/后退(B)] <1 >:",

选择所需选项完成操作。“输入要放弃的操作数目”是默认选项。如果输入一个数字，例如键入4，则放弃最后的四个命令。只有Undo命令可以指定数目一次放弃多个操作，简化命令U、“Ctrl + Z”快捷组合键和快捷菜单一次都只能放弃单个操作。在“标准”工具栏上，单击列表箭头可以选择要放弃的多个操作，但不可以选择放弃任意一个步骤，如图5-59所示。

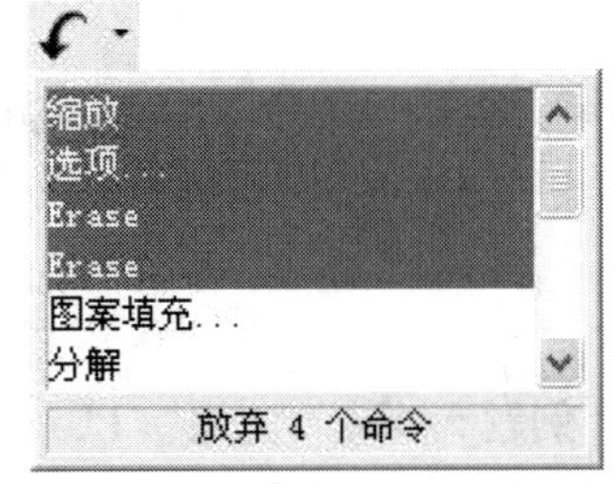

图5-59　单击“放弃”列表箭头的下拉列表

使用“标记(M)”选项可以标记执行的操作，它与“后退(B)”选项配合使用，可以放弃在标记的操作之后执行的所有操作。使用“开始(BE)”和“结束(E)”选项可以放弃一组预先定义的操作。

(2)使用重做(Redo)命令恢复单个UNDO或U命令放弃的效果

当放弃了一个命令后，如果需要取消刚操作的放弃命令，可以使用重做(Redo)命令恢复单个Undo或U命令放弃的效果。一定不要将重做命令和重复命令混淆。Redo命令必须立即跟随在U或Undo命令之后。和Undo命令一样，Redo命令可以一次重做多个操作。在“标准”工具栏上，单击Redo列表箭头，从下拉列表中可以选择要重做的操作。

(3)重复使用命令

重复使用刚执行过的命令，最常用的方法是直接按下Enter键。也可以通过在绘图窗口右键弹出快捷菜单，从中选择需要重复的命令。如果要自动多次执行某个命令，在命令行中输入“Multiple”，然后按Enter键，在系统提示“输入要重复的命令名”下，输入命令名。则该命令在命令行中自动地重复执行，绘制结束后，按Esc键即可停止该命令的运行。例如，用户在机械制图时需要同时连续绘制多个圆对象的时候，可以使用这种方法。

(4)取消命令执行

在执行命令或进行其他操作时，有时需要强制取消，比如正在使用多边形命令，但发现不需要绘制多边形，这时需要取消它；再比如正在设置尺寸标注样式，需要取消它。取消操作可以按键盘的“Esc”键，它可以取消正在执行的任何操作，也是我们最常用的取消操作。对于操作中的命令执行、菜单调用也可以通过点击其他工具图标或菜单的办法取消。

(5)删除对象

通常情况下，任何绘图都有删除对象的操作。在AutoCAD中，可以使用多种方法从图形中删除对象，可以使用删除(Erase)命令删除指定对象，Erase命令十分简单，它没有任何选项；或选择对象，然后使用Ctrl + x组合键将它们剪切到剪贴板；或选择对象，然后按键盘“Delete”键。

【例题5-42】　当图形被使用ERASE命令删除后，不可以使用哪个恢复？

A. UNDO

B. U

C. OOPS

D. REDO

【答案】 D

UNDO 和“U”命令可以放弃之前的操作，包括删除；OOPS 命令可以恢复最近使用 ERASE、BLOCK 或 WBLOCK 命令删除的所有对象；REDO 恢复单个 UNDO 或“U”命令放弃的效果。

【例题 5-43】 使用“(PURGE)”命令不可以删除下列哪个对象？

A. 图中的椭圆对象

B. 未使用的图层

C. 未使用的文字样式

D. 未使用的标注样式

【答案】 A

使用 PURGE 命令删除未使用的命名对象，包括块定义、标注样式、图层、线型和文字样式。

【例题 5-44】 ESC 键的作用是什么？

A. 取消最近一次执行过的命令

B. 恢复最近一次被 ERASE 命令删除的图元

C. 取消当前执行的命令

D. 中断图形编辑，退出 AUTOCAD

【答案】 C

本题考查 ESC 键的功能。按键盘的“Esc”键可以取消当前操作，也是我们最常用的取消操作。

【例题 5-45】 使用“放弃(UNDO)”命令，在命令行中输入“M”表示？

A. 放弃所有的操作命令

B. 放弃最后一个操作命令

C. 在放弃信息中放置标记

D. 放弃直到该标记为止所做的全部工作

【答案】 B

本题考查“放弃(UNDO)”命令的各个选项功能，本题正确答案为 B。

5.2.9 移动、旋转、镜像、缩放

5.2.9.1 移动对象

移动(Move)命令✥是最基本的编辑命令，其基本的功能是将一个或多个图形对象平移到新的位置上。移动命令只能在同一个 DWG 文件内移动对象。

移动对象主要有以下知识点可以考查。

(1)移动对象的步骤

要移动对象，首先需要知道移动哪个对象，这个对象原来在哪里，移动到哪里，所以完成移动操作需要三个步骤，选择对象→基点（原来位置）→位移至（新位置）。要精确地移动对象，可结合使用坐标、夹点、栅格捕捉模式和对象捕捉模式。移动命令在整个编辑进程中保留了最近移动距离值。

如图5-60所示，将一个图形对象圆从圆心 O_1 移动到第二点 O_2，选择对象后，当系统提示"指定基点"时，通过对象捕捉可以方便地捕捉圆心 O_1，同样地，当系统提示"指定位移的第二点"时，可以快速地捕捉到点 O_2，移动后如图5-60b）所示。

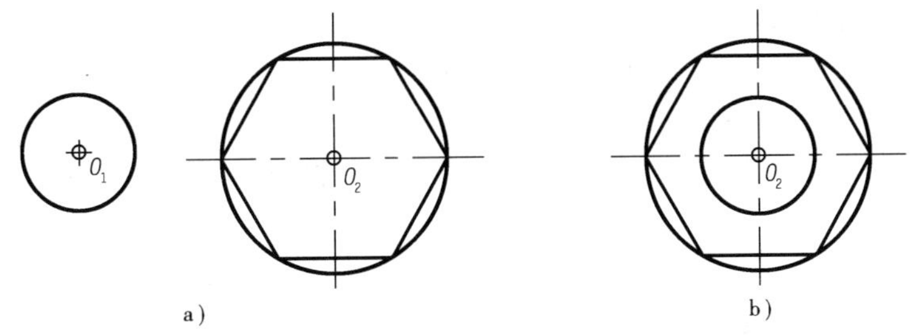

图5-60 移动对象到新的位置
a）移动前；b）移动后

移动对象的另一种快捷方法是直接选择需要移动的对象，按住鼠标右键拖动，拖放到某个位置释放，弹出菜单，如图5-61所示，选择"移动到此处"，对象的位置发生了改变，但方向和大小不改变。

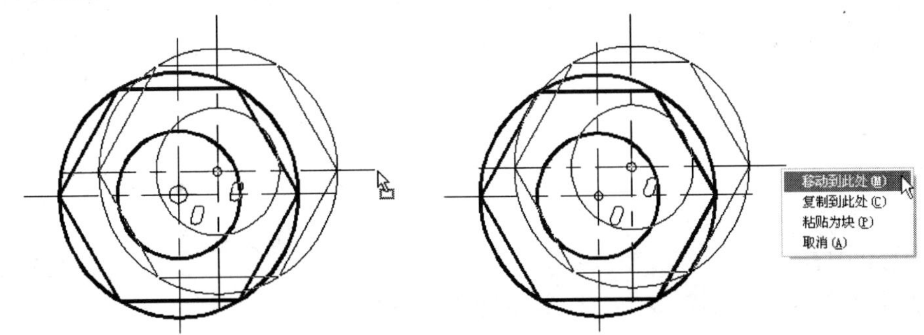

图5-61 快捷方式移动对象

（2）通过"位移（D）"选项移动对象

如果在选择对象后不是给定基点而是选择"位移（D）"选项，系统将出现提示"指定位移<0.0000,0.0000,0.0000>："，这时要求给定位移坐标作为图形移动量，特别注意的是，由于位移一词已经隐含了对象相对距离的意思，因此不必使用@，给定的坐标将是以前面给定的基点作为原点的相对坐标，比如直接给定20,50，直接上是相对坐标@20,50的含义。

【例题5-46】 在AutoCAD 2008中，将如图5-62所示的圆给定位移(200，-100)，则现在的圆心位置是多少？

①选择“修改/移动”菜单命令。

②按照以下方法进行操作。

命令:_move

选择对象:指定对角点:找到 1 个 【选择该圆】

选择对象: 【按 Enter 键回车】

指定基点或[位移(D)]<位移>:d 【选择“位移”选项】

指定位移<0.0000,0.0000,0.0000>:200, -100 【输入给定的位移后回车】

③进行位移后的效果如图 5-63 所示。

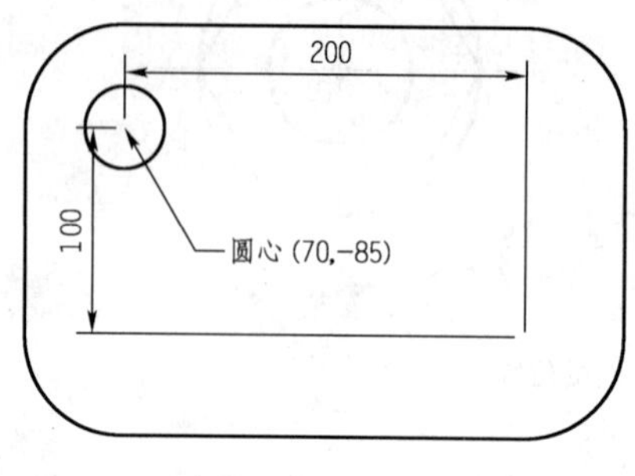

图 5-62 已知的圆

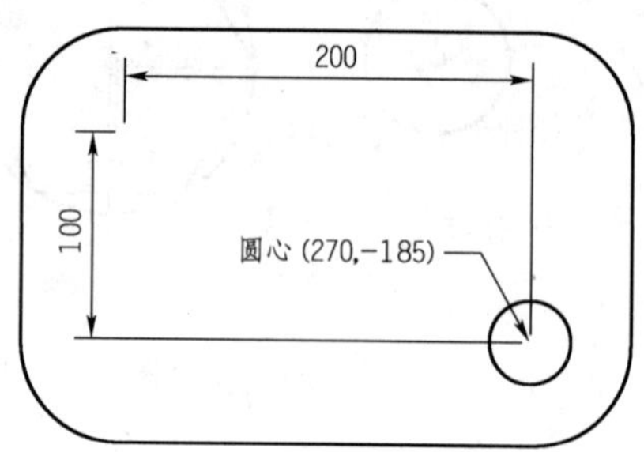

图 5-63 移动后的圆

【例题 5-47】 当进行移动操作时,选择一个图形对象直线,直线起点坐标为(70, -45),给定“位移(D)”选项,然后给定坐标(20, -20),现在该直线起点坐标为多少?

A. (90, -65)

B. (90,25)

C. (-50, -65)

D. (90,65)

【答案】 A

本题考查移动命令位移选项的使用,本题正确答案为 A。

5.2.9.2 *旋转对象*

旋转(Rotate)命令是最基本的编辑命令,可以将选择的图形对象按给定的基点和转角进行旋转变换。

旋转对象主要有以下知识点可以考查。

(1)指定绝对角度旋转

指定绝对角度旋转将对象从当前角度旋转到新的绝对角度。选择对象并指定旋转的基点后,系统提示“指定旋转角度,或[复制(C)/参照(R)]”,直接输入旋转角度即为绝对角度,它是指从基点沿 X 轴方向画一条直线,此方向为 0°,逆时针为正,顺时针为负,保持对象与这条直线的相对位置不变,让直线绕基点旋转,刚好旋转到指定的绝对角度位置就是需要的旋转结果。如图 5-64 所示,将图 a)中的孔以圆心 O 为基点旋转了 60°,如图 5-65 所示,将图 a)中的零件以点 A 为基点旋转了 45°,旋转后如图 b)所示。

(2)旋转并复制对象

如果在选择对象并指定基点后,不指定旋转角度,而是选择“复制(C)”选项,可以在旋转对象的同时创建对象的复制。如图 5-66 所示,将图 a)中零件以圆心 O 为基点,旋转 60°并复制源对象。

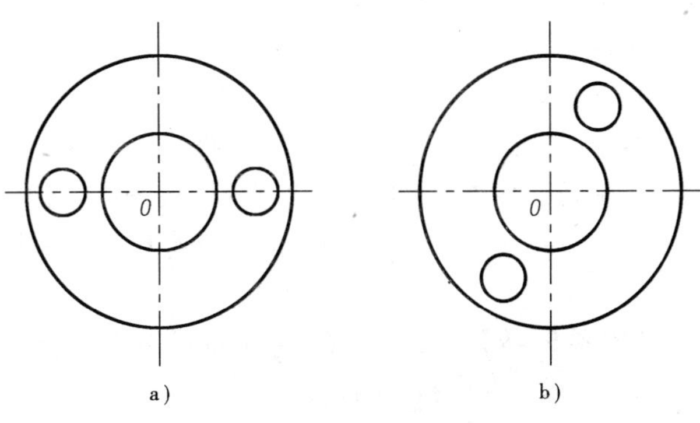

图 5-64　对图中的圆孔旋转

a)旋转前;b)旋转后

【例题 5-48】　对如图 5-67 所示图形,将图中的三边形绕左下角点旋转 145°,旋转后三边形与左边图形的交点有几个?

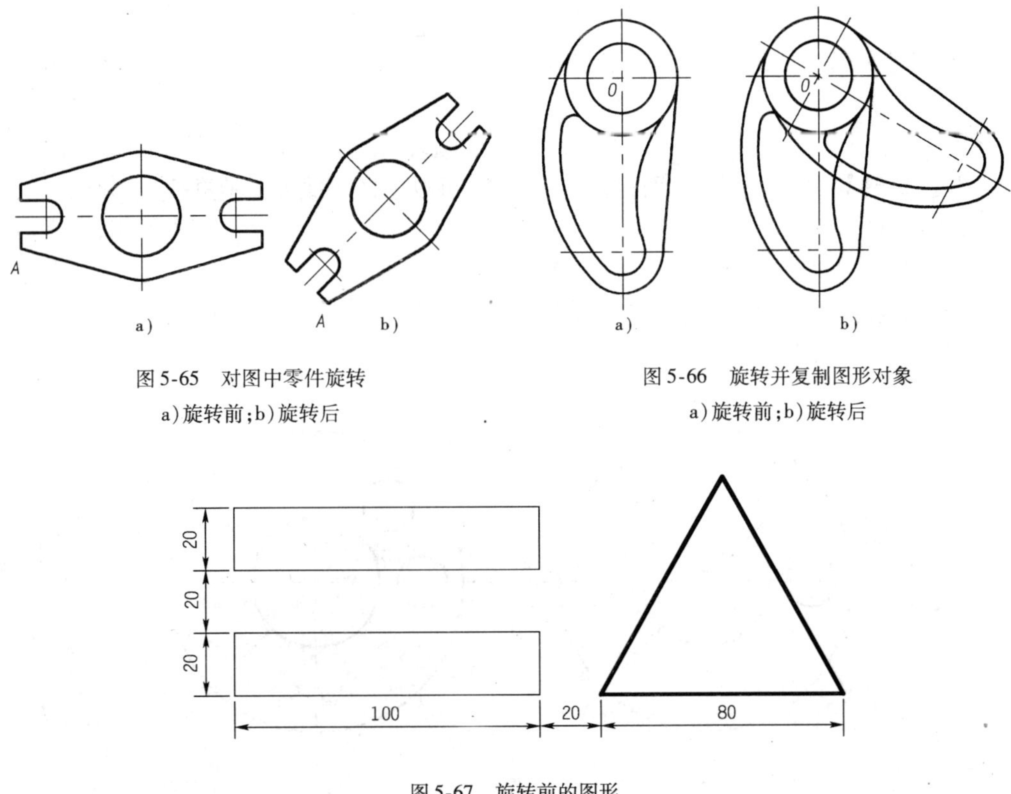

图 5-65　对图中零件旋转

a)旋转前;b)旋转后

图 5-66　旋转并复制图形对象

a)旋转前;b)旋转后

图 5-67　旋转前的图形

①选择“修改/旋转”菜单命令。

②按照以下方法进行操作。

命令:_rotate

UCS 当前的正角方向:ANGDIR = 逆时针　ANGBASE = 0

选择对象:找到 1 个　　【选择三边形】

选择对象：【按 Enter 键回车】

指定基点：【指定三边形左下角点作为基点】

指定旋转角度，或[复制(C)/参照(R)]<0>:145【指定三边形的旋转角度后回车】

③旋转后的效果如图 5-68 所示，从图中可以看出，旋转后三边形与左侧图形的交点有 6 个。

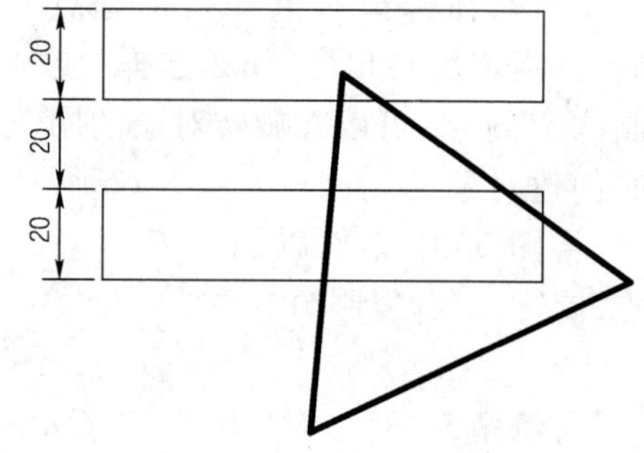

图 5-68 旋转后的图形

【例题 5-49】 用旋转命令"rotate"旋转对象时，基点位置的选择错误的是：

A. 根据需要任意选择

B. 一般取在对象特殊点上

C. 可以取在对象中心

D. 不能选在对象之外

【答案】 D

本题考查旋转命令的基本概念，旋转命令设置基点位置可以根据需要在绘图空间任意的位置。

【例题 5-50】 从图 5-69 左图得到右图结果，可以怎样快捷方便地进行：

A. 直接旋转 45°

B. 复制

C. 利用旋转中的"复制(C)"选项，旋转 45°

D. 移动

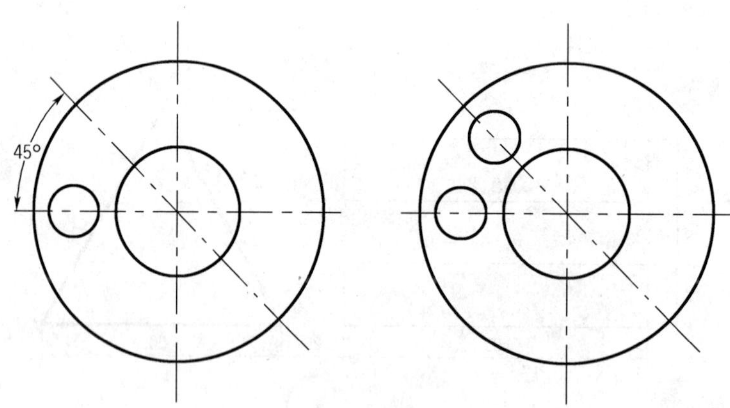

图 5-69 旋转前后的图形

【答案】 C

本题考查旋转命令中的复制功能。

5.2.9.3 镜像对象

镜像(Mirror)命令可以按指定的对称线对所选图形对象进行对称(镜像)变换(复制)。该编辑命令非常有用，许多图形都有对称的部分，可以先创建二分之一或四分之一的图形，然后将所绘图形进行镜像处理来完成整个图形的绘制。镜像对象主要有以下知识点可以考查。

(1)定义镜像线创建对象的镜像

Mirror 命令可以用两点定义的镜像线来创建对象的镜像，这是一条假设虚线，它的长度多少并不重要，重要的是起始点和线的方向。镜像线大多数是正交的，因此，当指定第一点时，打开正交功能，在第二点方向上移动鼠标，然后在屏幕的任何位置拾取第二点即可。Mirror 命令可以删除或保留源对象，源对象指的是选择用作镜像的对象。如图 5-70 所示，图 a)中图形是部件的一部分，图形对象经过两次镜像，同时选择保留源对象，得到图 b)所示的图形即为完整的部件，可见使用镜像编辑功能可以快速地绘制对称图形。

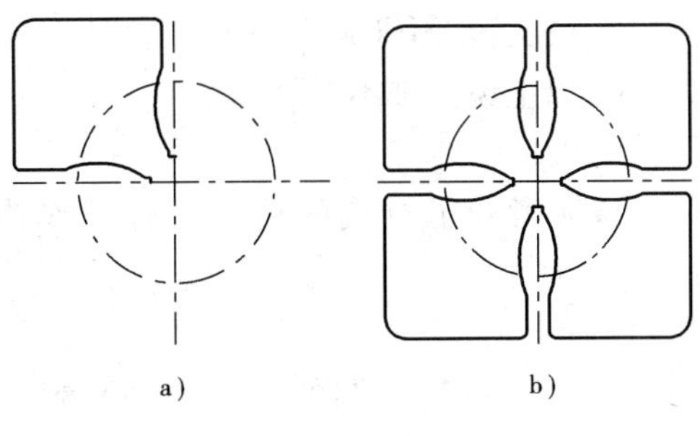

图 5-70　镜像复制对象

a)镜像前；b)镜像后

(2)创建文字和属性文字的镜像

创建文字和属性文字的镜像时，仍然按照轴对称规则进行，结果文字被反转或倒置。这种情况在实际工作中通常要避免。要防止镜像文字被反转或倒置，可将系统变量 Mirrtext 设置为 0。如果 Mirrtext 系统变量设置为 1，镜像出来的文字被反转或倒置变得不可读，如图 5-71 所示。

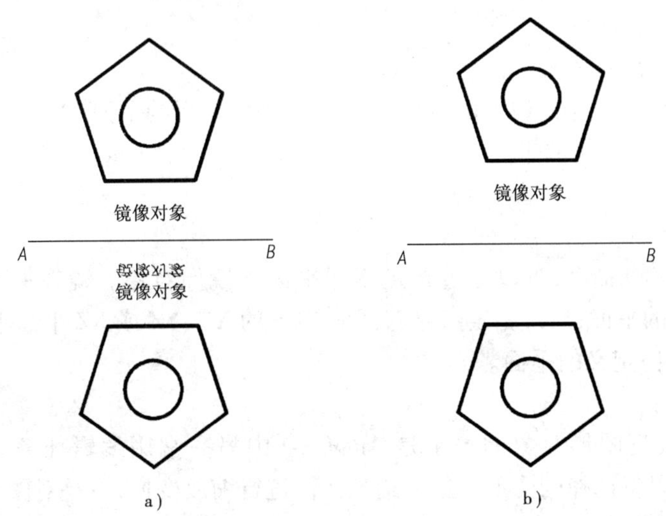

图 5-71　系统变量 Mirrtext 影响文字镜像

a)Mirrtext 为 1 时；b)Mirrtext 为 0 时

系统变量 Mirrtext 只影响用 Text 或 Mtext 命令创建的文字和 Attdef 命令创建的属性文字。插入块内的 Text 或 Mtext 文字是作为块的一部分而整体生成镜像的，不管系统变量 Mirrtext 的设置如何，这些文字都被倒置。

【例题 5-51】 镜像插入块时,作为插入块一部分的文字属性将:

A. 不反转,不管 MIRRTEXT 设置

B. 是否反转,取决于 MIRRTEXT 设置

C. 被反转,不管 MIRRTEXT 设置

D. 以上说法都不对

【答案】 C

该题考查了对块的镜像操作。作为插入块部分的文字属性,镜像操作时必然被反转。

【例题 5-52】 圆的圆心为(60,80),半径为 30,镜像线的两顶点为(90,200)、(170,20),镜像前后两圆的中心距为多少?

A. 152.40

B. 153.30

C. 151.30

D. 152.30

【答案】 D

本题考查了镜像命令的使用步骤。

【例题 5-53】 使用 MIRROR3D 命令,可以通过指定镜像平面来镜像对象。镜像平面不可以是以下什么平面?

A. 平面对象所在的平面

B. 通过指定点且与当前 UCS 的 XY、YZ 或 XZ 平面平行的平面

C. 由三个指定点定义的平面

D. 任意平面

【答案】 D

使用 MIRROR3D 命令,可以通过指定镜像平面来镜像对象。镜像平面可以是以下平面:平面对象所在的平面;通过指定点且与当前 UCS 的 XY、YZ 或 XZ 平面平行的平面;由三个指定点(2、3 和 4)定义的平面。

5.2.9.4 缩放对象

缩放或者说改变图形对象的大小是 AutoCAD 中另一常用编辑任务。通过比例缩放(Scale)命令可以将选择的图形对象按给定比例进行缩放变换,它是对图形对象真正的缩放,修改其大小,而缩放(Zoom)只是对图形对象的显示大小缩放,不修改图形对象的真实大小。

缩放对象主要有以下知识点可以考查。

(1)通过指定比例因子缩放对象

缩放对象最常用的方法是指定比例因子。当前对象的比例因子为 1,因此,要放大对象就应输入大于 1 的值,而要缩小对象则要输入大于 0 而小于 1 的值。如图 5-72 所示,要将

图 a)中的图形以点 O 为基点缩小到原来的一半，选中所有图形，并指定基点 O，在系统提示“指定比例因子或[复制(C)/参照(R)]”时，输入 0.5，按 Enter 键即可得到如图 b)所示的图形。

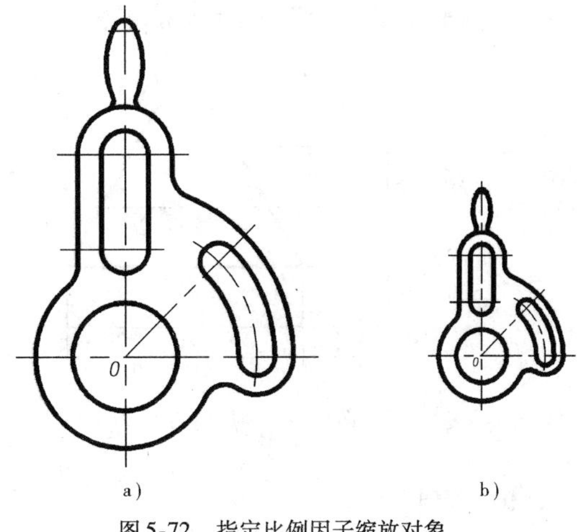

图 5-72　指定比例因子缩放对象
a)缩放前；b)缩放后

(2)缩放并复制对象

和旋转命令类似，通过缩放(Scale)命令的“复制(C)”选项，可以在缩放对象的同时创建对象的复制。如图 5-73 所示，图中矩形分别以左下角点 A，底边中点 B 和矩形中心点 O 为基点进行 2 次比例缩放，每次缩放比例因子为 0.8，同时复制源对象。

【例题 5-54】　在图 5-74 所示图形中，对其中三边形以最上角点为基点进行缩放，缩放比例因子为 1.2，缩放后三边形与所示图形的交点有几个？

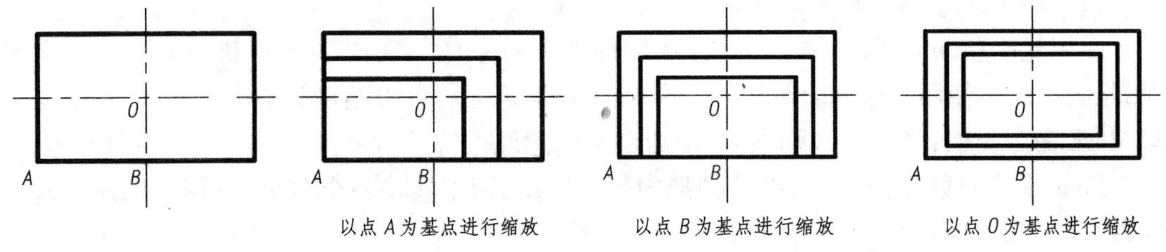

图 5-73　缩放并复制图形对象

①选择“修改/缩放”菜单命令。

②按照以下方法进行操作。

命令：_scale
选择对象：找到 1 个　　【选择三边形】
选择对象：　　【按 Enter 键回车】
指定基点：　　【指定三边形右下角点作为基点】
指定比例因子或[复制(C)/参照(R)]<1.0000>:1.2　　【指定比例因子为 1.3 后回车】

③缩放后的效果如图 5-75 所示，从图中可以看出，缩放后三边形与所示图形的交点有 7 个。

【例题 5-55】　用缩放命令“Scale”缩放对象时，说法正确的是：

A. 必须指定缩放倍数

B. 可以不指定缩放基点

C. 必须使用参考方式

D. 可以在三维空间缩放对象

【答案】 D

本题考查了缩放命令的基本概念。

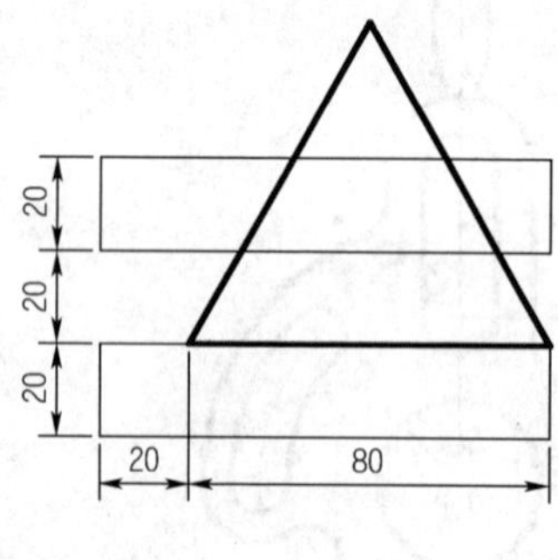

图 5-74 缩放前的图形

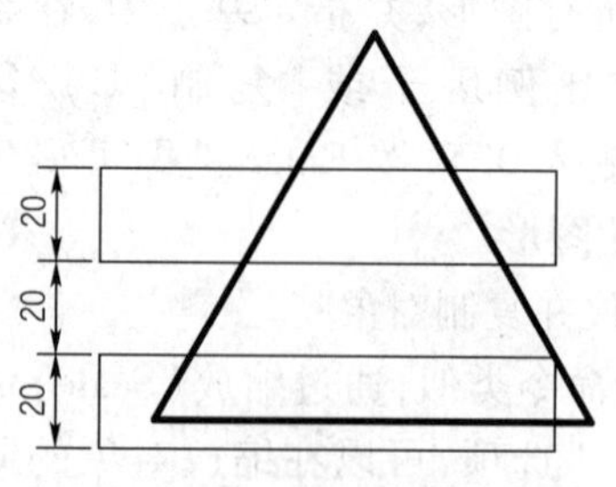

图 5-75 缩放后的图形

5.2.10 复制

复制图形对象是 AutoCAD 中最基本的编辑,可以在当前图形内复制单个或多个对象,也可以在不同的图形之间复制对象。

复制对象主要有以下知识点可以考查。

(1)使用 Copy 命令在图形内复制对象

使用复制(Copy)命令,可以将选定的图形对象作一次或多次复制,其大小、方向不变,原图保留。使用坐标、栅格捕捉、对象捕捉和其他工具可以精确地复制对象。Copy 命令与 Move 命令类似,唯一的区别是 Copy 命令不删除原位置的对象。

Copy 命令只能在同一个 DWG 图形内复制对象,而不能将一个 DWG 图形内的对象复制到另一个 DWG 图形。

复制对象的另一种快捷方法是直接选择需要复制的对象,按住鼠标右键拖动,拖放到某个位置释放,弹出菜单,如图 5-76 所示,选择“复制到此处”。

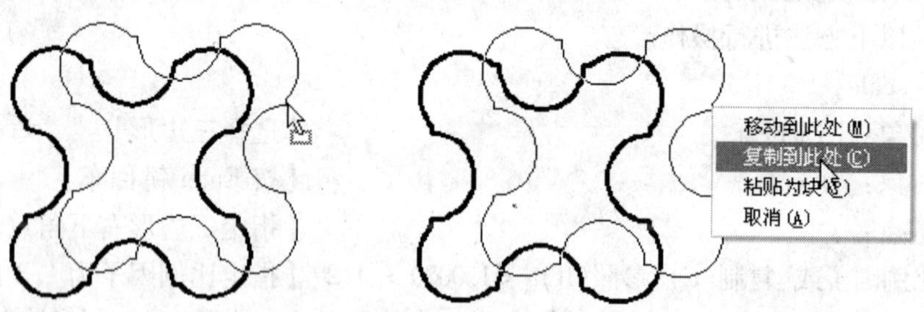

图 5-76 快捷方式复制对象

与 Move 命令类似,Copy 命令可以通过指定两点(基点和第二点)来复制对象,或指定相对位移来复制对象。如果在选择对象后不是给定基点而是选择“位移(D)”选项,系统将出现提示“指定位移 <0.0000,0.0000,0.0000>”,这时要求给定位移坐标作为图形移动量,特别注意的是,由于位移一词已经隐含了对象相对距离的意思,因此不必使用@,给定的坐标将是以前面给定的基点作为原点的相对坐标,比如直接给定 20,50,直接上是相对坐标@20,50 的含义。要按指定距离复制对象,还可以在“正交”模式和极轴追踪打开的同时使用直接距离输入。

Copy 命令默认的是 Multiple(多次)模式,系统会一直重复提示复制下去,直至按 Enter 键结束。Copy 命令包含了一个"放弃(U)"选项,可以在一个复制操作过程中撤销多个复制的对象。而且在整个编辑进程中保留了最近移动距离值。

(2)用剪贴板复制对象

当要把一个 DWG 图形文件中的某些对象应用到另一个 DWG 图形文件中,或者把 DWG 图形文件中的某些对象应用到其他应用程序中,可以先将这些对象剪切或复制到剪贴板,然后将它们从剪贴板粘贴到指定地方。使用剪贴板即可以在同一图形内复制对象,也可以在不同的 DWG 图形文件之间复制对象,还可以在 AutoCAD 2008 与不同的应用程序之间复制对象。使用剪贴板复制对象的步骤是:直接选择对象,然后"Ctrl + C"将对象放到剪贴板中,接着"Ctrl + V"将对象粘贴到某处。

【例题 5-56】 对如图 5-77 所示图形向右侧复制 25,复制后的图形与原图形的交点有几个?

①选择"修改/复制"菜单命令。

②按照以下方法进行操作。

命令:_copy

选择对象:指定对角点:找到 6 个　　【选择该图形】

选择对象:　　【按 Enter 键回车】

指定基点或[位移(D)] <位移>:指定第二个点或 <使用第一个点作为位移>:25

【指定复制图形的位移】

指定第二个点或[退出(E)/放弃(U)] <退出>:　　【按 Enter 键结束】

③复制后的效果如图 5-78 所示,从图中可以看出,复制后的图形与原图形的交点有 4 个。

【例题 5-57】 已知图形对象圆,圆心为(80, -30),半径为 60。当进行复制操作时,给定"位移(D)"选项,然后给定坐标@ -40,110,求两圆交点坐标为多少?

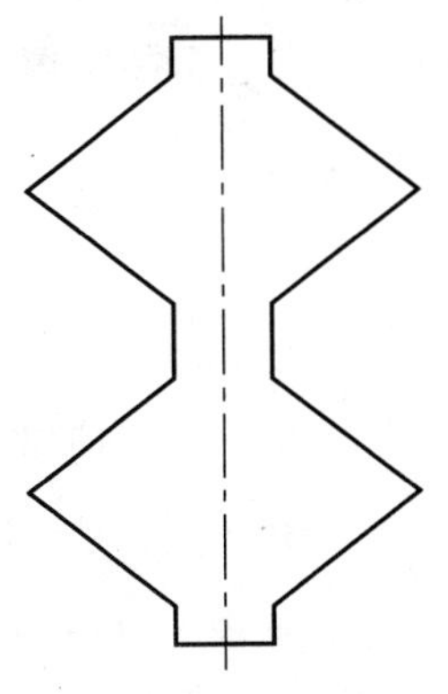

图 5-77　复制前的图形

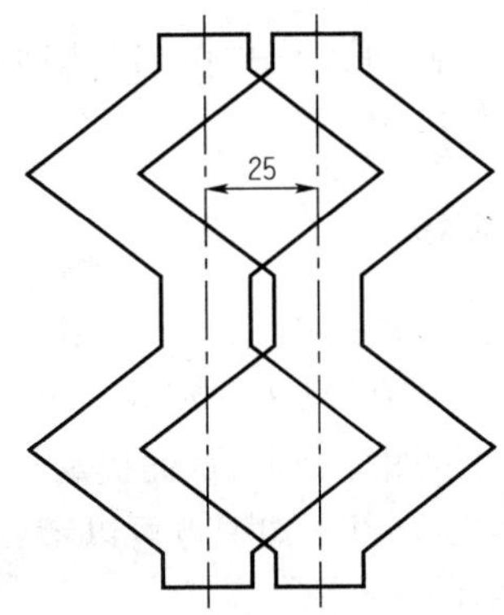

图 5-78　复制后的图形

A.(48.57,20.18),(70.43,29.52)

B.(47.57,20.48),(72.43,29.52)

C.(48.57,20.48),(71.43,29.52)

D.(47.57,21.48),(72.43,29.52)

【答案】 B

本题考查了“复制”命令中“位移”选项的使用。选择“位移(D)”选项后,系统将出现提示“指定位移 <0.0000,0.0000,0.0000 >”,这时要求给定位移坐标作为图形移动量,特别注意的是,由于位移一词已经隐含了对象相对距离的意思,因此不必使用@,给定的坐标将是以前面给定的基点作为原点的相对坐标。

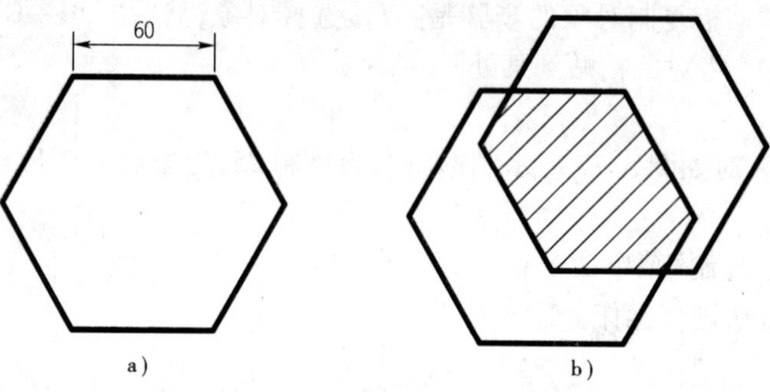

图 5-79　复制前后的图形

【例题 5-58】 如图 5-79a)所示图形对象,对其进行复制操作,指定的位移为(30,30),则上右图中阴影的面积为:

A.5850.11

B.4815.77

C.5313.51

D.5570.92

【答案】 B

本题考查“复制”命令中“位移”选项的使用。复制完毕后,进行图案填充,再查询阴影的面积即可。

5.2.11 阵列、偏移

5.2.11.1 阵列对象

使用阵列命令▦可以按一定规则由一个对象生成多个对象,阵列图形对象可以创建矩形或环形(圆形)的图形副本,从而提高绘图的速度。

阵列对象主要有以下知识点可以考查。

(1)矩形阵列

矩形阵列,可以控制行和列的数目以及它们之间的距离来复制对象,相当于多次复制一个对象,生成的多个相同的图形按矩形的形式排列,尤其是多行多列对象。如图 5-80 所示的图形,用 2 行 3 列矩形阵列结果如图 5-81 所示,其对话框如图 5-82 所示。行间距和列间距的正负决定了朝哪个方向阵列,沿 x、y 正向为正,否则为负。阵列角度为正值则沿逆时针方向阵列复制对象,负值则相反。

图 5-80　要矩形阵列的对象

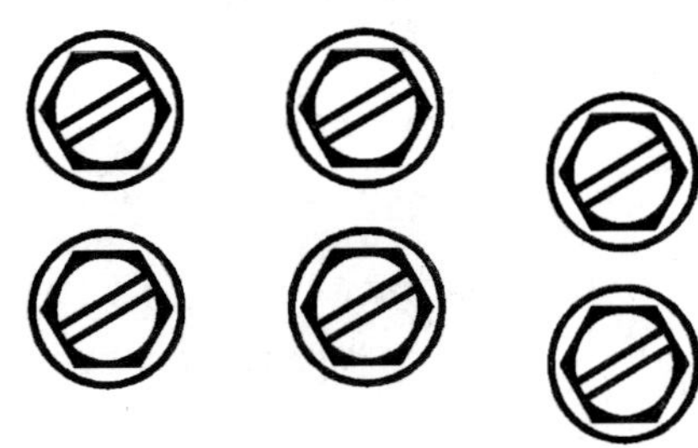

图 5-81　矩形阵列的结果

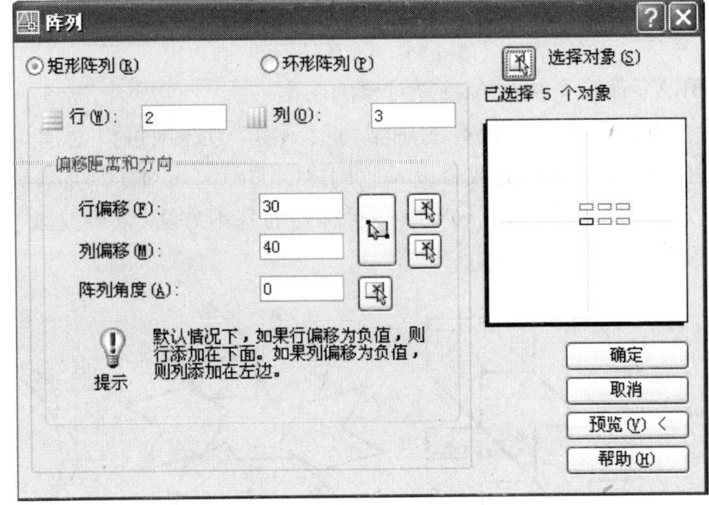

图 5-82　矩形阵列对话框

(2)环形阵列

环形阵列,可以控制对象副本的数目并决定是否旋转副本。如图 5-83 所示的图形,用环形阵列结果如图 5-84 所示,其对话框如图 5-85 所示。阵列按逆时针或顺时针方向绘制,这取决于设置填充角度时输入的是正值还是负值。

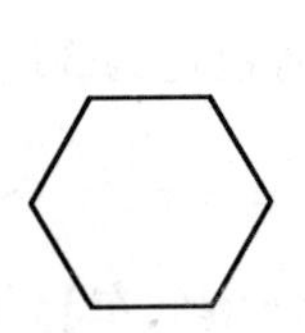

图 5-83　要环形阵列的对象

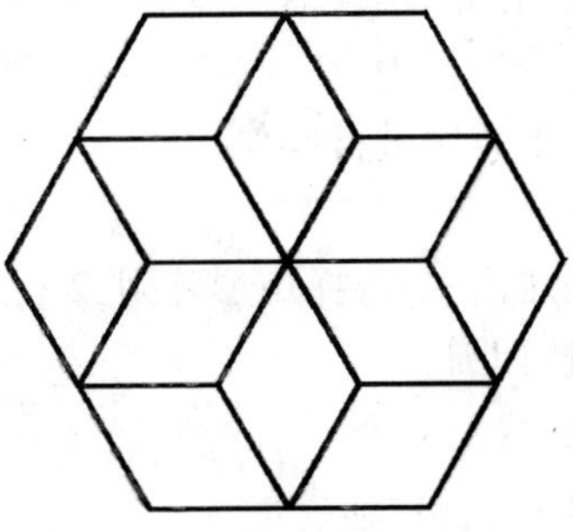

图 5-84　环形阵列的结果

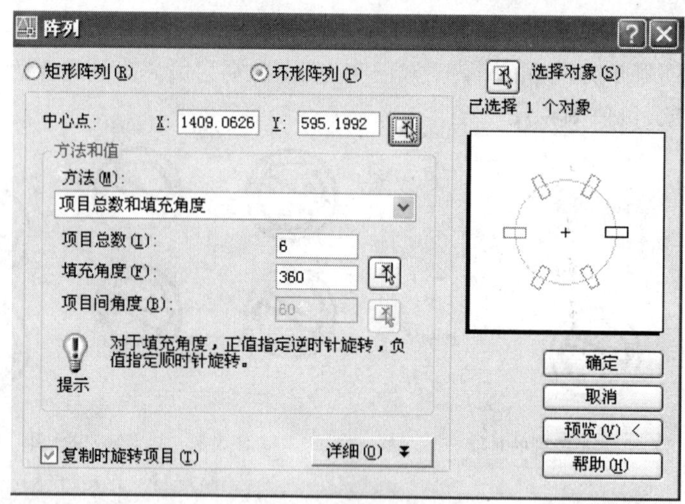

图 5-85　环形阵列对话框

(3)利用 ARRAY 命令生成包含重复对象的图案

利用阵列命令可以生成很多漂亮的图案,选择相应的选项可以创建矩形或环形阵列。对于矩形阵列,可以控制行和列的数目以及它们之间的距离。对于环形阵列,可以控制对象副本的数目并决定是否旋转副本。只有掌握了阵列的基本方法,就可以以一个原图形,阵列许多的图案,如图 5-86 所示。

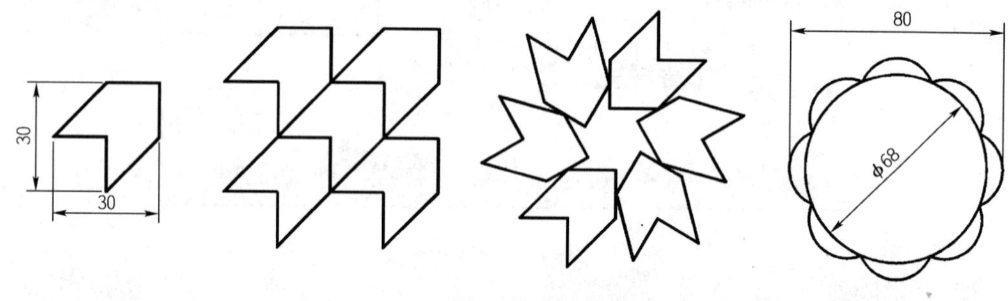

图 5-86　一些阵列图案

【例题 5-59】　圆的半径为 50,以此圆作矩形阵列,行和列为 2,行距和列距均为 30,阵列后图形的外切圆的半径为多少?

①绘制一个半径为 502 的圆,选择"修改/阵列"菜单命令。

②按照以下方法进行操作。

命令:_array

出现阵列对话框,选择矩形阵列,2 行 2 列,行距和列距均为 30,点击选择对象按钮,回到绘图窗口,选择圆。

选择对象:找到 1 个

选择对象:　　　　　　　　　　　　【按 Enter 键回车】

回到阵列对话框,点击"确定"。

③阵列后的效果如图 5-87 所示，绘制一个外切的圆，测量该圆的半径为 71.21。

【例题 5-60】 环形阵列的图形如图 5-88 所示，分别怎么设置填充角度和项目总数？

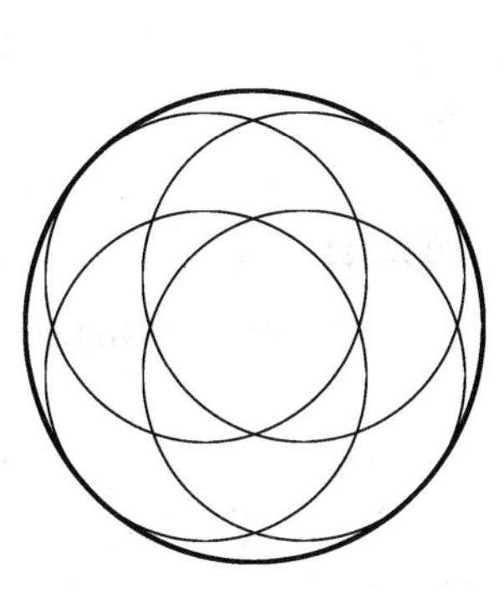

图 5-87　阵列后的外切的圆

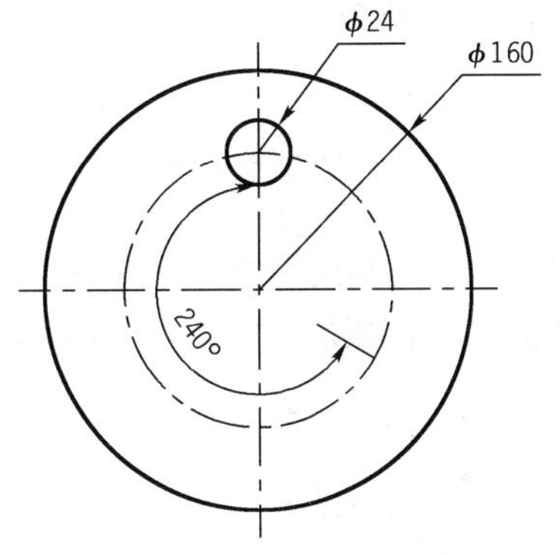

图 5-88　环形阵列的对象

①选择“修改/阵列”菜单命令。

②按照以下方法进行操作。

命令：_array

出现阵列对话框，选择环形阵列，点击选择对象按钮，选择直径为 24 的圆以及经过该圆的垂直的中心线，如图 5-89 所示；点击拾取中心点按钮，选择直径为 160 的大圆的圆心；在“方法”下拉列表中选择“项目总数和填充角度”，在“项目总数”中输入 6，在“填充角度”中输入 240；选中“复制时旋转项目”，点击“确定”。

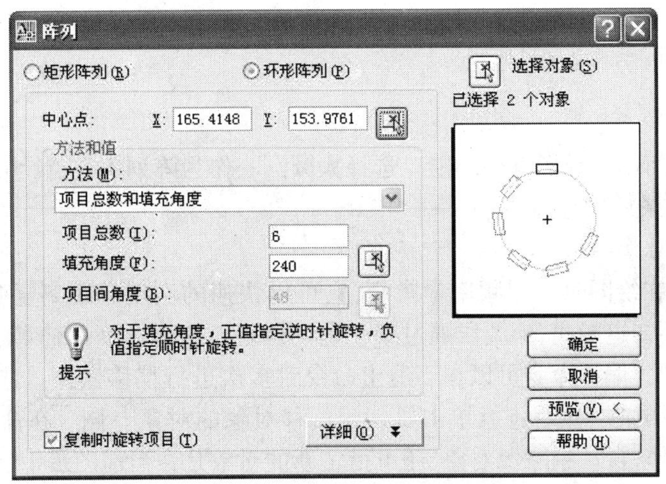

图 5-89　环形阵列对话框设置

③阵列后的效果如图 5-90 所示。

【例题 5-61】 使用阵列命令时，若让对象向左上角方向排列，需要如何设置？

A. 行间距为正,列间距为正

B. 行间距为正,列间距为负

C. 行间距为负,列间距为正

D. 行间距为负,列间距为负

【答案】 B

本题考查矩形阵列的概念。当行间距为正时,向上排列;当列间距为正时,向右排列。

【例题 5-62】 已知大圆的直径为 120,小圆的直径为 20,两圆的圆心距为 40 (图 5-91)。用环行阵列再复制两个同样的小圆,三个小圆的圆心构成一正三边形,则三边形的边长为多少?

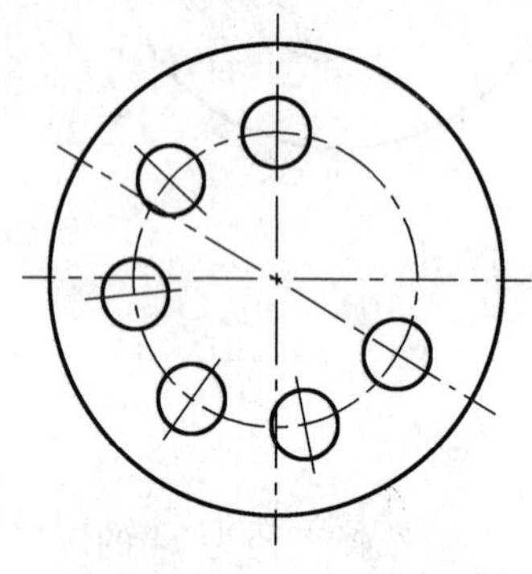

图 5-90 环形阵列的结果

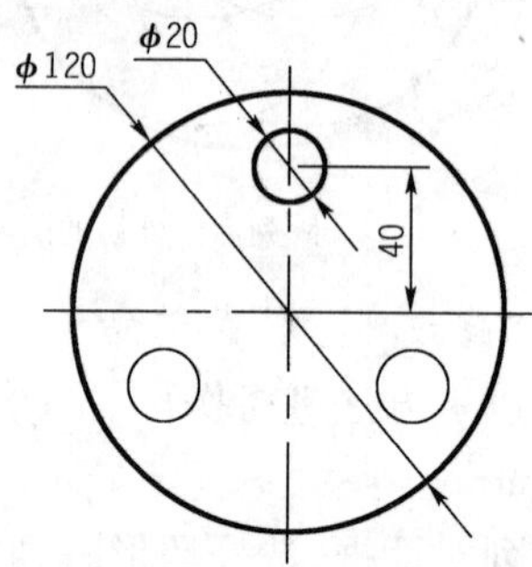

图 5-91 环形阵列

A. 69.38

B. 79.34

C. 67.34

D. 72.75

【答案】 A

本题考查如何使用环形阵列功能。选择大圆圆心作为阵列中心点,小圆作为阵列对象,项目总数设为 3,最后确定即可。

5.2.11.2 偏移对象

偏移命令在绘图时应用频率非常高,它可以快速的实现定距离复制,比如根据尺寸知道距离,或者不知道距离,但要求通过某个确定位置。结合后面的修剪、圆角等工具可以快速、精确地绘图。偏移命令可以在不退出命令时多次进行偏移操作。选择要偏移的对象后,请指定“多个”选项,然后连续单击要创建偏移对象的对象一侧。在命令中的附加选项可以进行撤销操作,自动删除源对象,还可指定新的对象是在当前图形中创建还是与源对象相同的图层中创建。可输入一个偏移距离,以确定下面复制时对象移动距离。也可以在屏幕上捕捉两点,得到两点之间的距离作为偏移距离。

命令:_offset

当前设置:删除源 = 否　图层 = 源　OFFSETGAPTYPE = 0

指定偏移距离或[通过(T)/删除(E)/图层(L)] <通过>: 【设定偏移的距离】

选择要偏移的对象,或[退出(E)/放弃(U)]<退出>:　　【选择需偏移的图形对象】

指定要偏移的那一侧上的点,或[退出(E)/多个(M)/放弃(U)]<退出>:

【在偏移一侧点击】

使用该命令时要注意,偏移命令是一个单对象编辑命令,只能以直接选取方式选择对象。若通过指定偏移距离的方式来复制对象,距离值必须大于0。

【例题5-63】 将如图5-92所示的矩形图形分别向内和向外偏移20,矩形的圆角半径分别为多少?

①"修改/偏移"菜单命令。

②按照以下方法进行操作。

命令:_offset

当前设置:删除源=否　图层=源　OFFSETGAPTYPE=0

指定偏移距离或[通过(T)/删除(E)/图层(L)]<20.0000>:【输入偏移距离20】

选择要偏移的对象,或[退出(E)/放弃(U)]<退出>:　　【选择要偏移的矩形】

指定要偏移的那一侧上的点,或[退出(E)/多个(M)/放弃(U)]<退出>:

【在矩形外点击】

选择要偏移的对象,或[退出(E)/放弃(U)]<退出>:　　【选择要偏移的矩形】

指定要偏移的那一侧上的点,或[退出(E)/多个(M)/放弃(U)]<退出>:

【在矩形内点击】

选择要偏移的对象,或[退出(E)/放弃(U)]<退出>:　　【回车】

退出偏移命令。

③偏移后的结果如图5-93所示,矩形的圆角分别为50和10。

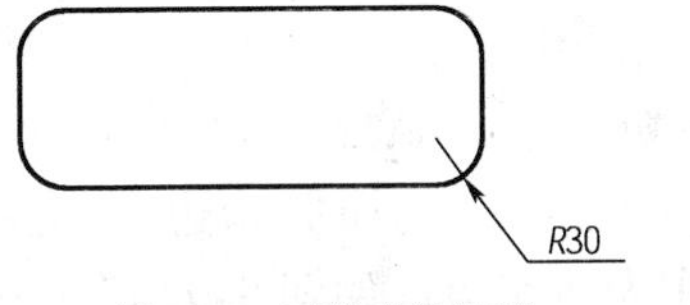

图5-92　要偏移的矩形

图5-93　偏移的结果

【例题5-64】 如图5-94所示的图形建立在图层1上,该图层颜色、线型和线宽分别设置为:红色、实线、0.25,当前图层颜色、线型和线宽分别设置为:蓝色、虚线、0.30,将这个对象进行偏移,偏移时选择"图层(L)",然后选择"当前",偏移距离20,偏移后对象颜色、线型和线宽分别为蓝色、虚线、0.30,如图5-95所示。

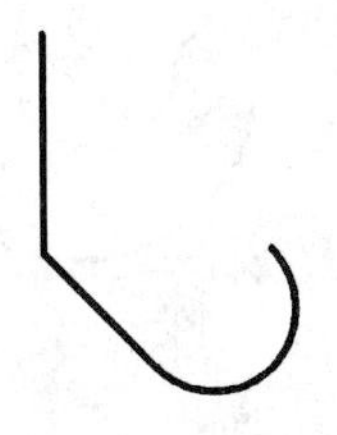

图5-94　要偏移的对象

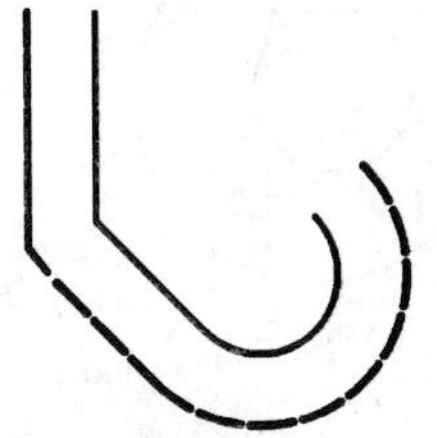

图5-95　偏移的结果

5.2.12 修剪、延伸

修剪与延伸命令在绘制图形过程中经常使用,可以非常灵活的编辑图形,它们都是以一个图形对象(直线、圆弧等)为边界,来除去或是延伸另外一个对象(例如直线、圆弧等),使这两个对象相交。可以通过缩短或拉长,使对象与其他对象的边相接。这意味着可以先创建对象(例如直线),然后调整该对象,使其恰好位于其他对象之间。选择的剪切边或边界边无需与修剪对象相交。可以将对象修剪或延伸至投影边或延长线交点,即对象延长后相交的地方。如果未指定边界并在选择对象提示下回车,则所有显示的对象都成为潜在边界。

5.2.12.1 修剪命令

修剪命令是在图形绘制过程中使用频率非常高的工具,可以非常灵活地擦除多余图线。可以使修剪对象精确地终止于由其他对象定义的边界。对象既可以作为剪切边,也可以是被修剪的对象。如图 5-96 所示,图中和大圆内切与小圆外切的那个小圆既是修剪边界,同时也是被修剪对象。

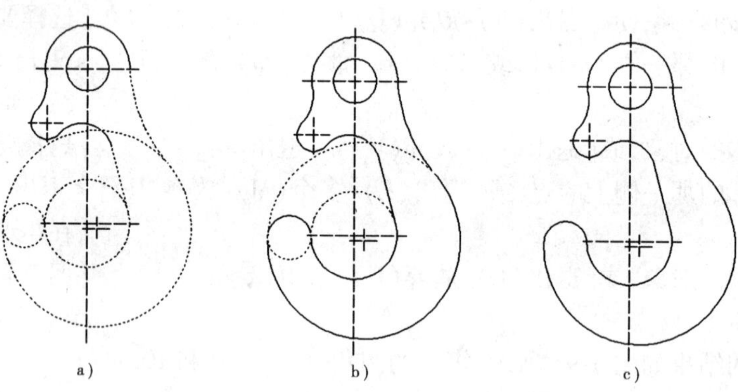

图 5-96 对象可以为修剪边界与被修剪对象

a)选择的修剪边界;b)选择被修剪的对象;c)修剪的结果

可以将对象修剪到与其他对象最近的交点处。不是选择剪切边,而是按 ENTER 键。然后,选择要修剪的对象时,最近显示的对象将作为剪切边。如图 5-97 所示,选择要修剪的对象,直接回车,选择要修剪的对象,被修剪对象最近的对象将作为剪切边界。

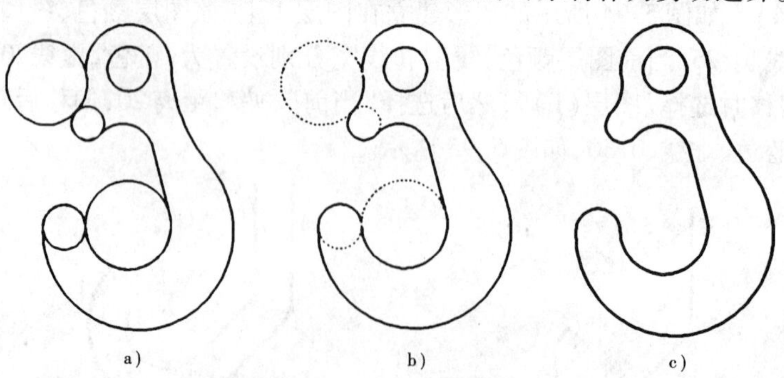

图 5-97 按回车选择所有的对象为修剪边界

a)按回车选择所有的对象为修剪边界;b)选择被修剪的对象;c)修剪的结果

在修剪空间图形元素时，修剪边界可能与修剪对象不属于同一个平面，可以通过 UCS(U)和视图(V)投影的方法进行修剪。

5.2.12.2　延伸命令

延伸命令是将图形对象进行延伸到指定边界。如图 5-98 所示，将图中的圆弧延伸至直线，注意在选择延伸对象的时候，鼠标选择点应该选择在接近直线的圆弧上。

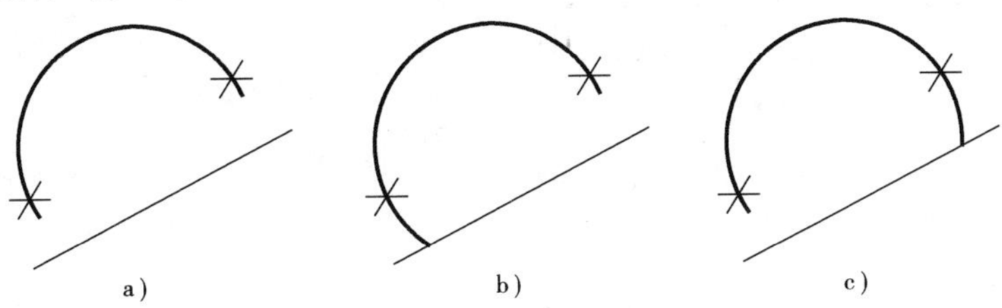

图 5-98　延伸对象的选择

a)要延伸的图形；b)延伸对象选择左边的点；c)延伸对象选择右边的点

无需退出 EXTEND 命令按住 SHIFT 键并选择要修剪的对象就可以完成修剪操作。

【例题 5-65】　用延伸命令“extend”进行对象延伸时，说法正确的是：

A. 必须在二维空间中延伸

B. 可以在三维空间中延伸

C. 可以延伸封闭线框

D. 可以延伸文字对象

【答案】　B

延伸命令在 AutoCAD 中经常使用，既可以在二维空间中延伸，也可以在三维空间中延伸。但是延伸的对象不包括文字、封闭线框等。

【例题 5-66】　如图 5-99 所示两个相切圆，点 O 和点 A 分别为两个圆的圆心，使用延伸命令将 AN 延伸到 M 点，则 MN 的长度为多少？

A. 37.59

B. 20.00

C. 38.22

D. 40.00

【答案】　A

本题考查使用延伸命令的步骤。本题正确的答案为 A。

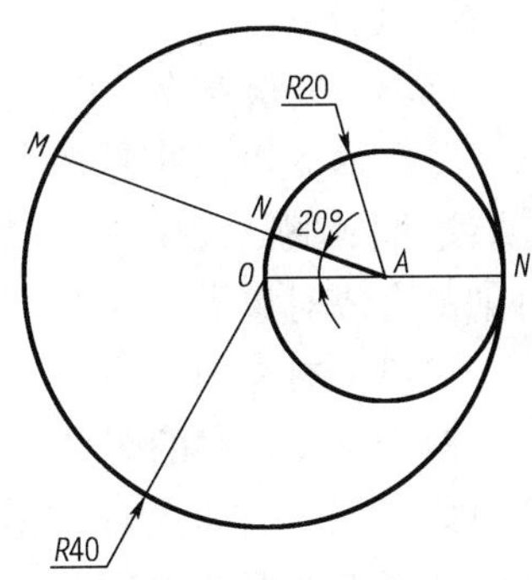

图 5-99　延伸对象

【例题 5-67】　如图 5-100a)所示图形对象，对其使用剪切命令后，生成图 b)所示图形，该图形的面积为多少？

A. 45325.70

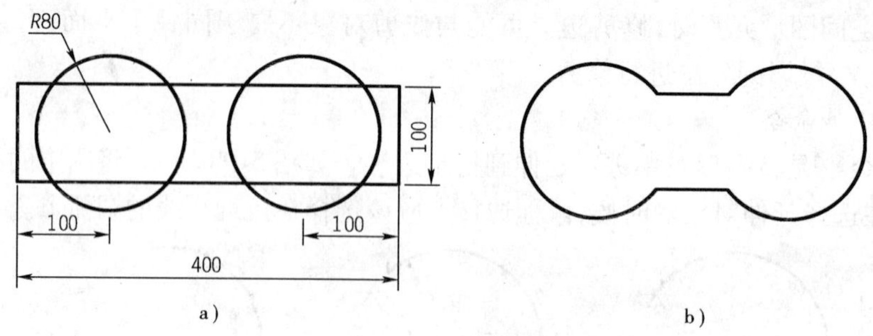

图 5-100 修剪对象

B. 48545.77

C. 46535.40

D. 41235.54

【答案】 A

本题考查使用修剪命令的步骤。将修剪后的图形使用“Join”命令合并，使用“列表显示”命令查询面积即可，本题正确的答案为 A。

5.2.13 打断、分解、测量

打断和分解命令都可以很快将一个对象分为 2 个或是多个，在编辑图形中使用很为频繁，用起来也很方便。

5.2.13.1 打断命令

打断命令和打断于一点命令可以将选定的图形对象部分断开或将其截断成两个图形对象，打断命令的对象之间可以具有间隙，也可以没有间隙。要打断对象而不创建间隙，在相同的位置指定两个打断点。完成此操作的最快方法是在提示输入第二点时输入@0,0，这个操作与打断于一点命令的结果相同。打断命令可以在大多数几何对象上创建打断，但不包括以下对象：块、标注、多线、面域。

5.2.13.2 分解命令

分解命令是将复杂实体（多段线、多边形、剖面线、尺寸、块等）分解成简单实体对象（直线、圆、圆弧、文本等）。任何分解对象的颜色、线型和线宽都可能会改变。其结果根据分解的合成对象类型的不同会有所不同，见表 5-1 所示。

5.2.13.3 测量

对于已经存在的图形对象，我们可以通过测量和查询的方法来指导它们的信息，例如我们可以用标注的方式测量直线的长度、圆或是圆弧的半径、角度等；我们可以通过查询的方式知道平面图形的周长、面积等。

【例题 5-68】 如图 5-101 所示的五角星的边长和面积为多少？

命令：_region　　【生成面域】

选择对象：指定对角点：找到 10 个　　【用窗选的方式全部选择这个五角星】

分解对象与分解的结果　　表 5-1

二维和优化多段线	放弃所有关联的宽度或切线信息。对于宽多段线,将沿多段线中心放置结果直线和圆弧。
三维多段线	分解成线段。为三维多段线指定的线型将应用到每一个得到的线段。
三维实体	将平面表面分解成面域。将非平面表面分解成体。
圆弧	如果位于非一致比例的块内,则分解为椭圆弧。
块	一次删除一个编组级。如果一个块包含一个多段线或嵌套块,那么对该块的分解就首先显露出该多段线或嵌套块,然后再分别分解该块中的各个对象。分解一个包含属性的块将删除属性值并重显示属性定义。
体	分解成一个单一表面的体(非平面表面)、面域或曲线。
圆	如果位于非一致比例的块内,则分解为椭圆。
引线	根据引线的不同,可分解成直线、样条曲线、实体(箭头)、块插入(箭头、注释块)、多行文字或公差对象。
多行文字	分解成文字对象。
多线	分解成直线和圆弧。
多面网格	单顶点网格分解成点对象。双顶点网格分解成直线。三顶点网格分解成三维面。
面域	分解成直线、圆弧或样条曲线。

选择对象:　【回车】

已提取 1 个环。

已创建 1 个面域。

命令:'_dist 指定第一点:指定第二点:　【五角星任意一条边的两个端点】

距离 = 14.5309,XY 平面中的倾角 = 180,与 XY 平面的夹角 = 0

X 增量 = -14.5309,Y 增量 = 0.0000,Z 增量 = 0.0000

命令:_area　【查询面积】

指定第一个角点或[对象(O)/加(A)/减(S)]:o

【选择"对象"选项】

选择对象:　【选择五角星面域】

面积 = 449.0280,周长 = 145.3085

图 5-101　查询五角星的边长与面积

【例题 5-69】 使用打断命令时,下列哪组对象均不可以被打断?

A. 块、标注、多线、面域

B. 块、云线、多线、面域

C. 块、标注、多线、样条曲线

D. 块、样条曲线、多线、面域

【答案】 A

本题考查打断命令的概念。选项 A 中的所有对象均不可以打断,而云线和样条曲线可以作为对象被打断。

【例题 5-70】 使用打断命令时,在提示指定第二个打断点时,输入下列哪个选项,则打断该对象而不创建间隙?

A. F

B. 0,0

C. #0,0

D. @0,0

【答案】 D

本题考查对打断命令的了解。选项 D 使用相对坐标,即表示第二个打断点与第一个重合,即打断该对象而不创建间隙。

5.2.14 圆角和倒角

5.2.14.1 圆角命令

圆角命令是用已知半径的圆弧对选定的两个图形对象圆角。可以圆角圆弧、圆、椭圆和椭圆弧、直线、多段线、射线、样条曲线、构造线、三维实体。圆角使用单个命令便可以为多段线的所有角点加圆角,如图 5-102 所示,选择对象时,选择“多段线(P)”选项,然后选择多段线,一次将所有角点进行圆角。

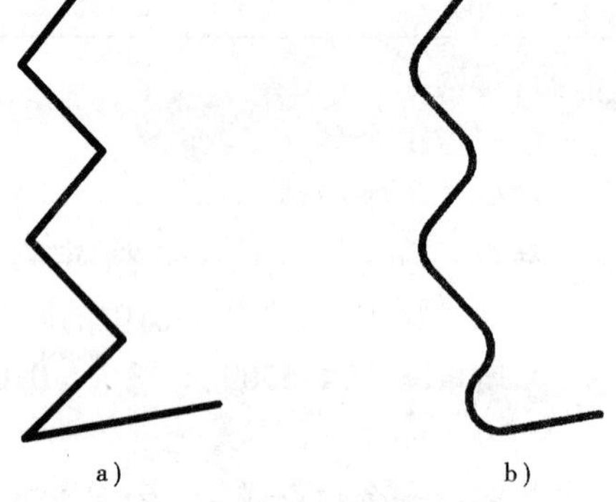

图 5-102 多段线圆角

a) 圆角前;b) 圆角后

命令:_fillet

当前设置:模式 = 修剪,半径 = 5.0000

选择第一个对象或[放弃(U)/多段线(P)/半径(R)/修剪(T)/多个(M)]:p

选择二维多段线:

5 条直线已被圆角

圆角半径是连接被圆角对象的圆弧半径。修改圆角半径将影响后续的圆角操作。如果设置圆角半径为 0,则被圆角的对象将被修剪或延伸直到它们相交,并不创建圆弧。

技巧:选择对象时,可以按住 SHIFT 键,以便使用 0 值替代当前圆角半径。

如果要被圆角的两个对象都在同一图层,则圆角线将位于该图层。否则,圆角线将位于当前图层上,此图层影响对象的特性(包括颜色和线型)。圆角命令可以为平行直线、参照线和射线圆角。临时调整当前圆角半径以创建与两个对象相切且位于两个对象的共有平面上的圆弧。第一个选定对象必须是直线或射线,但第二个对象可以是直线、构造线或射线。圆角结果倒出半圆,其直径等于线间距离。如图 5-103 所示。

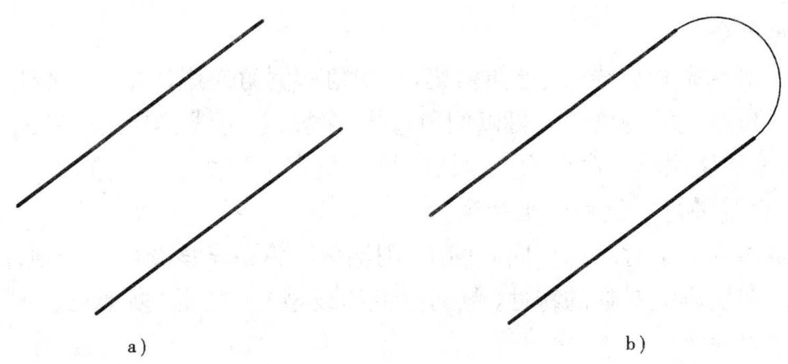

图 5-103　平行线圆角

a) 圆角前; b) 圆角后

在进行圆角时,选择对象的位置对圆角后的结果影响非常大,如图 5-104 所示。圆角命令的另外一个用途就是作为修剪工具使用非常方便,它往往和修剪配合使用来对绘制的底稿草图进行快速处理,用圆角快速的对图线进行了修剪(R 为零,且修剪(T)设为修剪),再用修剪工具整理圆角不适合修剪的图线,如图 5-105 所示。

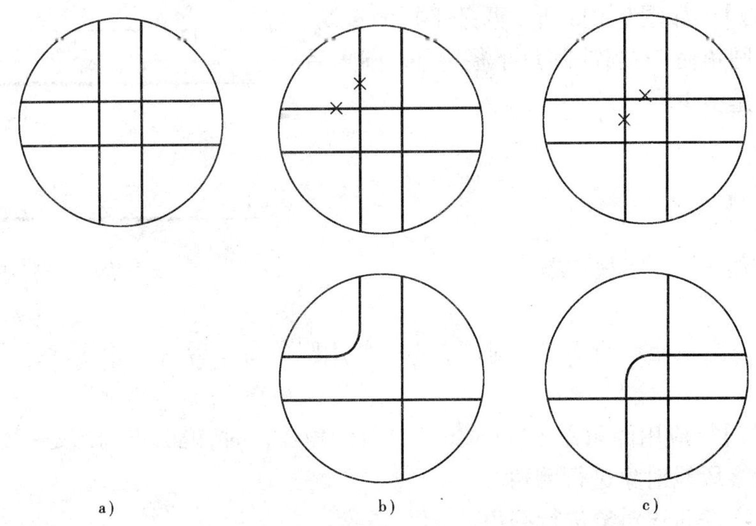

图 5-104　选择对象位置不同的圆角

a) 要圆角的图形; b) 选择圆角对象点的位置一; c) 选择圆角对象点的位置二

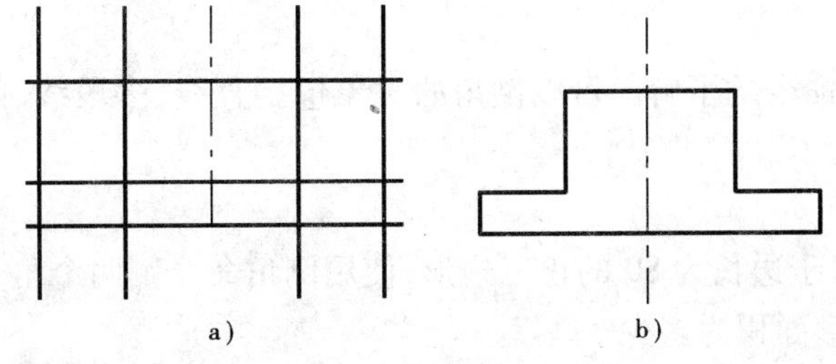

图 5-105　用圆角命令对图形进行快速修剪

a) 圆角的图形; b) 用圆角进行修剪

5.2.14.2 倒角命令

倒角命令对两条相交线(或延伸相交)作倒角。倒角使用成角的直线连接两个对象。它通常用于表示角点上的倒角边。可以倒角直线、多段线、射线、构造线、三维实体。与圆角命令一样,倒角也能使用单个命令为多段线的所有角点加倒角。对两条平行的直线倒角是命令行将提示“直线平行”,然后退出命令。

如果要被倒角的两个对象都在同一图层,则倒角线将位于该图层。否则,倒角线将位于当前图层上。此图层影响对象的特性(包括颜色和线型)。使用“多个”选项可以为多组对象倒角而无需结束命令。

倒角距离是每个对象与倒角线相接或与其他对象相交而进行修剪或延伸的长度。如果两个倒角距离都为0,则倒角操作将修剪或延伸这两个对象直至它们相交,但不创建倒角线。

技巧:选择对象时,可以按住 SHIFT 键,以便使用值0替代当前倒角距离。缺省情况下,对象在倒角时被修剪,但可以用“修剪”选项指定保持不修剪的状态。

【例题 5-71】 如图5-106所示两条平行的直线,对其左侧使用圆角命令,当前圆角半径为40,圆角后该图形的总长是多少?

A. 262.83

B. 262.83

C. 162.83

D. 提示直线平行,无法完成

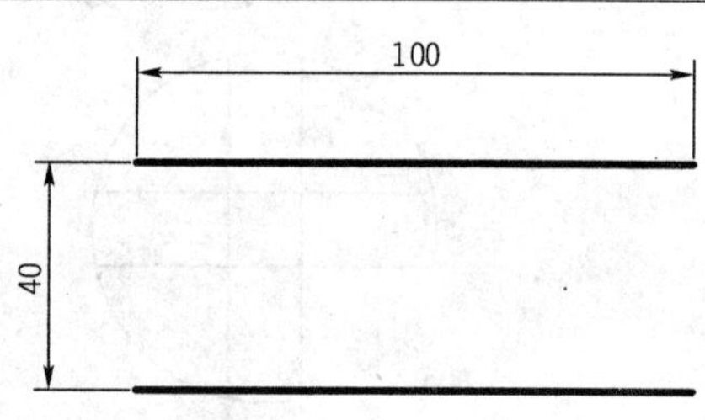

图5-106 绘制圆角

【答案】 A

本题考查对圆角命令的了解。对图5-106使用圆角命令后,查询图形总长即可。

【例题 5-72】 应用倒角命令“chamfer”进行倒角操作时,说法正确的是:

A. 不能对多段线对象进行倒角

B. 可以对样条曲线对象进行倒角

C. 不能对文字对象进行倒角

D. 不能对三维实体对象进行倒角

【答案】 C

本题考查对倒角命令的了解。可以倒角的对象包括直线、多段线、射线、构造线和三维实体,所以本题答案为C。

【例题 5-73】 对于边长为80的正三边形,使用倒角命令倒两个角,给定“距离(D)”均为30,则倒角后的图形面积为多少?

A. 1991.86

B. 1994.32

C. 1993.51

D. 1998.26

【答案】 A

本题考查对倒角命令的了解，经过倒角后测量图形面积为1991.86。

5.2.15　使用JOIN命令

该命令是AutoCAD 2008新增功能之一，可以将直线、圆、椭圆弧和样条曲线等独立的线段合并为一个对象，并可以将圆弧、椭圆弧延长封闭。

【例题5-74】 如图5-107所示的多段线和圆弧，它们是否能够合并(JOIN)？

A. 不能合并

B. 可以合并，合并后无变换

C. 对象类型不同，不能合并

D. 可以合并，合并后多段线变为折线

【答案】 D

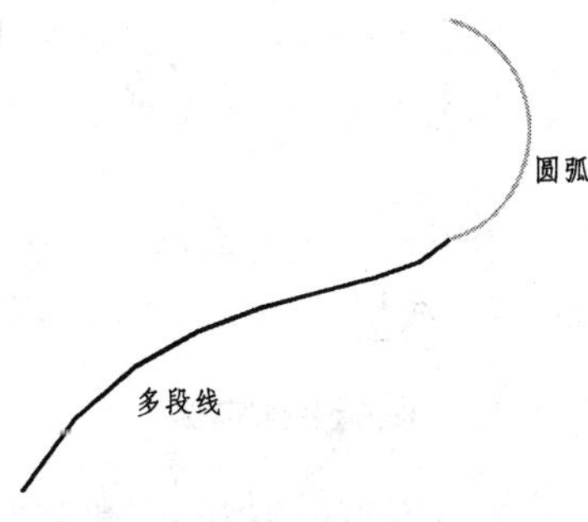

图5-107　合并多段线和圆弧

不同类型的图形对象是可以合并的，但不是所有不同类型的对象都可以合并，比如直线和圆弧就无法合并。多段线可以和多段线、圆弧和直线合并，注意如果多段线合并前已经进行了曲线化(拟合或样条曲线)，则合并后多段线将自动进行非曲线化，所以答案为D。

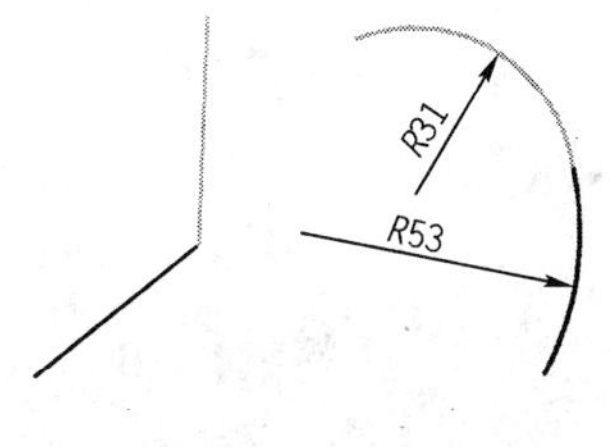

图5-108　合并

【例题5-75】 如图5-108所示的两直线、两圆弧，直线与直线之间、圆弧与圆弧之间是否能够合并(JOIN)？

A. 都不能合并

B. 前者可以合并，后者不能合并

C. 对象类型都相同，都能合并

D. 后者可以合并，前者不可以合并

【答案】 A

对于直线和圆弧，要进行合并必须吻合一定的条件，比如直线合并要求直线必须在同一直线上，对于圆弧则要求圆弧必须同心，半径相同。

【例题5-76】 在进行合并时，两图形元素段首尾之间应该：

A. 一定有间隙

B. 一定没有间隙

C. 除多段线和样条曲线外，其他图形可以有间隙

D. 椭圆弧之间也不允许有间隙

【答案】 C

进行合并操作时，有些可以有间隙，比如直线之间、圆弧之间等，但是多段线和样条曲线和其他图形对象（包括多段线和样条曲线）合并时不允许有间隙，答案为 C。

【例题 5-77】 如图 5-109 所示，图形左侧直线为：黑色、Continuous 线型、0.3 线宽，左侧直线为：红色、Center 线型、0.4 线宽，应用合并（Join）命令依次选择右侧直线、左侧直线，合并后的直线颜色、线型、线宽为：

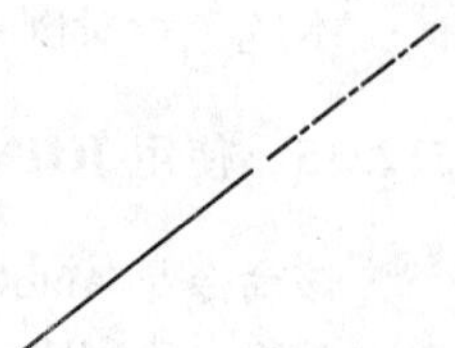

图 5-109 合并直线

A. 黑色、Continuous 线型、0.3 线宽

B. 无法合并

C. 红色、Center 线型、0.4 线宽

D. 红色、Center 线型、0.3 线宽

【答案】 C

合并时的选择顺序很重要，首先选择的一些特性将强制作为合并后图形对象的特性，比如颜色、线型、线宽等，所以答案为 C。

5.2.16 编辑 3D 实体

3D 模型的编辑是创建复杂模型必须的步骤，应试者应掌握 3D 编辑的各方面知识，比如布尔运算、倒角和圆角、剖切与切割、干涉检查、3D 模型之面的编辑、3D 模型之体的编辑 3D 模型的夹点编辑（2007 版本新增）。

【例题 5-78】 如图 5-110 所示，在圆锥台体上打通孔，打孔后体积为多少？

A. 82152.65

B. 74757.19

C. 75757.1877

D. 85152.65

【答案】 B

该题是 3D 建模的综合题，求解结果为 B。

【例题 5-79】 如图 5-111 所示，在圆球体上打通孔，打孔后体积为多少？

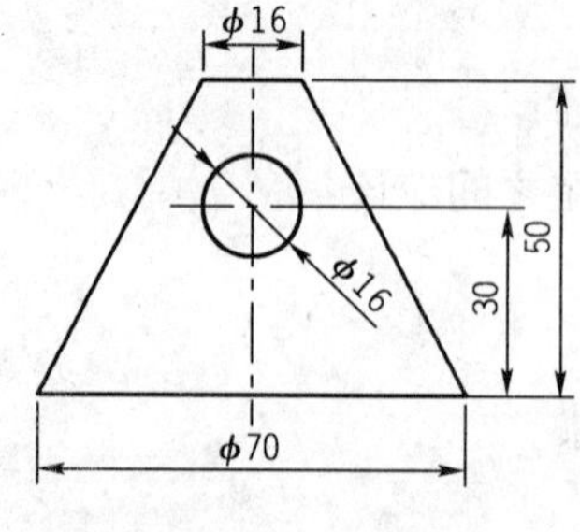

图 5-110 3D 建模

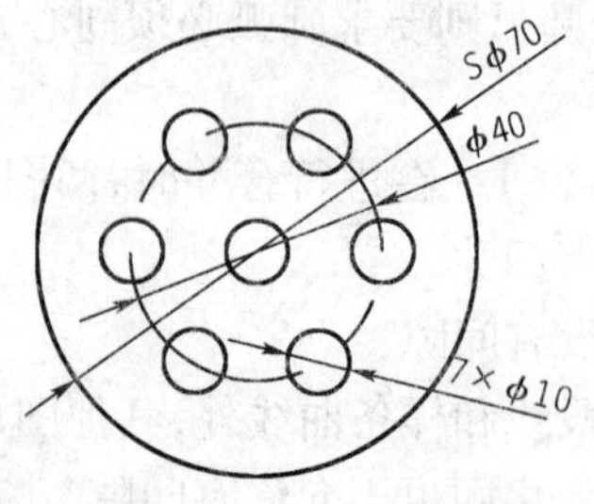

图 5-111 3D 建模

A. 147313.81
B. 179594.38
C. 152792.99
D. 155792.99

【答案】 A

该题是在圆球体上穿孔,6 各均匀分布分孔和 1 个穿过球心的孔,求解结果为 A。

【例题 5-80】 如图 5-112 的圆柱体体积为多少?

A. 40947.36
B. 40779.58
C. 40671.93
D. 40879.58

【答案】 C

本题仍然是 3D 建模题,需要注意的是右下角的技术说明 – 圆角处理,其体积为答案 C。

【例题 5-81】 如图 5-113 所示的立体,沿图中剖视图的位置将立体剖切,剖切后后面一半的体积为多少?图中的剖面区域的面积是多少?

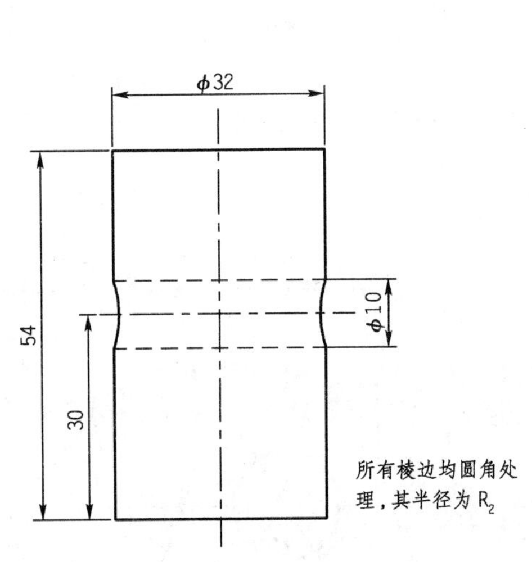

图 5-112　3D 建模

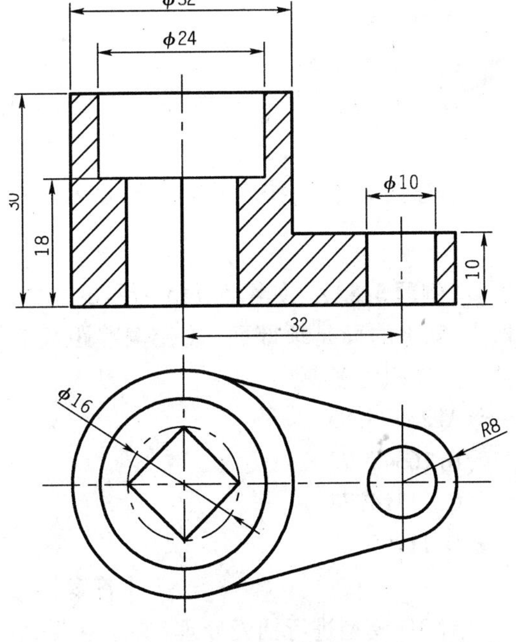

图 5-113　剖切

A. 20514.74,524.00
B. 10257.35,524.00
C. 20514.74,1048.00

D. 10257.35,262.00

【答案】 B

本题即要对立体进行剖切,又要进行切割,求解出结果为 B。

【例题 5-82】 如图 5-114 所示的立体,若两立体轴心距为 20,底面平齐,则干涉体积为多少?

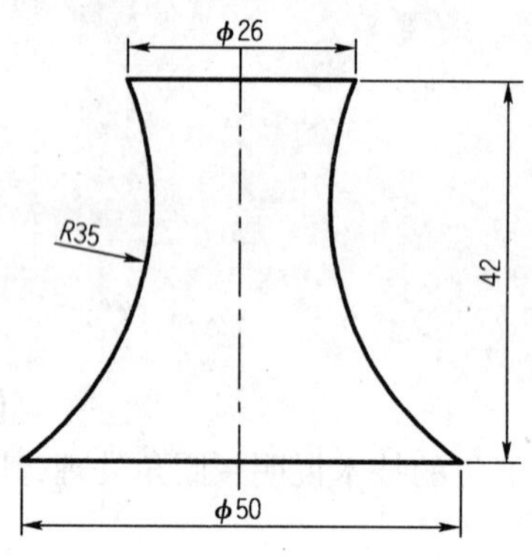

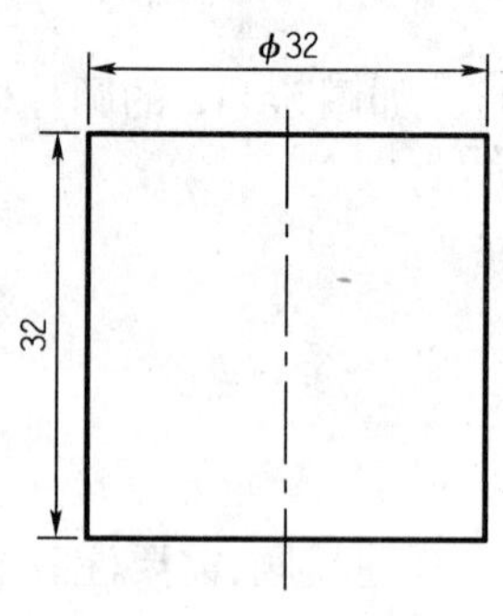

图 5-114 干涉

A. 26238.86
B. 25735.93
C. 不发生干涉
D. 5510.74

【答案】 D

创建两立体后,按照所给的要求移动到位,即可以检查干涉情况,干涉体积答案为 D。

【例题 5-83】 如图 5-115 所示的立体,进行抽壳,删除的面是顶部面,抽壳偏移距离为 -2,抽壳后体积为多少?

A. 23595.83
B. 16342.92
C. 11314.74
D. 11999.28

【答案】 C

对 3D 模型进行抽壳处理,要注意两点:一是抽壳需要开口的面——删除面,二是要注意抽壳的偏移距离。本题开口的面在上方,D 是开口面在下方的体积;偏移距离为 -2,而不是 2,C 是抽壳偏移距离为 2 的结果,A 为没有抽壳的体积,正

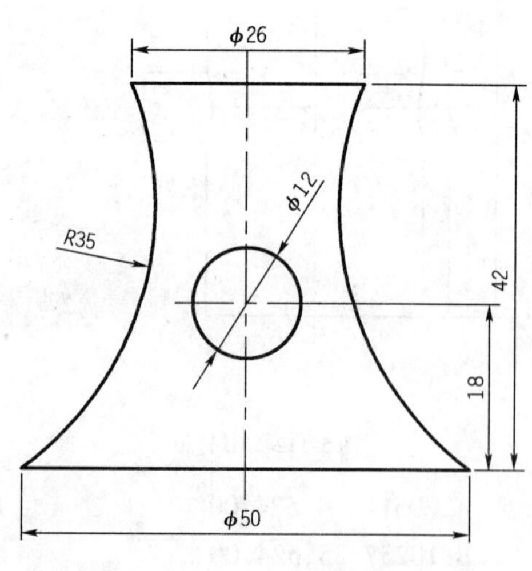

图 5-115 干涉

确答案为 C。

【例题 5-84】 将图 5-115 中的孔所在的面进行面偏移，偏移距离为 2，由此产生的体积变化为多少？

A. 23602.46

B. 1454.08

C. 21628.51

D. 25056.54

【答案】 C

本题是对 3D 形体的面进行编辑－偏移，A 是原立体的体积，D 是面偏移后的体积，体积变化为二者之差，即 B。C 为偏移距离 －2 所产生的体积变化。

【例题 5-85】 点击已创建的三维实体，出现夹点，点击图 5-116 中的夹点，然后拖动，则：

A. 移动圆锥体

B. 改变圆锥体地面圆直径

C. 改变圆锥体高度

D. 将圆锥体变为锥台体

【答案】 D

三维实体的夹点编辑功能很强，不同的夹点，可以实现不同的编辑功能。在 2008 版本后，三维实体的夹点模式编辑功能得到了加强。本题中的热夹点为圆锥上底圆半径夹点，拖动该夹点可以将锥顶变为锥台。

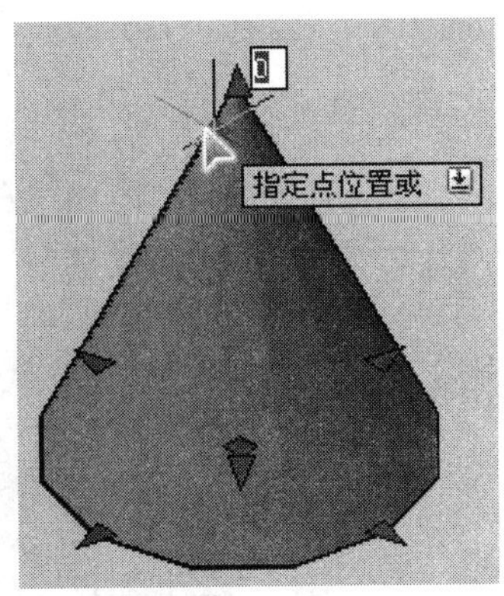

图 5-116　通过夹点修改三维实体

5.2.17　从三维模型创建截面

2007 版本新增的截面平面命令可以非常方便地剖切三维模型，并实时地生成剖切效果，同时可以生成二维/三维截面。通过夹点、快捷菜单又可以非常方便的修改截面对象。应掌握以下 3 个知识点。

(1) 创建截面的方法：面或点、正交、绘制截面（适合于阶梯剖切）、生成二维/三维截面；

(2) 截面对象的操作：主要对截面线上的夹点进行操作，如基准夹点、定向箭头夹点、线段端点夹点、菜单夹点；

(3) 截面对象的快捷菜单。

【例题 5-86】 要完成如图 5-117 所示的截面，则用哪个选项创建？

A. 正交

B. 面

C. 点

D. 绘制截面

【答案】 D

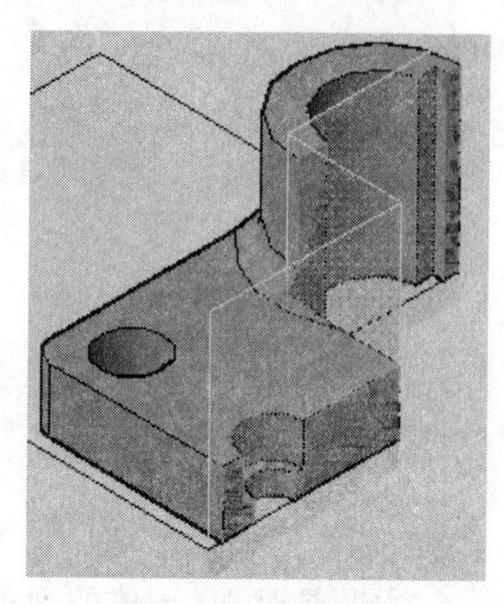
图 5-117 创建截面

正交是最快捷的方法，因为仅需要指定相对于 UCS 的正交方向，利用该选项可以创建“前(F)/后(B)/顶部(T)/底部(B)/左(L)/右(R)”六种截面。点方式：第一点可建立截面对象旋转所围绕的点，第二点可创建截面对象。面方式是选择实体或面域上的面可以创建对齐平行于该面的截面对象。而绘制截面方式则定义具有多个点的截面对象以创建带有折弯的截面线，即图中所示。

【例题 5-87】 要进行如图 5-118 所示变化，则需点击哪个夹点实现？

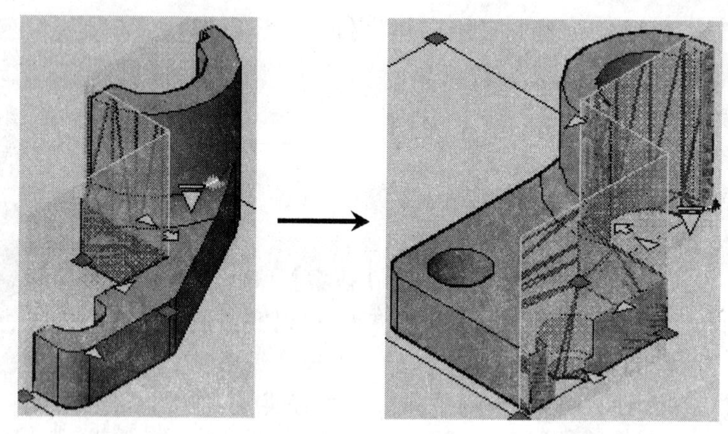
图 5-118 创建截面

A. 基准夹点

B. 定向箭头夹点

C. 线段端点夹点

D. 菜单夹点

【答案】 B

基准夹点是移动整个截面对象，定向箭头夹点可以更改剖切平面的方向，而线段端点夹点是绕基准夹点来旋转截面对象，菜单夹点可以在三种状态之间切换(截面平面、截面边界、截面模型)。

【例题 5-88】 在截面线上右键出现的快捷菜单，可以进行有关截面的操作，不包括下面哪项？

A. 激活活动截面

B. 生成二维/三维截面

C. 创建截面

D. 显示切割几何体

【答案】 C

截面线上的快捷菜单功能很强，可以实现包括 A、B、D 以及将折弯添加至截面、活动截面设置等有关截面的操作，但不包括 C。

5.2.18　多段线编辑

多段线是作为单个对象创建的相互连接的序列线段。可以创建直线段、弧线段或两者的组合线段。多段线提供单个直线所不具备的编辑功能。例如，可以调整多段线的宽度和曲率。创建多段线之后，可以使用 PEDIT 命令对其进行编辑，或者使用 EXPLODE 命令将其转换成单独的直线段和弧线段。可以使用 SPLINE 命令将样条拟合多段线转换为真正的样条曲线、使用闭合多段线创建多边形、从重叠对象的边界创建多段线等。

5.2.18.1　多段线创建

(1)创建圆弧多段线绘制多段线的弧线段时，圆弧的起点就是前一条线段的端点。可以指定圆弧的角度、圆心、方向或半径。通过指定一个中间点和一个端点也可以完成圆弧的绘制。如图 5-119 所示。

命令:_pline 指定

起点:当前线宽为 0.5000

指定下一个点或[圆弧(A)/半宽(H)/长度(L)/放弃(U)/宽度(W)]:15

指定下一点或[圆弧(A)/闭合(C)/半宽(H)/长度(L)/放弃(U)/宽度(W)]:a

【绘制圆弧】

指定圆弧的端点或[角度(A)/圆心(CE)/闭合(CL)/方向(D)/半宽(H)/直线(L)/半径(R)/第二个点(S)/放弃(U)/宽度(W)]:10 指定圆弧的端点或[角度(A)/圆心(CE)/闭合(CL)/方向(D)/半宽(H)/直线(L)/半径(R)/第二个点(S)/放弃(U)/宽度(W)]:1

【绘制直线】

指定下一点或[圆弧(A)/闭合(C)/半宽(H)/长度(L)/放弃(U)/宽度(W)]:15

指定下一点或[圆弧(A)/闭合(C)/半宽(H)/长度(L)/放弃(U)/宽度(W)]:

【回车】

(2)创建闭合多段线

可以通过绘制闭合的多段线来创建多边形。要闭合多段线，指定对象最后一条边的起点，输入 c(闭合)并按 ENTER 键回车。将多段线闭合，若选取的多段线为封闭的，则此项变为“打开<O>”。由于多段线的起始线和终止线的类型不同，封闭时使用的线也不同，如图 5-120 所示，如果起始线和终止线都为直线，封闭用的线也是直线；如果起始线和终止线都为曲线，封闭用的线也是曲线，显然封闭的曲线和原曲线是光顺的；如果起始线和终止线为直线、圆弧，封闭用的线是圆弧，新圆弧和原直线、圆弧是相切

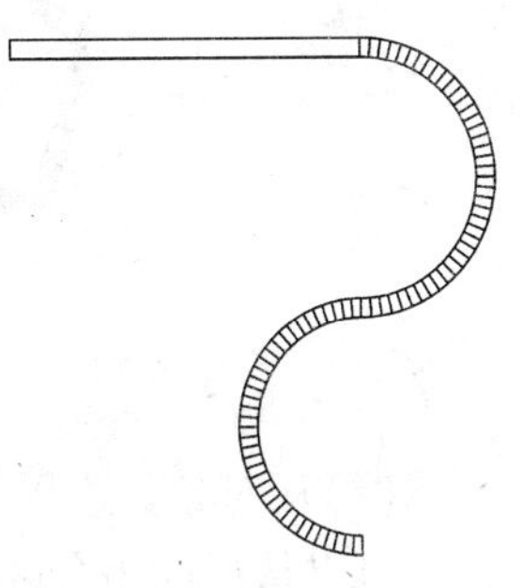

图 5-119　创建圆弧多段线

的;如果多段线为圆弧,则将圆弧封闭为圆。

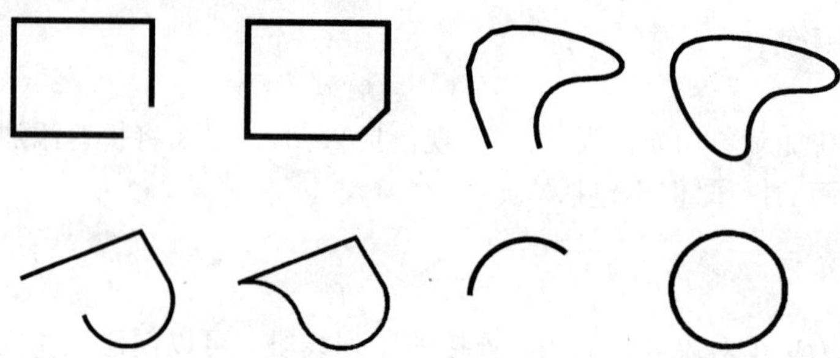

图 5-120　多段线封闭

(3)创建宽多段线

使用“宽度”和“半宽”选项可以绘制各种宽度的多段线。可以依次设置每条线段的宽度,使它们从一个宽度到另一宽度逐渐递减。指定多段线的起点之后,即可使用这些选项。使用“宽度”和“半宽”选项可以设置要绘制的下一条多段线的宽度。零宽度生成细线。大于零的宽度生成宽线,如果“填充”模式打开则填充该宽线,如果关闭则只画出轮廓,由系统变量 FILLMODE 控制。“半宽”选项通过指定宽多段线的中心到外边缘的距离来设置宽度。使用“宽度”选项时,AutoCAD 将提示输入起点宽度和端点宽度。输入不同的宽度值,可以使多段线从起点到端点逐渐变细。宽多段线线段的起点和端点位于直线的中心。相邻宽线段的相交处通常绘成倒角。但是,不相切的弧线段、锐角或使用点划线型的线段不绘成倒角,如图 5-121 所示。

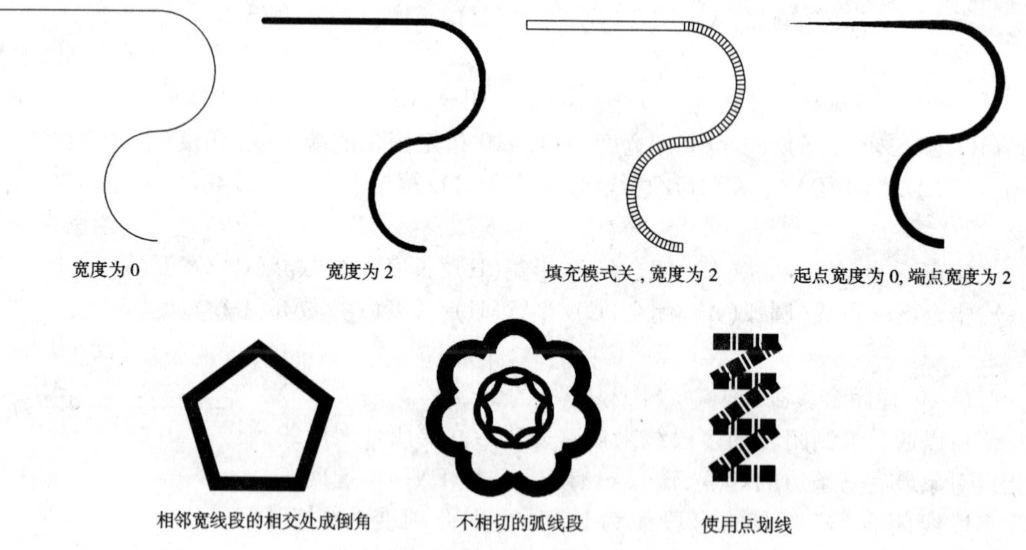

图 5-121　不同宽度的多段线

(4)从对象的边界创建多段线

可以从形成闭合区域的重叠对象的边界创建多段线。使用边界方式创建的多段线是独立的对象,与用来创建它的对象不同。可以按照编辑其他多段线的方法对它进行编辑。要在大的或复杂的图形中加速边界选择过程，可以指定一组候选边界（称为边界集）。通过选择用于定义边界的对象可以创建此边界集。

5.2.18.2　多段线编辑与拟合

(1) pedit 命令编辑多段线

命令：pedit

选择多段线或［多选(M)］：　　　　　　　　　　【使用对象选择方法或输入 m】

其余提示取决于是选择了二维多段线、三维多段线还是三维多边形网格。如果选定对象是直线或圆弧，则显示以下提示：

选定的对象不是多段线。

是否将其转换为多段线？ <Y>：　　　　　　　　　　【输入 y 或 n，或者回车】

如果输入 y，则对象被转换为可编辑的单段二维多段线。使用此操作可以将直线和圆弧合并为多段线。如果 PEDITACCEPT 系统变量设置为 1，将不显示该提示，选定对象将自动转换为多段线。

(2) 多段线编辑为拟合曲线

此操作创建连接每一对顶点的平滑圆弧曲线。曲线经过多段线的所有顶点并使用任何指定的切线方向。如图 5-122a) 所示的多段线，经过编辑成为拟合曲线（图 5-122b）。

(3) 多段线编辑为样条曲线

此操作将选定多段线的顶点用作样条曲线拟合多段线的控制点或边框。除非原始多段线闭合，否则曲线经过第一个和最后一个控制点。如图 5-122a) 所示的多段线，经过编辑成为样条曲线（图 5-122c）。

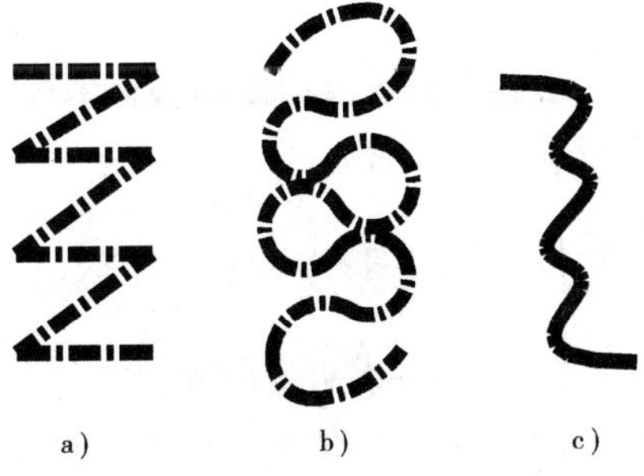

图 5-122　多段线编辑为拟合曲线

a) 多段线；b) 拟合曲线；c) 样条曲线

【例题 5-89】　如图 5-123 所示，使用多段线编辑命令将该多段线对象闭合，闭合后的对象夹点有多少个？

A. 615.13

B. 618.46

C. 614.16

D. 617.52

【答案】　C

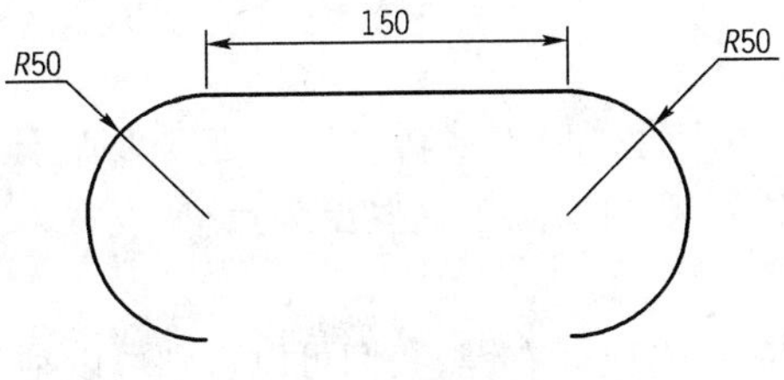

本题考查多段线的编辑命令。使用 Pedit 命令选择该段多段线，在弹出的快捷菜单中选择“闭合”选项即可将该段多段线闭合。

R50　150　R50

图 5-123　多段线编辑

【例题 5-90】　使用多段线编辑命令，以下哪些特性可以调整？

A. 调整多段线的宽度

B. 调整多段线的曲率

C. 合并多段线

D. 编辑样条曲线的顶点

【答案】 A、B、C、D

多段线的编辑 Pedit 命令可以对多段线进行闭合、合并、调整宽度、编辑顶点、拟合、样条曲线和非曲线化等编辑操作。

【例题 5-91】 将如图 5-124 所示多段线进行拟合，拟合后的图形长度是多少？

A. 747.23

B. 776.55

C. 760.00

D. 728.02

【答案】 D

本题考查了如何使用编辑多段线 Pedit 命令对多段线进行拟合。

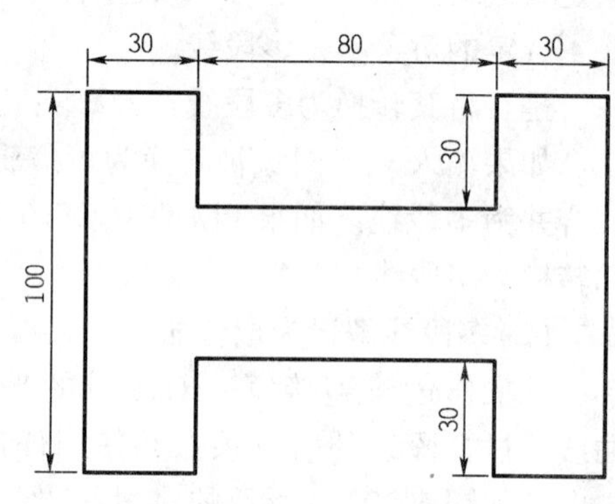

图 5-124　多段线拟合

5.2.19　夹点编辑、特性匹配等

对于已经绘制的图形我们可以采用夹点编辑合特性匹配等功能快速直接进行编辑，在绘图过程中使用相当简单方便，使用频率也相当高。

5.2.19.1　夹点编辑

夹点是对象上的控制点，一种集成的编辑模式，通过直接点击图形对象，进入夹点编辑，可以对图形对象实现拉伸、移动、复制、缩放、旋转以及镜像等操作。

(1)夹点显示

在默认情况下，夹点是打开的。可以通过"工具/选项"命令打开"选项"对话框，在打开"选择"选项卡可以设置夹点的显示和大小，如图 5-125 所示。对于不同对象来说，用来控制其特征的夹点的位置和数量是不同的，例如直线的控制夹点是中点和两个端点，圆的控制夹点是圆心和 4 个象限点，椭圆的控制夹点是中心点和 4 个顶点，如图 5-126 所示。

(2)使用夹点编辑对象

在 AutoCAD 中，使用夹点编辑图形非常方便和实用。直接单击编辑对象后进入夹点编辑，图形上一些特殊位置点显示为蓝色方块，称之为温夹点，再次点击这些温夹点，夹点变为红色方块，称之为热夹点，热夹点可以进行编辑。

点击图形对象，在温夹点上再次点击，出现热夹点，点击鼠标右键，我们可以看到可以利用该夹点对该对象进行编辑的命令，如图 5-127 所示是利用圆的圆心夹点所能进行的编辑

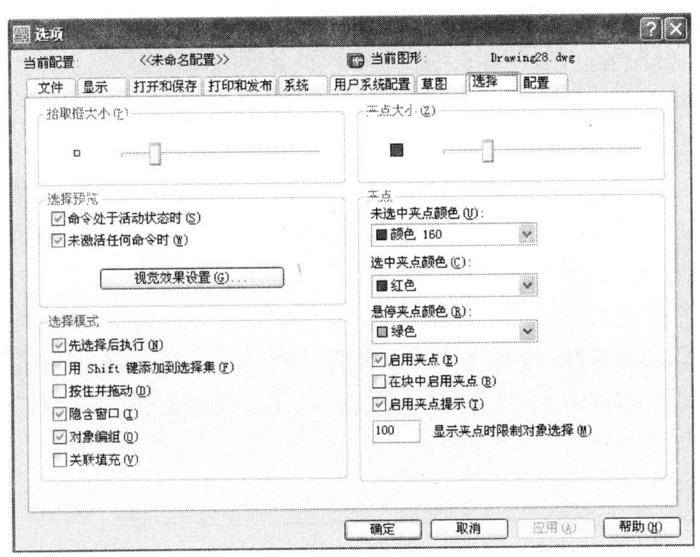

图 5-125　设置夹点

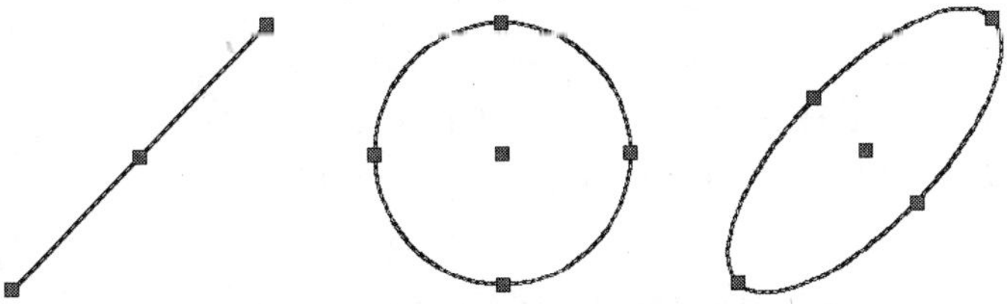

图 5-126　直线、圆、椭圆的夹点显示

操作。

利用任何夹点模式修改对象时均可以创建对象的多个副本。还可以通过在选择第一点时按 CTRL 键来创建多个副本。

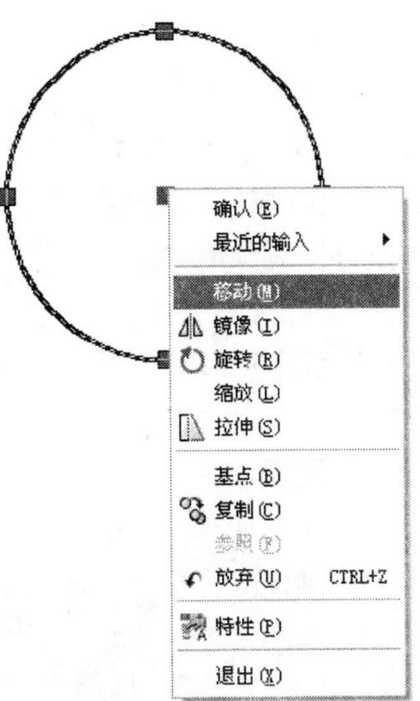

图 5-127　利用圆的圆心夹点所能进行的编辑

【例题 5-92】　控制夹点开关的方法是：

A. Alt + Tab 组合键

B. 在“选项”对话框的“选择”选项卡中设置

C. Ctrl +0 组合键

D. F10 键

【答案】　B

该题考查了夹点开关的方法。选项 A 是切换任务，选项 C 是清除屏幕开关，选项 D 是极轴开关。

【例题 5-93】　一个圆对象包含五个夹点，拖动中心夹点可以：

A. 镜像圆对象

B. 更改圆的线型

C. 旋转圆对象

D. 移动圆对象

【答案】 A、C、D

本题考查对夹点工具的了解。当选择了圆对象的中心夹点后，反复按空格键在命令行中会循环显示拉伸、移动、旋转、比例缩放、镜像操作提示。

5.2.19.2 特性匹配功能

每个图形对象都有特性，如颜色、图层、线型、位置、大小等，这些特性都可以进行修改，我们很难直接对图形的数据库进行修改，我们可以通过系统提供的“特性”窗口，直接对图形对象特性进行设置和修改。

(1)“特性”窗口

调出“特性”窗口的方法：

菜单“修改/特性”；

点击“标准”工具栏中“特性”按钮；

命令行：PROPERTIES；

直接点击图形对象，鼠标右键，在弹出菜单中选择最下面一项“特性”。调出该图形对象的“特性”窗口，如图 5-128 所示。

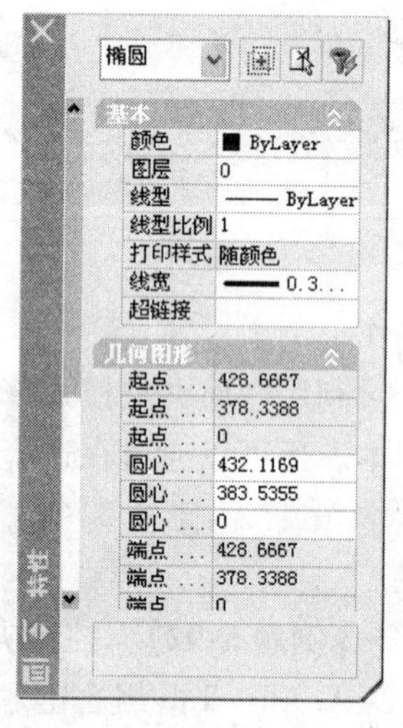

图 5-128 椭圆的“特性”窗口

(2)特性匹配

特性匹配工具可以将源对象的特性复制到目标对象上，可以快速的修改对象特性，比如快速的更改图形对象的图层、线型、颜色、线宽等，很是类似于 Word 中的格式刷。在使用特性匹配时，默认情况下是将所有的特性匹配到其他对象上，有时候这个操作不合适，我们仅仅需要匹配几个特性，比如只修改图形对象的颜色，不更改其线型、图层等。

要实现这种编辑就需要对特性匹配进行一些设置，在第一次选择目标对象时，输入“S”选项，弹出如图 5-129 所示的对话框。

【例题 5-94】 哪些特性是“特性设置”对话框不可以更改的？

A. 图层

B. 线型比例

C. 颜色

D. 面积

【答案】 D

本题考查对“特性设置”对话框的了解。当打开如图 5-129 所示对话框，用户可以从显示的基本特性和特殊特性中选择希望匹配的特性，这里不包括面积特性。

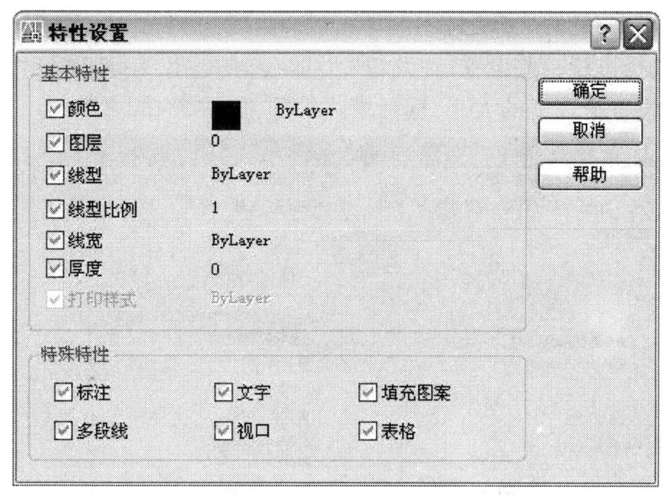

图 5-129　“特性设置”对话框

【例题 5-95】　下列哪个对象可以将目标对象的线型更改为源对象的线型？

A. 属性

B. 图案填充

C. 外部参照

D. 点和视口

【答案】　C

本题考查“特性设置”对话框中“线型”选项的适用范围。“线型”选项是将目标对象的线型更改为源对象的线型。此选项适用于除属性、图案填充、多行文字、点和视口之外的所有对象。

【例题 5-96】　在“特性”选项板选择下列哪个对象不显示“面积”选项？

A. 直线

B. 多段线

C. 修订云线

D. 样条曲线

【答案】　A

本题考查对各种图形对象特性区别的了解。在直线的“特性”选项板中不包括面积的内容。

5.2.20　选择对象

选择对象的方法很多直接在图形上点击是最基本的方式，用得也最多，很多时候要选择的对象不是一个或是二个，那我们就要采用选择集的方式。选择集可以理解为所有要进行编辑的图形对象的集合。选择对象进行编辑时，用户可以进行多种选择。

5.2.20.1 选择集的构造

我们可以对选择进行一些设置,在菜单"工具/选项",出现"选项"对话框,在"选择"选项卡上,我们可以设置拾取框的大小、选择模式等等,如图 5-130 所示。

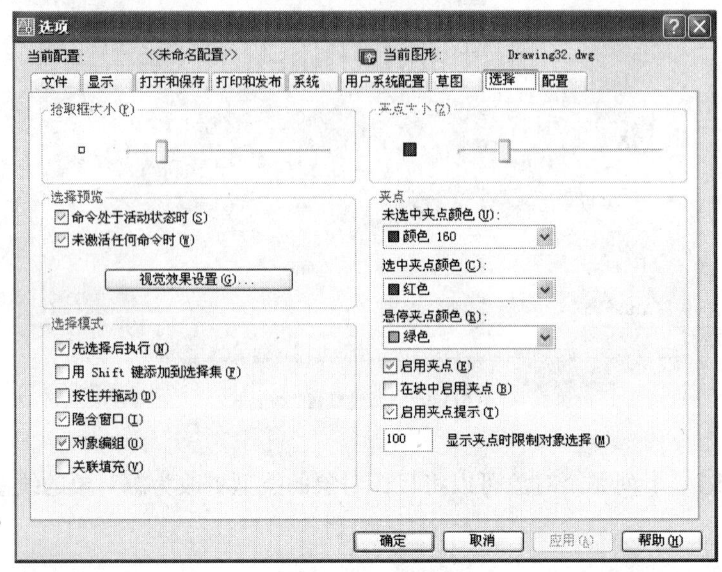

图 5-130 对象选择的设置

"选择模式"区域提供六种模式:

先选择后执行:先组建选择集然后进行使用;选择该模式之后,依旧可以先输出命令然后选择编辑对象。

用 Shift 键添加到选择集:可以用构造选择集的任何方式向选择集中添加对象,如果使用 Shift 键再次选择选择集中已有的对象,就将该对象从选择集中移去。

按住并拖动:选择这种模式,必须一直按住鼠标左键才能拖动窗口方式,第二点的位置就是在松开鼠标左键的时候鼠标所在的位置。

隐含窗口:选择这种方式,在执行了编辑命令需要选择的时候,在屏幕的空白处点击表示采用窗口或是交叉的方式构造选择集,直接提示输入对角点。

对象编组:表示选择组的一个对象,该对象所在的组都会被选中。

关联填充:选中这个选项则当选择到具有关联性的填充时,填充周围的轮廓线也将被选中。

(1)逐个选择对象

在选择对象的时候,点击选择一个对象,也可以逐个选择多个对象。采用的方法是使用拾取框光标,矩形拾取框光标放在要选择对象的位置时,将要被选中的对象亮显。单击选择对象。选择彼此接近或重叠的对象通常是很困难的。按住 CTRL 键循环单击这些对象,直到所需的对象亮显,这种方法称为"循环选择"。

(2)一次选择多个对象

在选择对象的时候,可以一次选择多个对象,最简单的方式是制定矩形选择区域。指定对角点来定义矩形区域。区域背景的颜色将更改，变成透明的。从第一点向对角点拖动光标的方向将确定选择的对象。对角点的先后顺序的不同，所选择的结果也不同。

窗口选择：从左向右拖动光标，以仅选择完全位于矩形区域中的对象，选择区域默认为蓝色，可以在选项卡进行修改。

交叉选择：从左向右拖动光标，以选择矩形窗口包围的或相交的对象，选择区域默认为绿色，可以在选项卡进行修改。

使用“窗口选择”选择对象时，通常整个对象都要包含在矩形选择区域中。然而，如果含有非连续（虚线）线型的对象在视口中仅部分可见，并且此线型的所有可见矢量封闭在选择窗口内，则选定整个对象。

5.2.20.2　快速选择

如果我们要选择的对象在位置上不方便选择，或是所要选择的对象由一定的特性，根据对象的特性我们可以建立快速选择集。如图 5-131 所示，我们要快速选择所有半径小于 20 的圆。

（1）“工具/快速选择”菜单命令。

（2）弹出“快速选择”对话框，如图 5-132 所示。

（3）点击“确定”，选择的结果如图 5-133 所示，所有半径小于 20 的圆被选中。

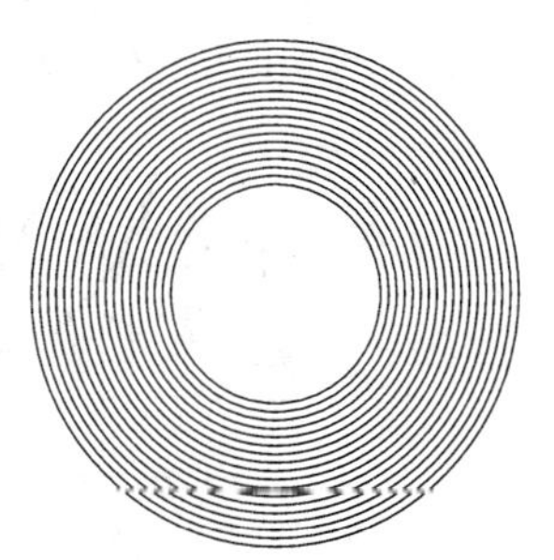

图 5-131　一序列圆

5.2.20.3　对象编组

创建编组时，可以为编组指定名称和说明。如果复制编组，副本将被指定默认名 Ax，并认为是未命名。“对象编组”对话框中不会列出未命名编组，除非选择了“包含未命名的”。如果选择某个可选编组中的一个成员，将其包含到一个新编组中，那么该编组中的所有成员都将包含在新编组中。图形中的对象可能是多个编组的成员，同时这些编组本身也可能嵌套于其他编组中。可以对嵌套的编组进行解组，以恢复其原始编组配置。将图形作为外部参照使用或将它作为块插入时，命名编组将无效。但是，可以通过绑定然后分解外部参照或块，使编组可以用作未命名编组。不要创建包含成百或上千个对象的大型编组。大型编组会大大降低本程序的性能。如图 5-134 所示，是

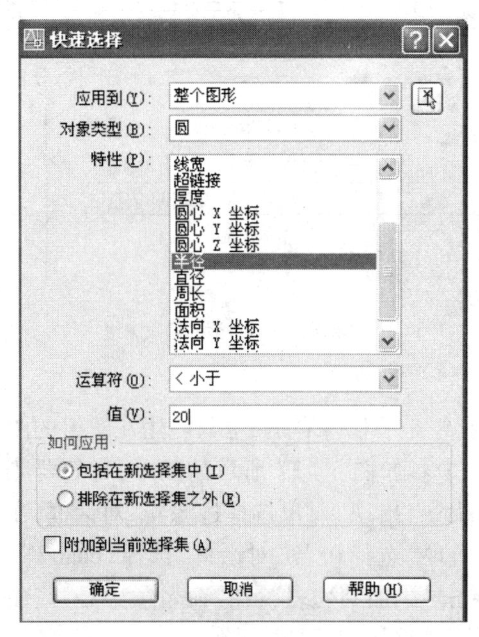

图 5-132　快速选择对话框

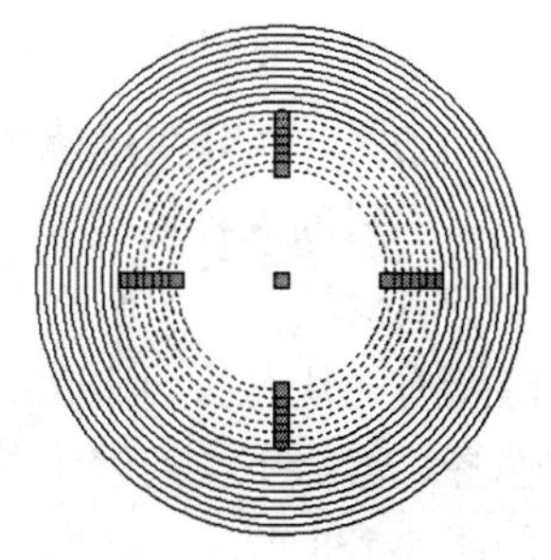

图 5-133　快速选择半径小于 20 的圆

要编组的 5 个单独的对象,输入命令 Group 进行编组,出现"对象编组"对话框,如图 5-135 所示;输入组名以及说明,单击"新建"选择要编组的对象。编了组以后,这 5 个对象就成了一个对象,点击其中一个,选择整个这个组的对象。如果将其中的圆从组里面删除,输入 Group 命令,在"对象编组"对话框中选择"66-1"组,修改编组栏的按钮全部亮显,如图 5-136 所示,点击"删除",回到绘图区,选择圆,回车,回到"对象编组"对话框,单击"确定",圆就不属于从 66-1 组,图形成为 2 个对象。

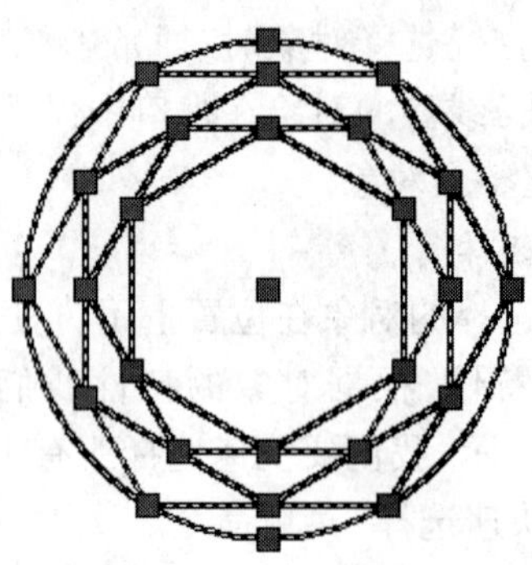

图 5-134　编组

图 5-135　"对象编组"对话框编组

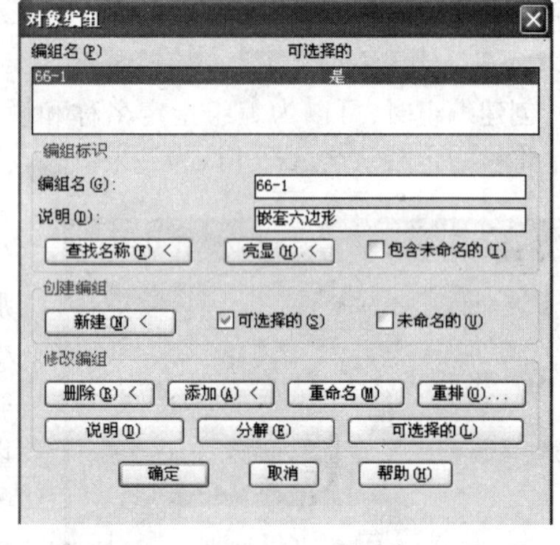

图 5-136　"对象编组"对话框修改编组

5.2.20.4　选择集过滤器

一般的选择集只保留到下一个选择集构成之前,组是可以保存的,也只能用在建组的图中,而选择过滤器建立以后,可以用在其他图形文件中。如图 5-137 所示的图形,我们要删除所有的块名为 chair7 的椅子,首先我们输入 filter 命令,出现"对象选择过滤器"对话框,在选择过滤器下拉列表中选择"块名",点击"选择",出现"选择块名"对话框,选择"chair7",如图 5-138 所示。在"对象选择过滤器"对话框中单击"添加到列表",在"命名过滤器"区输入新的名称"chair",建立过滤条件集。单击应用,进入绘图区使用过滤器。

命令:过滤器　　　　　　　　　　　　将过滤器应用到选择。

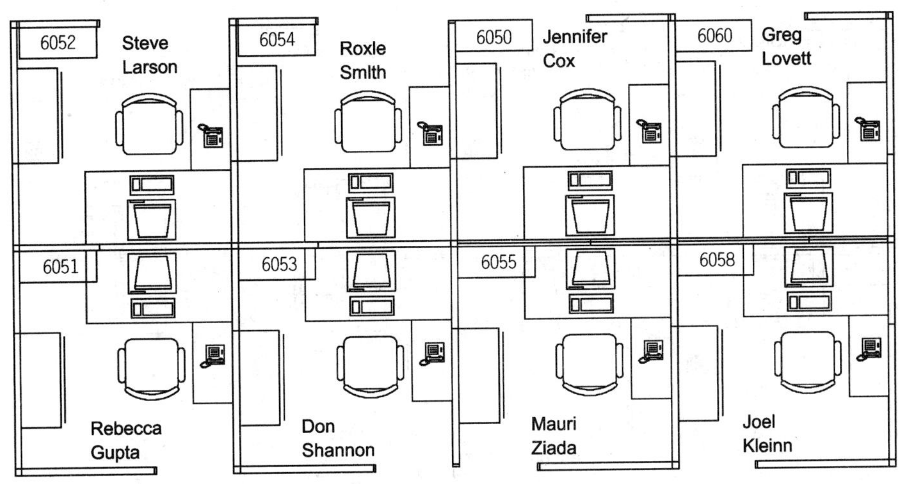

图 5-137　办公室平面图

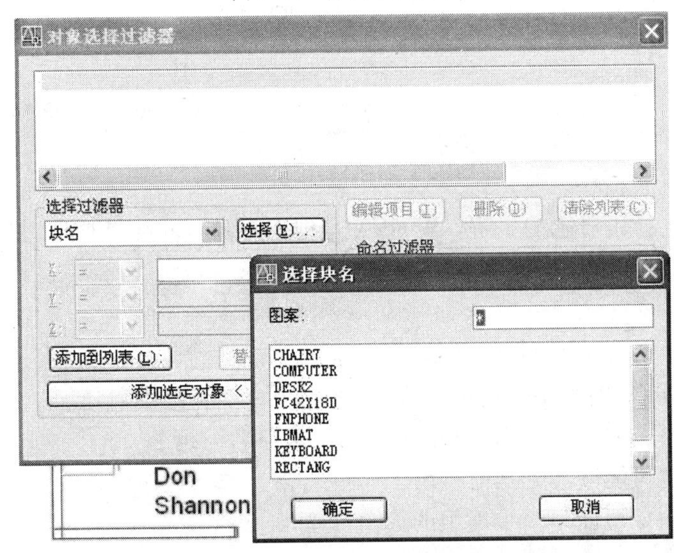

图 5-138　“对象选择过滤器”和“选择块名”对话框

选择对象:all　　【选择所有对象】

找到 8 个

选择对象:　　【回车】退出过滤出的选择。

命令:erase　　【删除命令】

找到 8 个

椅子被删除,如图 5-139 所示。

【例题 5-97】　如果屏幕只显示一部分图形,欲删除图形中的所有实体,最好选用下列哪种方法建立选择集?

A. Window 方式

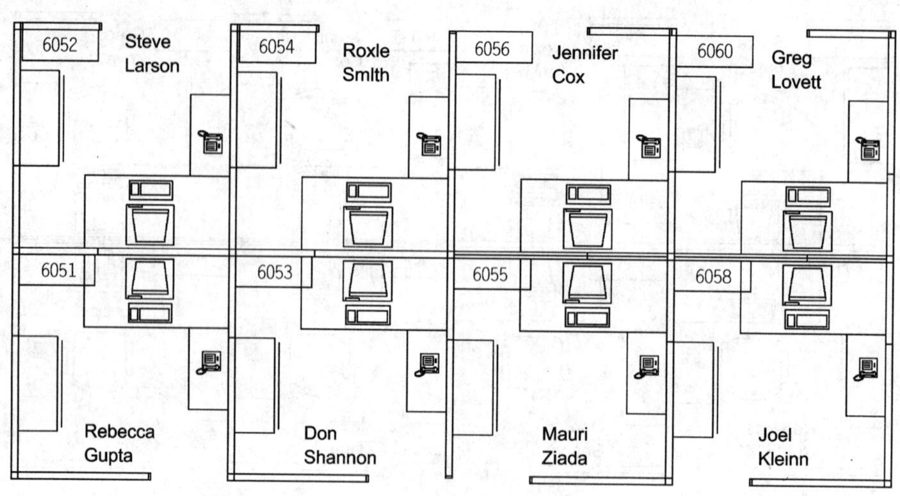

图 5-139　块名为 chair7 的椅子被删除

B. Cross 方式

C. Last 方式

D. ALL 方式

【答案】 D

本题考查对选择集概念的了解。Window 是框选对象,Cross 是栏选对象,Last 是选择上一个绘制对象,All 是选择图中所有对象。

【例题 5-98】 关于创建编组,说法正确的是:

A. 如果复制编组,副本将被指定默认名 Ax

B. 默认状态下,"对象编组"对话框中会列出未命名编组

C. 编组本身也可能嵌套于其他编组中

D. 图形中的对象可能是多个编组的成员

【答案】 A、C、D

本题考查对创建编组概念的了解。如果复制编组,副本将被指定默认名 Ax,并认为是未命名。"对象编组"对话框中不会列出未命名编组,除非选择了"包含未命名的"选项。同时编组本身也可能嵌套于其他编组中,图形中的对象可能是多个编组的成员。

5.2.21　创建和修改材质

在 AutoCAD 2008 中增强了创建实体图形和图像的功能。在 AutoCAD 中,用户向对象添加材质会显著增强模型的真实感。在渲染环境中,材质描述对象如何反射或发射光线。在材质中,贴图可以模拟纹理、凹凸效果、反射或折射。

创建和修改材质主要有以下知识点可以考查。

(1)如何创建材质

【例题 5-99】　打开“材质”选项板的步骤错误的是：

A. 使用“视图/渲染/材质”菜单命令

B. 使用“工具/选项板/材质”菜单命令

C. 在命令行输入 Materials

D. 在命令行输入 Render

【答案】 D

该题考查对创建材质的步骤，答案 A、B 和 C 都可以打开“材质”选项板，如图 5-140 所示。而答案 D 是打开“渲染”选项板，所以答案为 D。

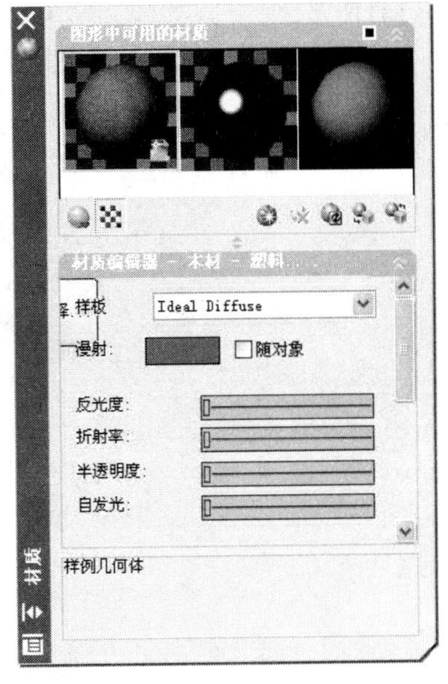

图 5-140　材质选项板

【例题 5-100】　打开“材质”选项板，在“材质编辑器”面板的“样板”列表中可以选择的材质类型是：

A. 真实样板

B. 真实金属样板

C. 透明样板

D. 高级金属样板

【答案】 A、B、D

在“材质编辑器”面板中可以选择的材质包括真实样板、真实金属样板、高级样板、高级金属样板等等，但是不包括透明样板，所以答案为 A、B、D。

(2)修改材质的操作

材质是由许多性质来定义的，而材质可以修改的选项取决于选择的样板类型。

【例题 5-101】　下列关于修改材质的操作，说法错误的是：

A. 可以从对象拆离材质

B. 可以随层附着材质

C. 可以将纹理添加到材质

D. 以上步骤都是不能实现的

【答案】 D

在对已有材质进行的修改时，可以从对象拆离材质，也可以可以随层附着材质，还可以将纹理添加到材质，所以答案是 D。

5.2.22　使用相机功能

在 AutoCAD 2008 中，新增了相机的功能。通过在模型空间中放置相机和根据需要调整相机设置来定义三维视图。本部分应用于三维视图的绘制中。

相机功能主要有以下知识点可以考查。

(1)相机的创建方法

用户可以通过两种方法创建相机对象：使用面板和工具选项板的“相机”按钮，如图

5-141所示。

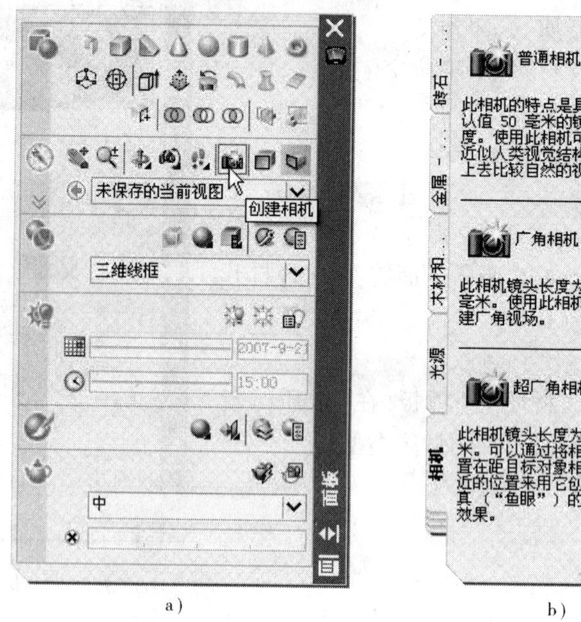

图 5-141　创建相机的方法

a)使用面板创建相机；b)使用工具选项板创建相机

【例题 5-102】 创建相机在工具选项板的哪个选项板组中？

A. 建模

B. 光源

C. 相机

D. 视觉样式

【答案】 C

该题主要考查对创建相机步骤的了解程度，在工具选项板中，通过“相机”工具选项板组可以创建相机，显然答案为 C。

【例题 5-103】 通过面板创建相机，默认的镜头长度(焦距)是多少？

A. 28

B. 35

C. 38

D. 50

【答案】 D

该题主要考查对创建相机的了解程度，通过面板创建相机，默认的镜头长度为 50mm，用户可以根据需要创建不同的镜头长度(焦距)，此题答案为 D。

(2)更改相机特性的方法

有数种方法都可以更改相机的特性,用户应了解掌握。

【例题 5-104】 如果已经创建了相机,如何显示或者隐藏相机?

A. 使用“视图/显示/相机”菜单命令

B. 双击绘图窗口的相机轮廓

C. 单击绘图窗口的相机轮廓

D. 在面板中单击“相机”按钮

【答案】 A

该题主要考查对修改相机属性的了解程度,答案 B 和 C 均无法隐藏相机,而是打开相机预览窗口,如图 5-142 所示。答案 D 是创建相机的方法,此题正确的答案为 A。

图 5-142　相机预览窗口

5.3　习题与答案

5.3.1　习题

1. 下面说法正确的是:

A. 但不能同时画连续的多段直线

B. 每条线段都是一个单独的直线对象

C. 能同时画连续的多段直线,但不能形成封闭的线框

D. 同时也能画连续的多段直线,还能画圆弧

2. 刚刚绘制完直线的端点,现在连续按回车键两次,结果是:

A. 直线命令中断

B. 以圆弧端点为起点绘制直线

C. 以直线端点为起点绘制直线

D. 重新绘制直线

3. 半径 10,弦长为 85 的圆弧可以作出多少个?

A. 0

B. 1

C. 2

D. 3

4. 使用多段线命令绘制具有宽度的线段,在利用将其炸开后,其线型宽度为:

A. 不变

B. 变为 0

C. 多段线中设置的线宽消失

D. “格式/线宽”中设置的线宽

5. 使用填充命令,使用图案 ANSI31 进行填充时,设置“角度”为 45°,则填充的剖面线是多少度?

A. 30°

B. 45°

C. 60°

D. 90°

6. 若要中断任何正在执行的命令可以:

A. ESC

B. 回车键

C. 空格键

D. 鼠标右键

7. 在 AutoCAD 2008 中,进行移动操作时,选择一个图形对象圆,圆心为(-20,70),给定“位移(D)”选项,然后给定坐标(60, -30),则现在圆心位置为:

A. 40,40

B. -40, -40

C. 60, -30

D. -60, -30

8. 利用旋转中的“复制(C)”选项可以:

A. 将对象复制

B. 将对象旋转

C. 将对象旋转并复制

D. 将对象旋转并复制多个对象

9. 矩形阵列的方向是由什么确定的?

A. 行数和列数的正负

B. 行距和列距大小

C. 图形对象的位置

D. 行数和列数

10. 环形阵列的中心点可以是:

A. 给定 X 和 Y 坐标点

B. 捕捉图形上某一特殊点

C. 屏幕上任意一点

D. 以上都不对

11. 使用偏移命令可以进行的操作是:

A. 旋转原图线

B. 拉伸原图线

C. 缩放原图线

D. 将偏移对象创建在源对象所在的图层上

12. 用分解(eXplode)命令将图形对象进行分解时:
A. 对象的颜色可能会变化
B. 对象的线宽不改变
C. 对象的线型可能会变化
D. 分解对象的颜色、线型和线宽都不会改变
13. 多边形分解后:
A. 仍然有多边形的特性,比如面积、周长等
B. 颜色和线型都会发生变化
C. 各边都变成简单对象
D. 所在图层发生变化
14. 进行多段线编辑(PEdit)时,可以和多段线“合并(J)”的是:
A. 直线
B. 圆弧
C. 椭圆弧
D. 多段线
15. 椭圆有几个夹点,分别是:
A. 两个:圆心和一个参数夹点
B. 三个:圆心、起点和终点
C. 五个:圆心和四个象限点
D. 七个:圆心、起点、中间点、终点和三个参数夹点
16. 通过对象“特性”能直接修改圆弧的:
A. 弧长
B. 线型
C. 颜色
D. 半径
17. 如何创建一个选择集,使其包括窗口内所有对象。
A. 使用一个窗交选择
B. 使用一个窗口选择
C. 在命令行输入 ca
D. 按 SHIFT 键并使用一个窗口选择
18. 在执行一个命令前选择对象的方式是哪一种?
A.“隐含”选择
B. 首选对象
C.“先执行后选择”模式
D.“先选择后执行”模式
19. 在创建圆环时,需要指定圆环的内直径,当内径值指定为 0 时,下列说法正确的是:
A. 创建实体填充圆

B. 系统报错,重新输入内直径

C. 创建一个宽度为 0 的圆

D. 系统报错,退出圆环命令

20. 过两定点,且弦长 120、包角 135°的圆弧有多少个?

A. 0

B. 1

C. 2

D. 3

21. 在 CIRCLE 命令的"2P"选项指的是:

A. 输入圆上的任意两个点

B. 表示圆弧的两个端点

C. 表示圆心及圆上的一点

D. 直径的两个端点

22. 使用夹点编辑命令进行缩放时,要在缩放对象的同时复制该对象,在缩放该对象同时按住哪个键?

A. Ctrl

B. Shift

C. Tab

D. Enter

23. 多段线的组成元素包括:

A. 线段和圆弧

B. 线段、圆弧和构造线

C. 圆弧和射线

D. 线段、圆弧和椭圆弧

24. 已知一个边长为 20 的正六边形,其内接圆的半径为多少?

A. 17.32

B. 17.15

C. 18.29

D. 18.76

25. 绘制一边长为 60 的正三边形,该三边形的面积是多少?

A. 1558.85

B. 1082.99

C. 1132.54

D. 1082.53

26. 如图 5-143 所示中,阴影的面积是多少?

A. 1151.60

B. 1157.20

C. 625

D. 1200

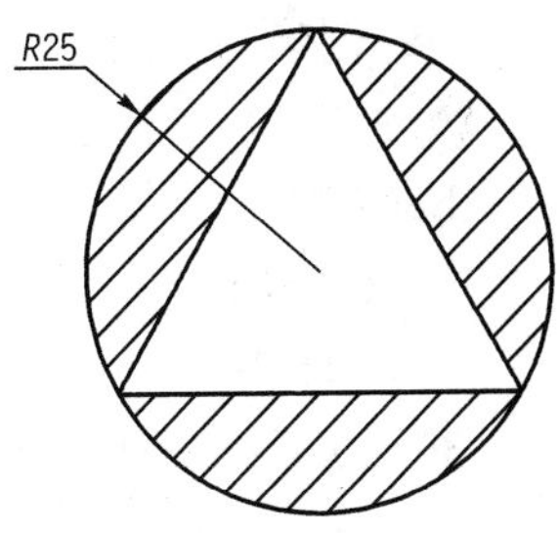

图 5-143　习题 26

27. ESC 键的作用是什么?

A. 取消最近一次执行过的命令

B. 提示用户关闭当前图形前是否保存图形

C. 中断图形编辑,退出 AUTOCAD

D. 取消当前执行的命令

28. 将对象从剪贴板粘贴到图形的快捷键是哪个?

A. CTRL + X 组合键

B. CTRL + V 组合键

C. CTRL + A 组合键

D. CTRL + Z 组合键

29. 关于螺旋下列说法正确的是:

A. 绘制圈数有范围限制

B. 螺旋的方向既可以逆时针,也可以顺时针

C. 只能绘制三维螺旋,即螺旋高度不能为 0

D. 螺旋底面或顶面半径不能为 0

30. 螺旋可以:

A. 偏移

B. 修剪

C. 打断

D. 设置线宽、颜色

31. 螺旋的缺省旋向是什么,已经生成的螺旋是否可以更改旋向?

A. CCW(逆时针),不可以

B. CW(顺时针),不可以

C. 上次使用的旋向,可以

D. CW(顺时针),不可以

32. 通过螺旋的夹点编辑可以修改螺旋的:

A. 底面、圈数、圈高

B. 长度、圈数和高度

C. 高度、圈高、顶面半径

D. 底面、长度、顶面半径

33. 下列编辑工具中,可以实现"改变位置"功能的是:

A. 移动

B. 镜像

C. 旋转

D. 修剪

34. 创建一个圆与已知圆同心,但是半径不同,可以使用哪个命令?

A. ARRAY

B. COPY

C. MIRROR

D. OFFSET

35. 以下哪个对象可以被打断?

A. 矩形

B. 样条曲线

C. 多线

D. 椭圆

36. 既可以使用圆角命令,又可以使用倒角命令的对象是哪个?

A. 多线

B. 椭圆

C. 多段线

D. 样条曲线

37. 创建三维圆柱体时,底面圆的生成方法有多种,其中包括:

A. 相切、相切、相切

B. 三点(3P)/两点(2P)/椭圆

C. 相切、相切、半径

D. 圆心、半径

38. 在创建圆锥、棱锥等模型时,需给定高度,给定高度的正确方法是:

A. 输入高度值

B. 任意两点间的距离

C. 三点方式

D. 轴端点

39. 选择某一圆锥体进入夹点编辑,通过直接移动夹点可以:

A. 编辑其高度

B. 编辑其半径

C. 变动其位置

D. 删除该模型

40. 外接圆半径为 12 的正七边形,将其拉伸,高度为 67,倾斜角 -5,则得到的模型体积为多少?

A. 32523.62

B. 29223.37

C. 43301.49

D. 50997.54

41. 进行拉伸建模时,下列哪个对象可以拉伸出实体模型?

A. 面域

B. 封闭边界

C. 非自交的开放曲线

D. 正六边形

42. 在“材质”选项板中,控制选定样例显示可以选择的几何体是:

A. 长方体

B. 圆锥体

C. 球体

D. 圆柱体

43. 可以打开或关闭材质、打开或关闭材质过滤以及控制如何渲染对象表面的是下列哪个选项板?

A.“高级渲染设置”选项板

B.“材质”选项板

C.“光源”选项板

D.“视觉样式”选项板

44. 当鼠标左键单击一个已经创建的相机,下列说法正确的是:

A. 弹出“特性”对话框

B. 更改相机的焦距

C. 弹出“相机预览”对话框

D. 将隐藏相机轮廓

45. 在相机的“特性”选项板中可以更改的相机特性是:

A. 相机的名称

B. 相机的镜头长度

C. 相机设置的位置

D. 相机的显示或者隐藏

5.3.2　答案

1. A、B

2. D

3. A:本题考查圆弧的绘制方法。在 AutoCAD 中,可以使用多种方法创建圆弧。对于本题,半径为 10 的圆弧,弦长不可能为 85,所以本题选择 A。

4. C:本题考查多段线的分解。分解多段线时,将放弃所有关联的宽度信息。所得直线和圆弧线宽消失,沿原多段线的中心线放置。如果分解包含多段线的块,则需要单独分解多段线。如果分解一个圆环,它的宽度将变为 0。

5. D

6. A

7. A

8. C:本题考查对旋转命令的了解。当在旋转命令中选择“复制”选项,将创建旋转选定对象的副本。即将对象旋转并复制。

9. A

10. A、B、C

11. D

12. A、C

13. C

14. A、B、D:本题考查对多段线编辑命令的了解。在 AutoCAD 中,如果直线、圆弧或另一条多段线的端点相互连接或接近,则可以将它们合并到打开的多段线。

15. C

16. B、C、D

17. B

18. D:本题考查对命令执行方法的了解。一般情况,有两种执行命令的方法:选择先输入命令再选择对象,或者选择对象再输入命令。本题应该使用的是“先选择后执行”模式。

19. A

20. C

21. D:本题考查对绘制圆命令的掌握。绘制圆的方法有“圆心、半径”、“两点”、“三点”等。其中“2P”是指基于圆直径上的两个端点绘制圆的方法。

22. A

23. A

24. A

25. A

26. A:本题考查对查询命令的掌握。有几种方法可以查询该阴影面积:选择该阴影后使用查询面积功能,选择该阴影后查看“特性”选项板。

27. D

28. B

29. A、B

30. B、C、D

31. C

32. B:本题考查如何去修改螺旋特性。可以使用螺旋上的夹点修改,或者使用“特性”选项板来修改。使用夹点可以更改起点、底面半径、顶面半径、高度和位置。而使用“特性”选项板还可以修改圈数、圈高和扭曲方向。

33. A、B、C

34. D

35. A、B、D

36. C

37. B、C、D

38. A、B、D：本题考查创建模型时给定高度的方法。给定高度的方法可以是在绘图窗口指定两点、由轴端点指定高度或者直接输入高度，但无三点方式指定高度。

39. A、B、C

40. C

41. A、B、D：本题考查拉伸对象建模的方法。本题所有选项都可以使用“建模拉伸”命令，但是选项 C 中拉伸的是三维曲面，而不是实体模型。

42. A、C、D

43. A

44. C

45. A、B、C

第六章　尺寸标注与文本标注

6.1　考试要求

本章大纲

掌握文字样式的设置,国标字体的使用。

掌握单行与多行文本的创建及其编辑方法,了解拼写检查及标注文字修饰。

了解多行文字增强(在位编辑器、项目符号和编号、为多行文字添加背景、在多行文字中插入新符号)。

熟悉尺寸标注样式的设置与尺寸标注类型。

掌握各种尺寸标注与尺寸编辑方法,如引线、注释和公差标注、快速标注、尺寸标注新增功能等,会利用设计中心采纳其他设计图纸的样式,了解关联标注。

掌握表格的创建与使用。

掌握字段的创建与使用。

本章是 AutoCAD 软件的一个相对比较独立的知识,考查使用者对于标注这部分内容的掌握程度,是个必考的环节,在题量上占有一定的比例,不可忽视。本章主要考查图形对象的尺寸和文字标注技巧,应试者以应紧扣大纲,掌握大纲中的内容。

6.2　知识要点及例题分析

下面按照考试大纲,对大纲中的知识点逐个讲解。

6.2.1　文字样式设置

设置文字样式是进行文字注释和尺寸标注的首要任务,AutoCAD 软件提供的字体分为两类:一类是 True Type 字体,字体扩展名为. tif,例如,宋体、仿宋体、隶书、楷体等,但是该字体中不包含一些特殊字符如“ ± ”。另一类是矢量字体,它存放在 AutoCAD 安装目录的 Fonts 文件夹中,字体扩展名为. shx,例如 txt. shx、romans. shx、isocp. shx 等。可以利用 STYLE 命令,建立新的文字样式或对已有的样式进行修改。打开“文字样式”管理器进行文字样式设置的方法有:

命令:STYLE 或 ST

菜单:“格式/文字样式”

一旦更改了某个文字样式,则所有使用该样式的文字将随之改变。系统默认样式

STANDARD 不允许删除或者重命名,如果要使用不同于系统默认样式的文字样式,最好的方法是自己建立一个新的文字样式。

下面以新建文字样式“机械”为例,介绍该对话框的各个选项。

样式名选项组:用于新建样式,重命名或者删除已有的样式。点击“新建”按钮打开“新建文字样式”对话框如图,输入新的样式名。

文字选项组:用于字体的选择和高度的设置。

字体名下拉列表:给出了可以选用的字体名称,包括 SHX 类型的矢量字体和 True Type 字体。当选用 True Type 字体时,允许在“字体样式”下拉列表中选择常规、粗体、粗斜体、斜体等样式;当选用矢量字体时,“使用大字体”复选框可以被选中,大字体是 AutoCAD 专门为亚洲国家设计的字体,这些大字体文件中包含有中文、日文、韩文等字符。

AutoCAD 2008 中文版中,gbeitc. shx 是对应于国标工程图长仿宋体的字体文件。选中 gbeitc. shx 后再勾选大字体,在“大字体”下拉列表框中再选择 gbcbig. shx,定义好这种字体后既可以标注中文、英文,还可以标注特殊符号。

高度选项:默认值为 0,表示字体高度可以变动,即在每次执行输入文字命令时,系统都会提示确定字高,如果输入非零数值,则该字样就采用输入的值作为固定字高,在执行输入文字命令时,系统不再提示确定字高,即字高固定。

效果选项组:其中“颠倒”、“反向”、“垂直”用于确定文字特殊放置效果,宽度比例用于确定文字的宽度和高度比例,在此输入 0.7;“倾斜角度”文本框用于确定文字的倾斜角度,值为 0 时不倾斜,正值表示右斜,负值表示左斜。

单击“应用”,然后关闭“文字样式”对话框。设置好的文字样式,如图 6-1 所示。

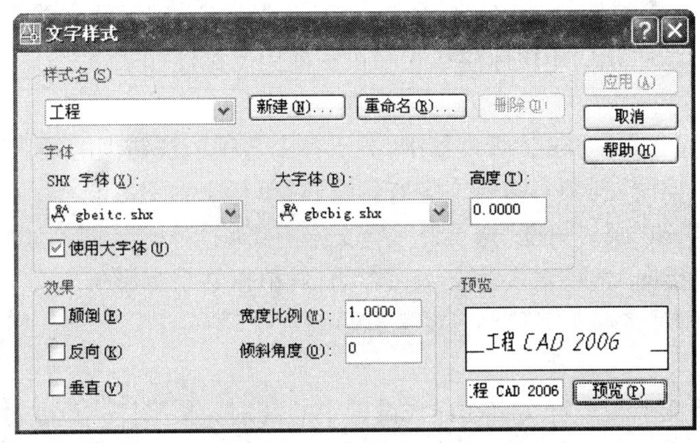

图 6-1　文字样式的设置

【例题 6-1】　在“文字样式”对话框中,可以设置的文字效果包括:

A. 颠倒

B. 旋转

C. 反向

D. 垂直

【答案】 A、C、D

在"文字样式"对话框中,用户可以设置字体、字号、倾斜角度、方向和其他文字特征。设置的文字效果包括颠倒、反向、垂直,但是不包括旋转。所以本题答案为 A、C、D。

【例题 6-2】 在"文字样式"对话框的"倾斜角度"文本框处输入 44.5,会出现什么情况?

A. 报错,并推出"文字样式"对话框

B. 就显示为 44.5,不发生变化

C. 自动四舍五入变为 45

D. 自动四舍五入变为 46

【答案】 C

当在"文字样式"对话框的"倾斜角度"文本框处输入非整数时会自动四舍五入为整数,该文本框填入的数值不能大于 85。

【例题 6-3】 对于"文字样式"管理器中设置的文字样式,可以使用 PURGE 命令或通过从"文字样式"对话框删除文字样式,下面可以删除的是:

A. 正在使用的文字样式

B. 参照的文字样式

C. 没有使用的标注样式 STANDARD

D. 曾经使用过现在不用的文字样式

【答案】 D

使用 Purge 命令只能删除未使用的命名对象,包括块定义、标注样式、图层、线型和文字样式,但是不能删除 STANDARD 标注样式和正在使用的标注样式。

【例题 6-4】 在"文字样式"管理器中,关于各个选项说法错误的是:

A. "颠倒"和"反向"选项对多行文字有影响,对单行文字无影响

B. "宽度比例"和"倾斜角度"选项对多行文字有影响,对单行文字无影响

C. "颠倒"和"反向"选项对多行文字无影响,对单行文字有影响

D. "垂直"选项对多行文字和单行文字有影响

【答案】 A

本题考查多行文字和单行文字在样式设置中的区别。某些样式设置对多行文字和单行文字对象的影响不同。例如,修改"颠倒"和"反向"选项对多行文字对象无影响。修改"宽度比例"和"倾斜角度"对单行文字无影响。

【例题 6-5】 国标中数字和字母采用的 SHX 斜体文件是:

A. geniso. shx

B. gbenor. shx

C. gbeitc. shx

D. gbcbig. shx

【答案】 C

国标中数字和字母采用的 SHX 斜体文件就是 gbeitc. shx 字体。

6.2.2　单行与多行文字的创建及编辑

6.2.2.1　单行文字的创建与编辑

使用 TEXT 命令可以创建单行或多行文字，通过按 ENTER 键来结束一行并开始新行。每行文字都是独立的对象，可以重新定位、调整格式或进行其他修改。在“输入文字”提示下输入的字符会同步显示在屏幕中。要结束文字输入，可在“输入文字”提示下不输入任何字符，直接 ENTER 键。Dtext 与 TEXT 命令相同。

编辑单行文字内容通常有两种方法，最常用的方法是使用 Ddedit 命令。启动编辑命令后，用户可以在“在位编辑器”中对文字进行编辑。需要注意的是，在“在位编辑器”只能编辑文字内容。

另外一种方法是使用 Properties 命令，打开“特性”选项板，在这里，用户不仅能编辑文字内容，还可以编辑图层、插入点、样式、对正、旋转角度和其他特性。

【例题 6-6】 用 Text 命令输入如图 6-2 所示文字。

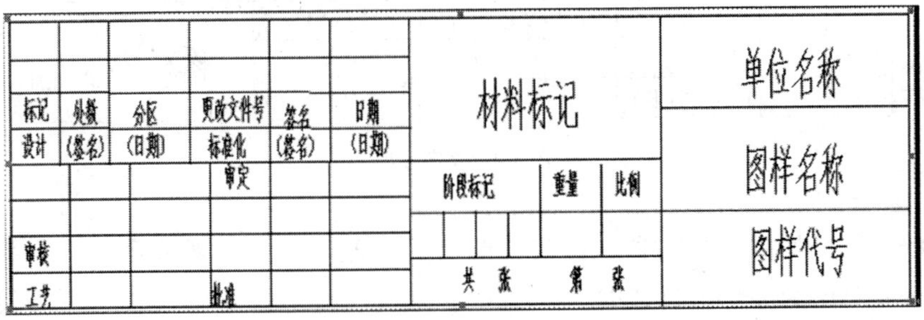

图 6-2　单行文字的输入

(1)输入“单位名称”命令行提示如下：

命令：dt TEXT

当前文字样式：Standard

当前文字高度：0.0

指定文字的起点或[对正(J)/样式(S)]：s

输入样式名或[?] <Standard>：机械

当前文字样式：机械

当前文字高度：10.0

指定文字的起点或[对正(J)/样式(S)]：j

输入选项[对齐(A)/调整(F)/中心(C)/中间(M)/右(R)/左上(TL)/中上(TC)/右上(TR)/左中(ML)/正中(MC)/右中(MR)/左下(BL)/中下(BC)/右下(BR)]：m

指定文字的中间点：指定高度 <10.0>：

指定文字的旋转角度 <0>：

输入文字：单位名称

结果如图 6-3 所示。

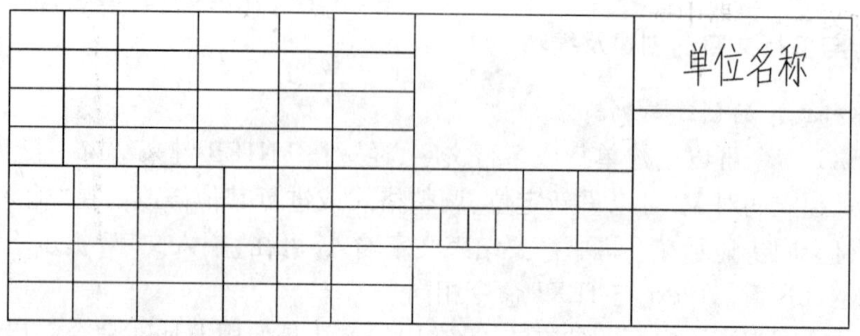

图 6-3 输入文字“单位名称”

(2)依次输入其他文字，最后鼠标点击文字，显示夹点，移动文字到合适位置，如图 6-4 所示。

图 6-4 文字移动

【例题 6-7】 将单行文本进行分解，将得到什么结果？

A. 进一步分解为多个单行文本

B. 分解为一个一个的文字

C. 分解为一段一段的线条

D. 单行文本不可以分解

【答案】 D

本题考查了单行文本的基本概念。单行文本不同于多行文本，单行文本不能够再继续使用分解命令。

6.2.2.2 多行文字的创建和编辑

在 2008 版本中，多行文字的功能得到了增强，出现了在位文字编辑器、项目符号和编号等新工具。Mtext 命令比 Text 功能要强大，可实现它所不能实现的功能，比如分数的输入、特殊符号的输入等。利用 Mtext 命令，在“在位文字编辑器”里可一次标注多行文字，一次输入的文字是一个个单独的对象，可以进行移动、删除、旋转、复制、镜像、拉伸或缩放操作。同时可将其他文本编辑器书写的内容，比如将 *. txt 文件输入进来。将多行文字用 Explode 命令分解后是几个单行文字，而单行文字不可以再分解。

编辑多行文字,常用的方法是使用 Ddedit 命令。用户也可以直接双击多行文字对象,然后单击右键在快捷菜单上选择“编辑多行文字”命令进行编辑。另外,还可以通过“特性”选项板对文字进行更加全面的修改。

在多行文字编辑器中选中文字,打开背景遮罩,出现“背景遮罩”对话框,如图 6-5 所示。

【例题 6-8】　用 Mtext 命令输入如图 6-6 所示多行文字。

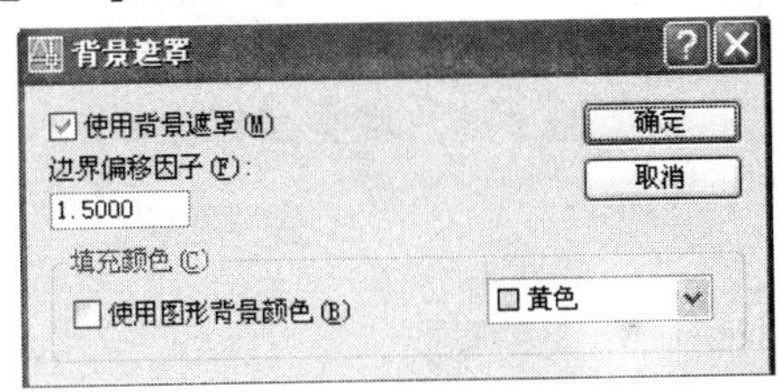

图 6-5　“背景遮罩”对话框

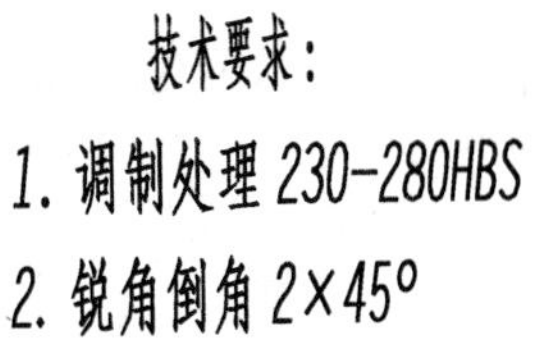

技术要求:

1. 调制处理 230-280HBS

2. 锐角倒角 2×45°

图 6-6　多行文字

(1)打开多行文字编辑器(MT)输入文字

注意:使用符合国家标准的文字样式,如前面设置的“机械”文字样式。

可以直接输入% % d,或者使用快捷键如图 6-7 所示。

(2)选中文字,点击数字编号按钮,即可完成编号,如图 6-8 所示。

【例题 6-9】　在多行文字编辑器中选用红色背景。选中红色作为背景,效果如图 6-9、6-10 所示,其中图 6-9 为不透明背景,图 6-10 为透明背景。

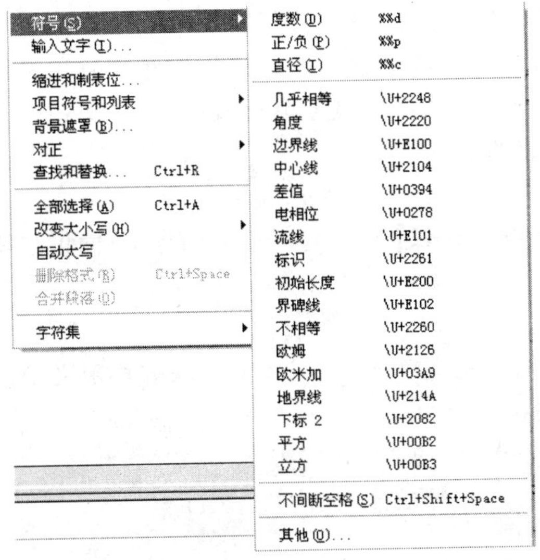

图 6-7　符号的输入

图 6-8　多行文字编号

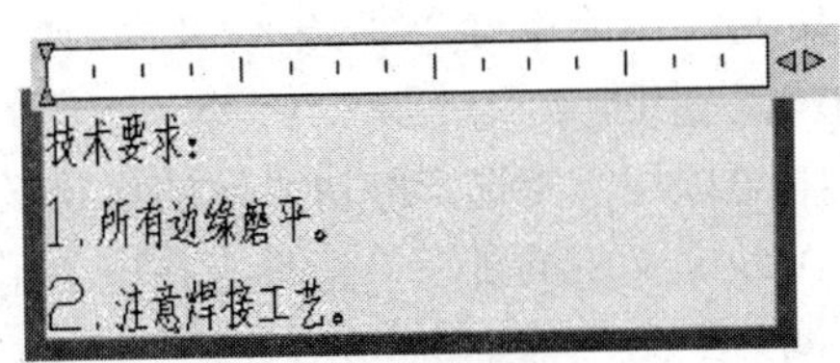

图 6-9　不透明红色背景

【例题 6-10】 如果选定文字中包含堆叠字符，则创建堆叠文字。下列哪些属于堆叠字符？

A. “^”

B. “/”

C. “#”

D. “ * ”

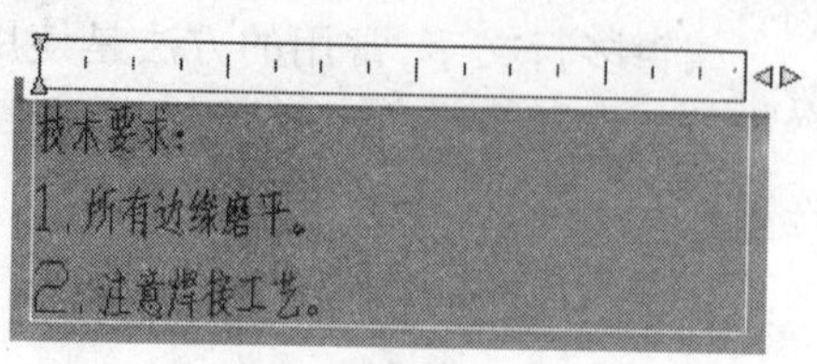

图 6-10 透明红色背景

【答案】 A、B、C

使用堆叠字符、插入符(^)、正向斜杠(/)和磅符号(#)时，堆叠字符左侧的文字可以堆叠在字符右侧的文字之上。所以本题答案为 A、B、C。

【例题 6-11】 下面有关文字输入命令的说法，错误的是：

A. DTEXT 命令是用来输入单行文本的

B. MTEXT 命令是用来输入多行文本的

C. TEXT 命令是用来输入文本的，它可以输入单行文本，可以输入多行文本

D. TEXT 命令和 DTEXT 命令是相同的，没有任何区别

【答案】 C

本题考查对文字输入命令的了解。MTEXT 命令是用来输入多行文本的，而 DTEXT 和 TEXT 命令是用来输入单行文本的。

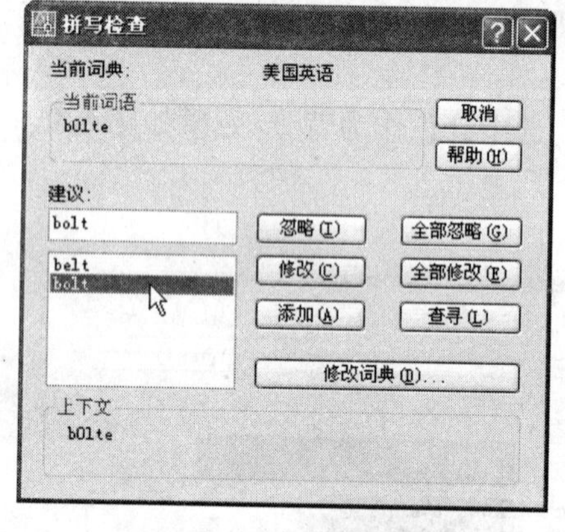

图 6-11 “拼写检查”对话框

6.2.2.3 拼写检查

拼写检查可以对文字中是否有英文单词拼写错误进行检查。输入对应命令 Spell，系统要求选择要检查的文本对象，选择后将打开“拼写检查”对话框，如图 6-11 所示。系统会将它认为的错误单词列出来，并给出与其相近的单词供用户修改时参考和选用。Spell 命令可以检查单行文字、多行文字以及属性文字的拼写。

【例题 6-12】 有关 SPELL 命令，下面说法错误的是：

A. 可以用于检查图形中所有文字的拼写

B. 可以用于单行文字、多行文字、属性值中的文字、块参照及其关联的块定义中的文字、嵌套块中的文字

C. 可以用于未选定的块参照的块定义或标注中的文字中检查

D. 块定义中的拼写检查只有在选定了关联块参照的情况下才会执行

【答案】 C

本题考查对拼写检查 SPELL 命令的了解。拼写检查命令不在未选定的块参照的块定义或标注中的文字中检查，其余选项位置均可以进行检查。

6.2.3 尺寸标注样式

在命令行输入命令 Toolbar 或在“标准”工具栏上右键调出标注工具栏，如图 6-12 所示。

图 6-12 标注工具栏

可以使用线性、对齐、弧长、坐标、半径、直径、折弯、角度标注类型、基线、连续标注、快速标注、快速引线、公差或圆心进行尺寸标注，如图 6-13 所示。

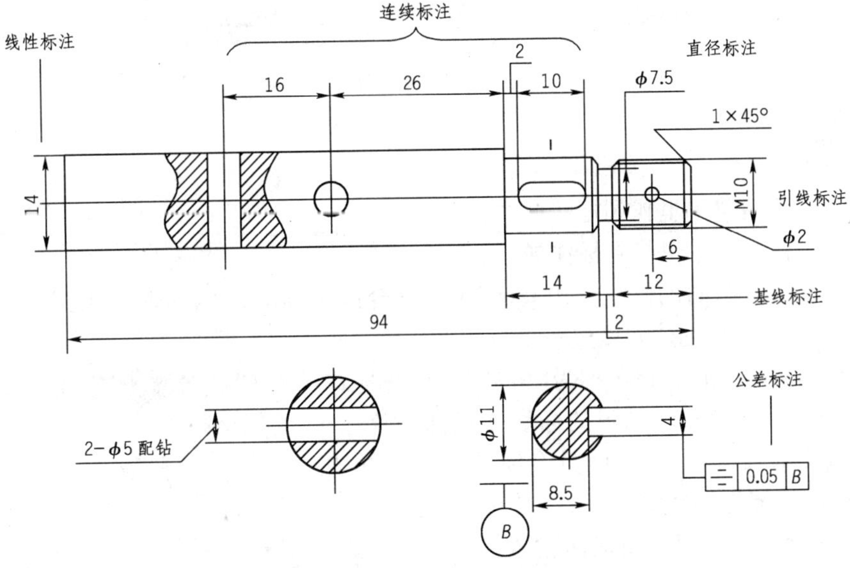

图 6-13 各种标注类型

【例题 6-13】 下列哪个命令不在“标注”工具栏中？

A. 坐标标注

B. 快速标注

C. 标注替代

D. 公差标注

【答案】 C

本题主要考查对标注工具栏的熟悉程度，本题答案为 A、B、D。

6.2.3.1 创建与设置标注样式

进行尺寸标注要首先创建一个存放尺寸标注的图层，然后打开“标注样式管理器”对话框，如图 6-14 所示，设置标注样式并保存。

打开“尺寸标注样式管理器”的四种方式：

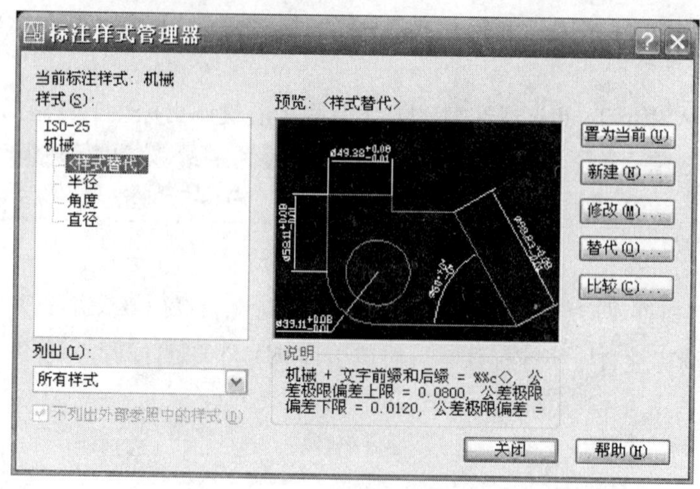

图 6-14　标注样式管理器

输入快捷命令 D;

打开标注工具栏,点击按钮;

从“格式”下拉菜单里找到标注样式;

从“标注”下拉菜单里找到标注样式。

由于 AutoCAD 缺省的标注样式 ISO-25 不符合国家标准,通常不直接使用该标注样式直接进行标注,下面是创建并设置一个机械标注样式的详细步骤。

(1)点击新建按钮,创建名称为“机械”的标注样式,如图 6-15 所示。每一种新创建的标注样式都是建立在某一基础样式基础上,由于目前只有缺省的标注样式,所以基础样式只能为 ISO-25。

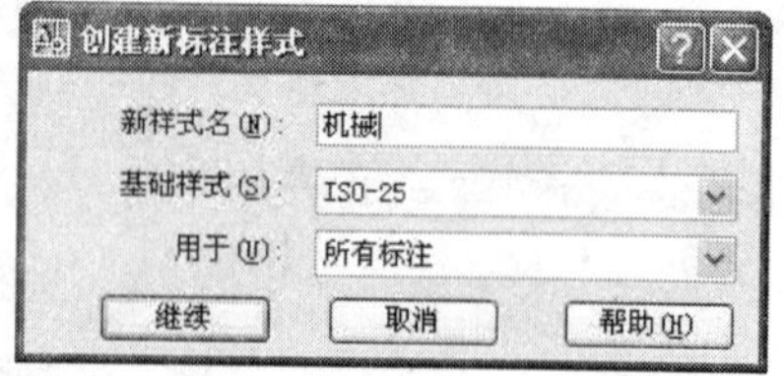

图 6-15　“创建新标注样式”管理器

单击“继续”按钮打开“新建标注样式:机械”对话框(图 6-16),该对话框共有 6 个选项卡用于定义标注样式的不同状态和参数,选项卡的内容一目了然,很方便用户的理解和设置,通过预览可以即时观察所定义或者修改的效果。仅以直线和文字选项卡为例说明。

(2)“直线”选项卡的设置,如图 6-17 所示。

(3)设置文字选项卡,单击文字选项卡中,“文字样式”右边按钮,打开文字样式对话框,选择做好的文字样式“机械”,并单击应用,关闭文字样式对话框。

【例题 6-14】　下面有关“替代标注样式”的说法,错误的是:

A. 使用标注样式替代,无需更改当前标注样式便可临时更改标注系统变量

B. 使用标注样式替代,可以为单独的标注或当前的标注样式定义标注样式替代

C. 标注样式替代将应用到正在创建的标注,与使用该标注样式所后创建的标注无关,这就是标注样式替代与新建标注样式的区别

D. 隐藏尺寸界线通常只应用于个别情况,更适于标注样式替代

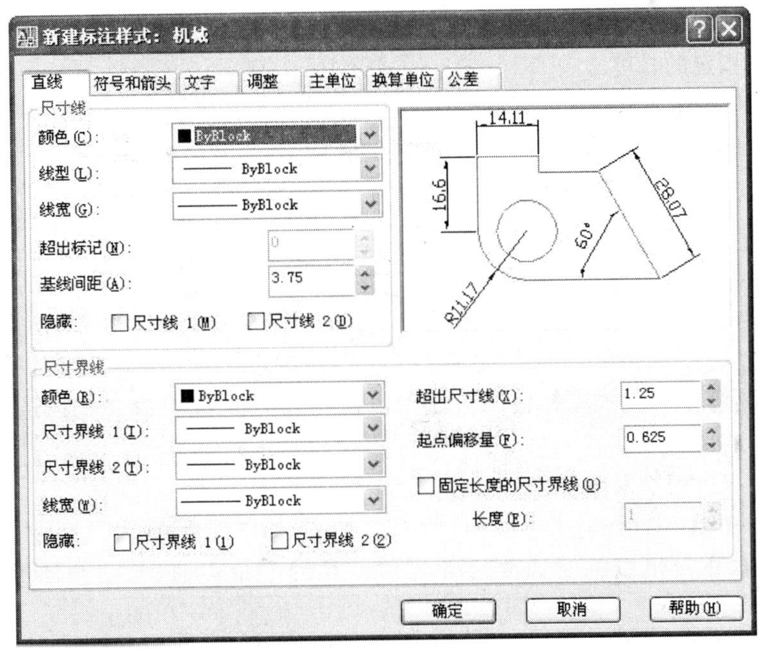

图 6-16　“新建标注样式”对话框

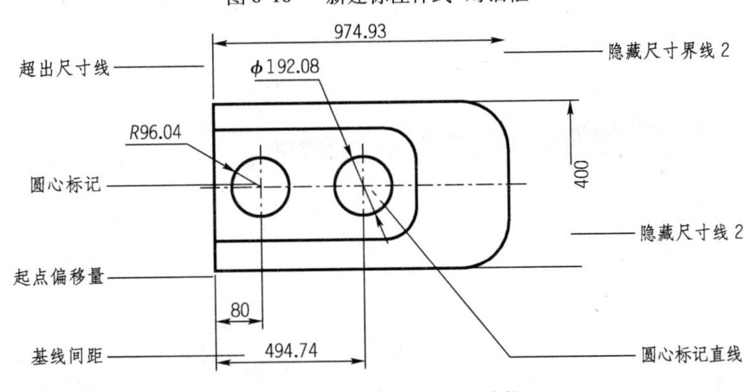

图 6-17　“直线”选项卡的功能

【答案】　C

本题考查“替代标注样式”的概念。“替代标注样式”是为单独的标注或当前的标注样式定义标注样式替代，所以选项 C 是错误的。

【例题 6-15】　如图 6-18 所示的尺寸连续标注，在“尺寸标注样式管理器”中如何进行设置？

A. 在“直线选项卡”中选择固定长度的尺寸线

B. 在“直线选项卡”中选择固定长度的尺寸界线

C. 在“直线选项卡”中设置合适的起点偏移量

D. 在“直线选项卡”中设置合适的超出尺寸线长度

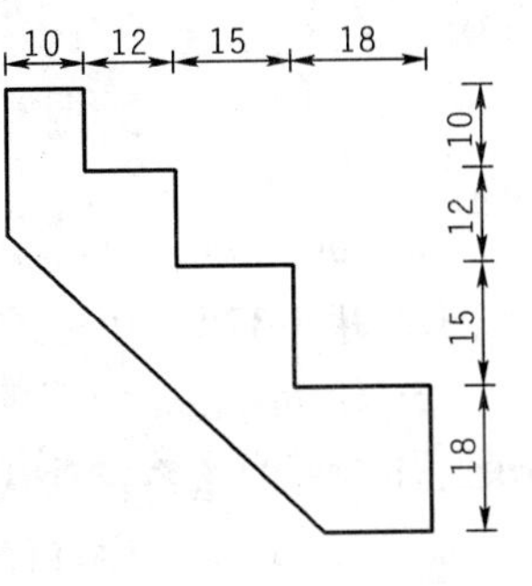

图 6-18　尺寸连续标注

【答案】　B

本题考查“尺寸标注样式管理器”的使用。若启用固定长度的尺寸界线，尺寸界线设置 11 为文本框中指定的长度。

【例题 6-16】 怎样查询现有标注是否是关联标注？

A. 使用“特性”选项板显示标注的特性

B. 使用“快速选择”对话框过滤关联或无关联的标注

C. 使用 LIST 命令显示标注的特性

D. 以上都可以

【答案】 D

查询现有标注是否是关联标注的方法可以使用“特性”选项板、“快速选择”对话框和 LIST 命令。

6.2.3.2 利用尺寸替代标注孔径

打开“标注样式”对话框，点击“替代”按钮，如图 6-19 所示，或者从下拉菜单中选择替代(DIMOVERRIDE)，可以临时修改尺寸标注的系统变量设值，并按照该设置修改尺寸标注。

注意：该操作只对指定的尺寸对象做修改，并且修改后不影响原系统的变量设置。

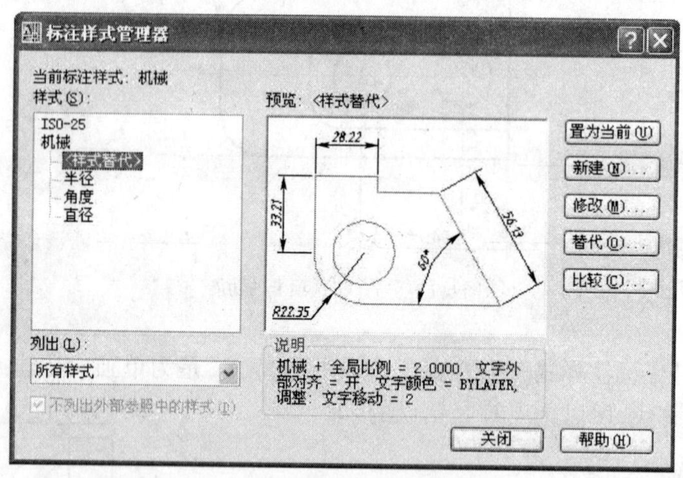

图 6-19 “标注样式管理器”

【例题 6-17】 用样式替代标注孔的外径公差带。

单击尺寸，在属性管理器中加前缀%%c，选择极限偏差，上偏差输入 0.03，下偏差输入 0.05，注意下偏差系统默认是负的，所以输入值是 0.05，显示的下偏差为 -0.05。

如图 6-20 为标注替代后的孔的外径公差带，使用样式替代可以在不修改图形上其他尺寸的同时使个别尺寸得到特殊处理。

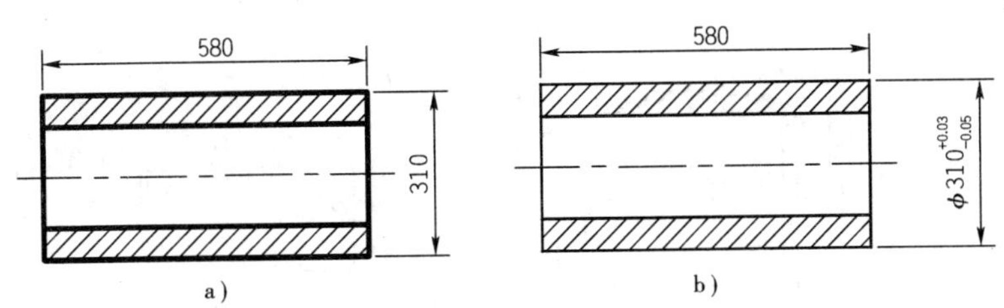

图 6-20　标注替代后的孔的外径公差带
a)编辑前;b)编辑后

6.2.4　各类尺寸标注

6.2.4.1　连续标注和基线标注

连续标注是创建一系列首尾相连的多个标注,连续标注的起点标注必须是线性标注、坐标标注或角度标注。

【例题 6-18】　如图 6-21 所示,轴的尺寸主要由线型尺寸构成,为提高标注速度我们使用连续标注。标注步骤如下:

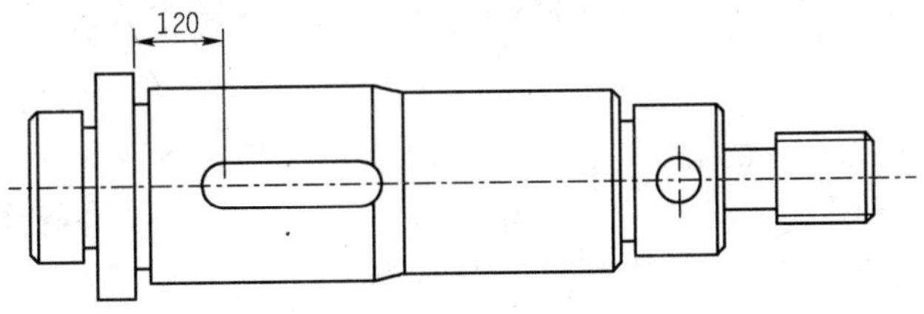

图 6-21　轴标注尺寸 - 线性标注

(1)先标注线性尺寸 120。

(2)打开连续标注,选择线性尺寸 120,进行连续标注,注意打开捕捉按钮。命令行提示如下:

命令:_dimcontinue

指定第二条尺寸界线原点或[放弃(U)/选择(S)]<选择>:

选择连续标注:

指定第二条尺寸界线原点或[放弃(U)/选择(S)]<选择>:(鼠标拖动到标注点,点选确认)　　【标注文字 =180】

指定第二条尺寸界线原点或[放弃(U)/选择(S)]<选择>:(鼠标拖动到标注点,点选确认)　　【标注文字 =430】

指定第二条尺寸界线原点或[放弃(U)/选择(S)]<选择>:(鼠标拖动到标注点,点选确认)　　【标注文字 =130】

指定第二条尺寸界线原点或[放弃(U)/选择(S)]<选择>:(鼠标拖动到标注点,点选确认)　　【回车】

结果如图 6-22 所示。

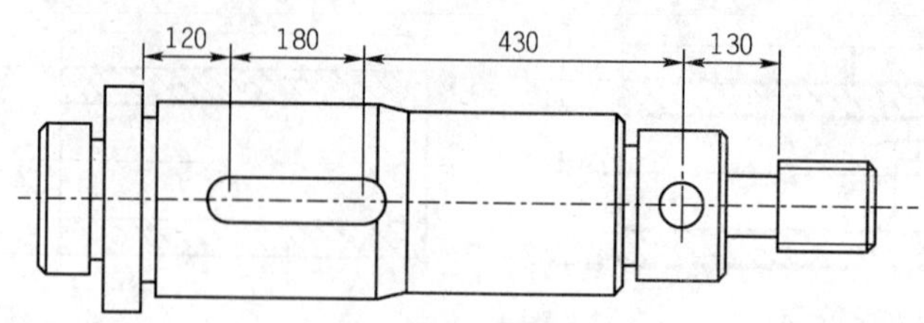

图 6-22　连续标注

(3)标注线性尺寸 6,注意标该尺寸时,第一条尺寸界线应为轴的右端面。

(4)选择尺寸 6 的第一条尺寸界线为基准进行基线标注,注意打开捕捉按钮。命令行提示:

命令:_dimbaseline

指定第二条尺寸界线原点或[放弃(U)/选择(S)]<选择>:s

选择基准标注:

指定第二条尺寸界线原点或[放弃(U)/选择(S)]<选择>:(鼠标拖动到标注点,点选确认)　　【标注文字 =130】

指定第二条尺寸界线原点或[放弃(U)/选择(S)]<选择>:(鼠标拖动到标注点,点选确认)　　【标注文字 =210】

指定第二条尺寸界线原点或[放弃(U)/选择(S)]<选择>:(鼠标拖动到标注点,点选确认)　　【标注文字 =350】

指定第二条尺寸界线原点或[放弃(U)/选择(S)]<选择>:(鼠标拖动到标注点,点选确认)　　【标注文字 =670】

指定第二条尺寸界线原点或[放弃(U)/选择(S)]<选择>:(鼠标拖动到标注点,点选确认)　　【结束】

标注结果如图 6-23 所示。

6.2.4.2　用引线和公差标注键槽

引线在标注的过程中用的很多,引线后面可以跟随多个选项。我们在标注公差的时候要在形位公差之前加指引线;在标注零件序号的时候可以使用引线加文字,也可以用引线加带属性的块等。

【例题 6-19】　用引线标注如图 6-24 所示的公差。

(1)调用引线命令,首先对引线进行设置,如图 6-25 所示:在引线设置对话框中分别设置注释选项卡,引线和箭头选项卡以及附着。

(2)指定第一个引线点,打开捕捉功能,拖动鼠标将引线放置到合适位置。命令行提示如下:

命令:_qleader

指定第一个引线点或　[设置(S)]　<设置>:

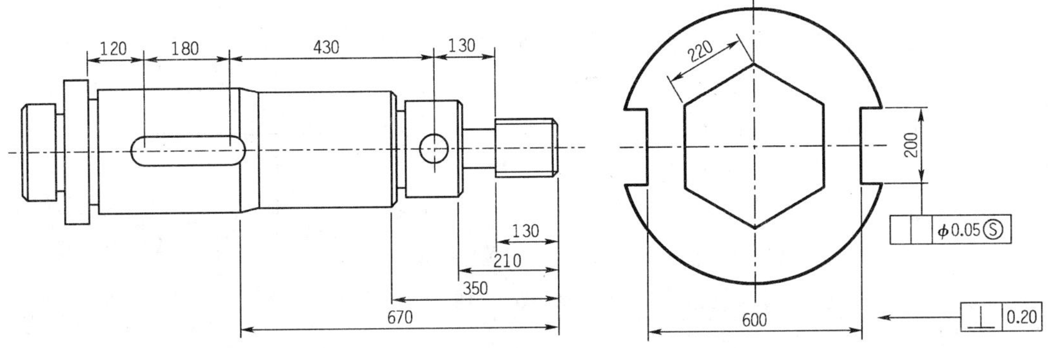

图 6-23　基线标准　　　　图 6-24　用引线标注的公差

指定下一点：输入第一个端点，即箭头所指的点

指定下一点：转折点

(3) 调用公差标注完成键槽的形位公差

命令启动后打开“形位公差”对话框如图 6-26 所示：点击符号处黑色方框，弹出特征符号对话框，如图 6-27 所示，用来选择所需标注的公差类型。选择对称度，并在公差 1 栏的文本输入框中输入 0.05，在基准 1 中输入 B。

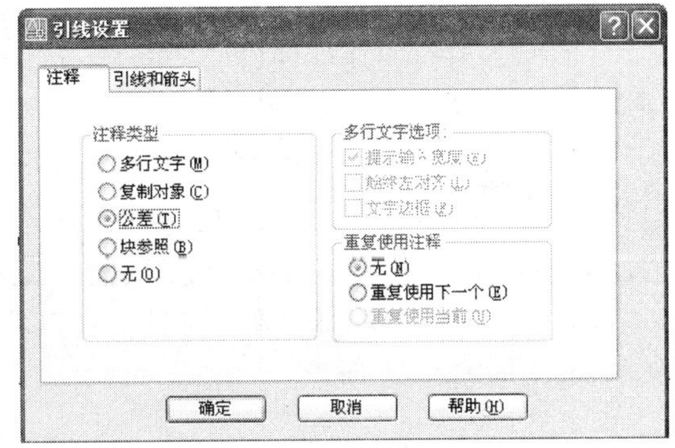

图 6-25　“引线设置”对话框

(4) 打开捕捉功能，鼠标拖动公差方框到引线的第二个端点，即可完成公差标注。

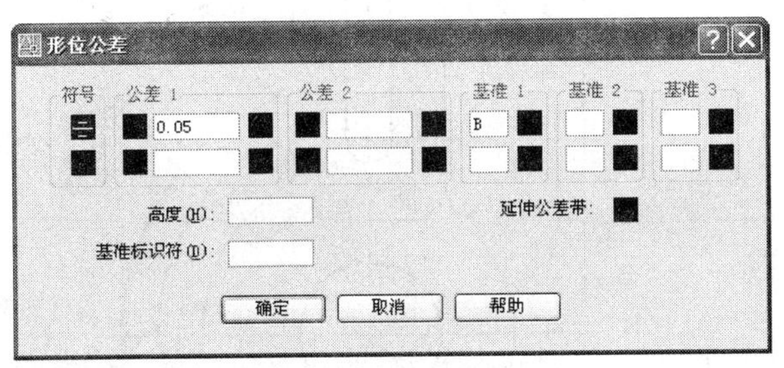

图 6-26　“形位公差”对话框

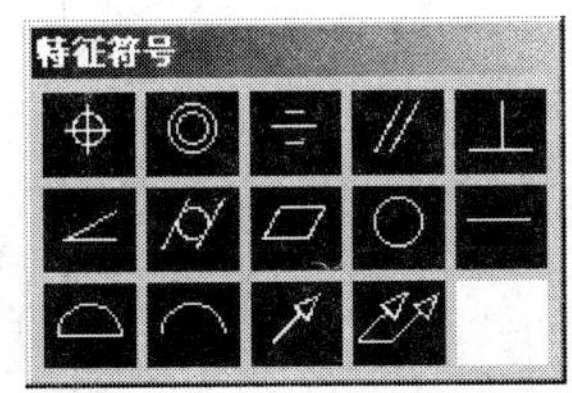

图 6-27　“特征符号”的选择

6.2.4.3　快速标注

快速标注是智能型的标注，它包含了线性标注、直径半径标注、角度标注、连续标注、基线标注等。使用快速标注时，系统会自动识别出用户选择的元素段，以确定采用何种标注，快速方便地创建一系列的尺寸标注。

【例题 6-20】　使用快速标注命令标注如图 6-28 所示的图形。

由图可知，挂轮架图形中圆弧较多，主要的标注类型为半径标注，因此可以采用快速标

注命令,提高标注速度。具体步骤如下:

(1)选择“标注”下拉菜单“标注”命令,或者单击“标注”工具栏上的“快速标注”按钮。

(2)在命令行的“选择要标注的几何图形:”提示下,选择要标注的圆弧,然后回车确认。

(3)在命令行的“指定尺寸线位置或[连续(C)/并列(S)/基线(B)/坐标(O)/半径(R)/直径(D)/基准点(P)/编辑(E)/设置(T)]<连续>”提示信息下,输入 R,回车确认。

(4)移动光标到适当的位置,然后单击,即可快速标出所选的圆弧,如图 6-29 所示。

(5)重新进行快速标注,同样在命令行提示下从上到下选取水平定位直线,回车确认。

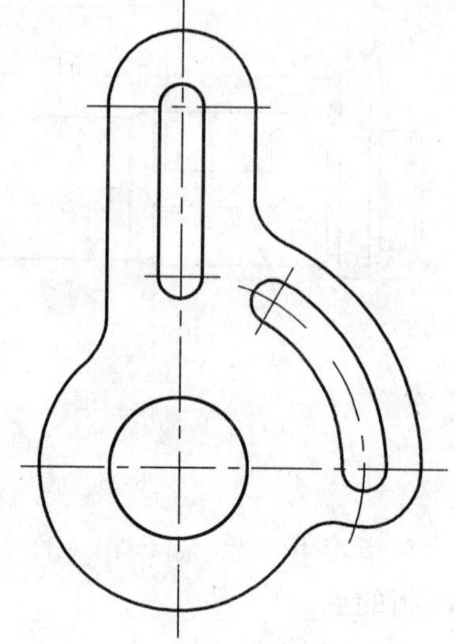

图 6-28 要标注的图形

(6)在命令行“指定尺寸线位置或[连续(C)/并列(S)/基线(B)/坐标(O)/半径(R)/直径(D)/基准点(P)/编辑(E)/设置(T)]<连续>”提示信息下,输入 C 或者直接回车确认,即可标注连续尺寸。

(7)最后再用直径标注命令标注和角度标注命令标注剩余的两个尺寸,即可完成挂轮架的标注,如图 6-30 所示。

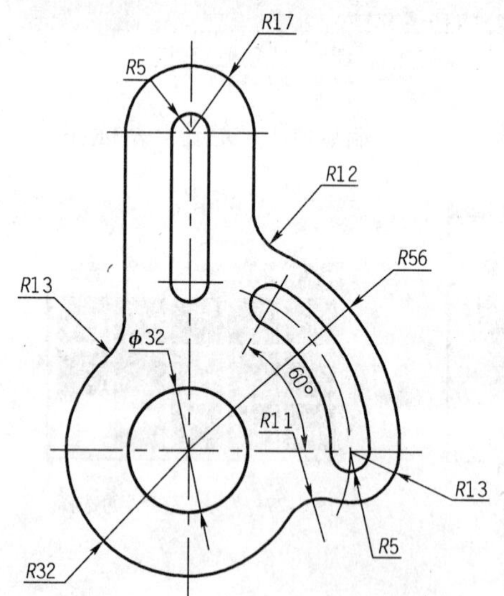

图 6-29 快速标注圆弧尺寸

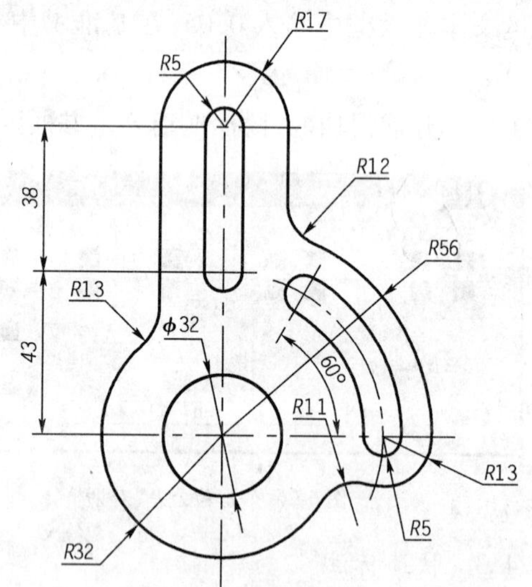

图 6-30 快速标注线性尺寸

6.2.4.4 利用设计中心采纳其他设计图纸的样式

绘图过程中,如果使用的是同一种标注样式,为提高绘图效率,可以直接从 AutoCAD 设计中心,打开已经绘制好的图形,选择标注样式,如图 6-31 所示。鼠标点选右侧显示的设置好的标注样式,直接拖到另一个图形,即可完成该图形的标注样式。

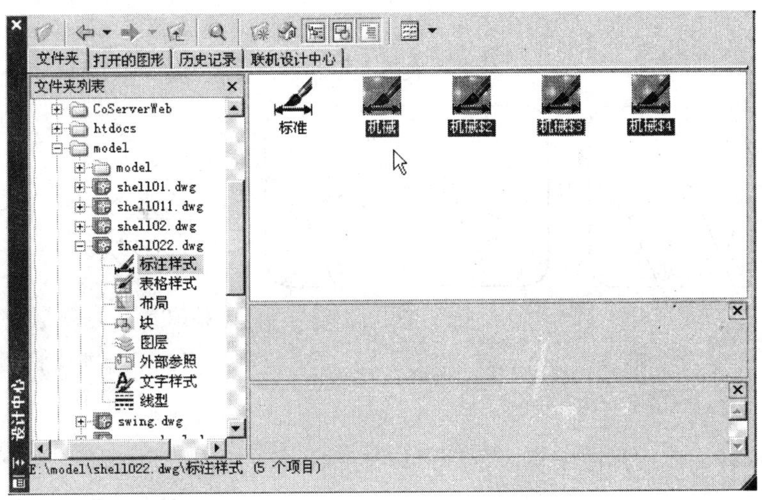

图 6-31　从“设计中心”选择标注样式

6.2.4.5　尺寸编辑

在 AutoCAD 中对已有的尺寸标注可以进行编辑和修改，而不必删除标注尺寸再重新标注，对标注的尺寸可以修改其文字和尺寸，也可以将标注更换格式等。

(1)编辑标注

用于修改选定标注对象的文字位置、内容以及倾斜尺寸线。

调用方式：

命令：DIMEDIT

下拉菜单：“标注/倾斜”

“标注”工具栏中按钮选项说明：

默认(H)　即将标注文字放置在系统默认的位置。

新建(N)　用多行文字编辑器编辑尺寸文字的内容。

旋转(R)　使标注文字旋转给定的角度。

倾斜(O)　调整尺寸界限的倾斜角度，如图 6-32 所示。

(2)编辑标注文字内容

用于修改选定标注对象的文字内容。

调用方式：

命令行：DDEDIT(快捷命令 ED)

“标注”工具栏上按钮。

【例题 6-21】　用 DDEDIT 修改如图 6-33 所示图形中的孔径标注。

键入命令 ED，选中标注文字，在多行文字编辑器中输入 2-%%C5 配钻，确定，即可完成修改。

> 注意：修改标注文字命令修改得到标注尺寸是非关联的，如果要修改尺寸值，例如公差，建议在标注样式对话框中的替代功能，设置公差选项卡，得到的尺寸是关联的。

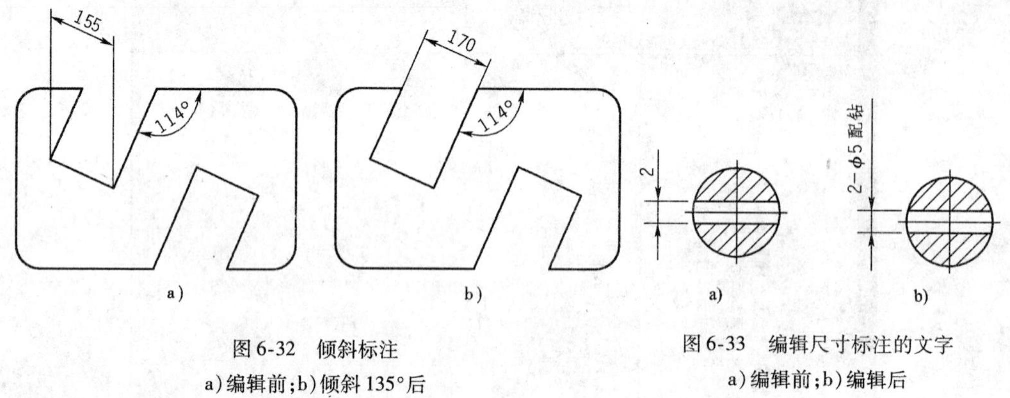

图 6-32 倾斜标注
a)编辑前;b)倾斜 135°后

图 6-33 编辑尺寸标注的文字
a)编辑前;b)编辑后

【例题 6-22】 使用标注编辑命令,可以对标注进行的编辑方式包括:

A. 旋转

B. 复制

C. 倾斜

D. 偏移

【答案】 A、C

使用标注编辑命令,可以使用的选项命令包括默认、新建、旋转、倾斜,本题的正确答案为 A、C。

6.2.5 创建表格样式和表格

AutoCAD 2008 中文版可以使用创建表格命令创建表格,还可以从 Microsoft Excel 中直接复制表格,并将其作为 AutoCAD 表格对象粘贴到图形中。此外,还可以输出来自 AutoCAD 的表格数据,以供在 Microsoft Excel 或其他应用程序中使用。表格使用行和列以一种简洁明晰的格式提供信息。常用于具有管道组件、进出口一览表、预制混凝土配料表、原料清单以及其他组件的图形中。

6.2.5.1 新建表格样式

表格样式控制一个表格的外观,使用表格样式,可以保证标准的字体、颜色、文本、高度和行距。可以使用标准的,默认的或者自定义表格样式,并在必要时重用他们。

AutoCAD 2008 中,选择"格式/表格样式"命令(TBLESTYLE),打开"表格样式"对话框,如图 6-34 所示。单击新建按钮,使用打开的"创建新的表格样式"对话框创建新的表格样式,如图 6-35 所示。在"新样式名"文本框输入新的表格样式名"机械",在"基础样式"下拉列表中选择默认的表格样式、标准的或者任何已经创建的样式,新样式将在该样式基础上进行修改。单击继续按钮,将打开"新建表格样式"对话框,如图 6-36 所示。通过它指定表格的行格式、表格方向、边框特性以及文本样式等。

6.2.5.2 设置表格的数据、列标题和标题样式

在"新建表格样式"对话框中,分别在"数据"、"列标题"、"标题"选项卡设置表的数据、列标题和标题的样式,首次设置,可以选择颜色对比明显的字体和背景色加深印象。"数

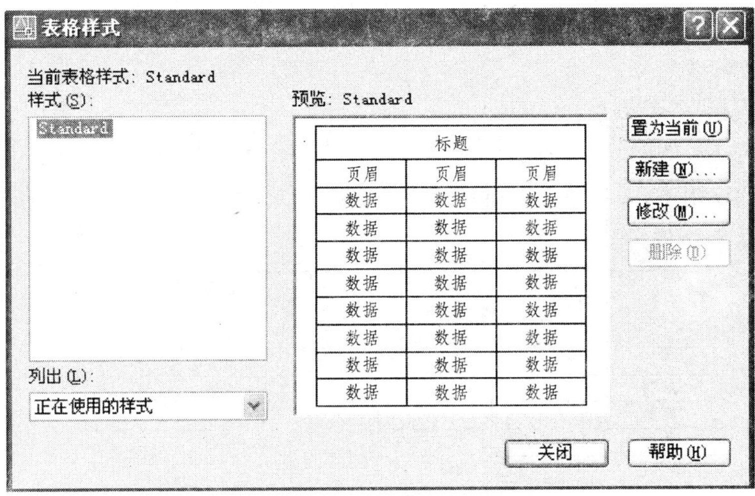

图 6-34　“表格样式”对话框

图 6-35　“创建新的表格样式”对话框

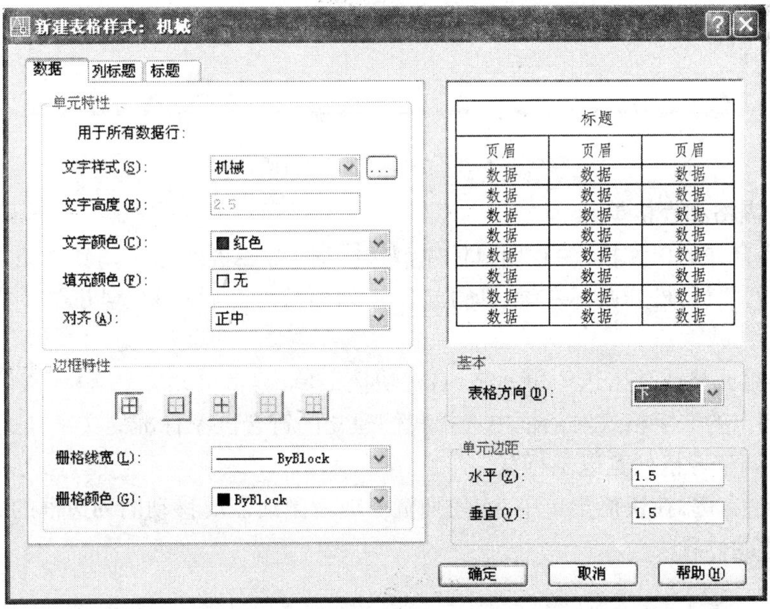

图 6-36　“新建表格样式”对话框

据”选项卡中，从文字样式下拉菜单选中我们设置的“机械”文字样式，文字高度设定为 10。

6.2.5.3 绘制表格

(1)创建表格

绘制一个表格，如图 6-37 所示。选择“绘图/表格”命令，打开“插入表格命令”。在“表格样式设置”选项组中，可以从“表格样式名称”下拉菜单中选中，我们设置好的表格样式“机械”，设置 6 列 5 行，如图 6-38 所示。

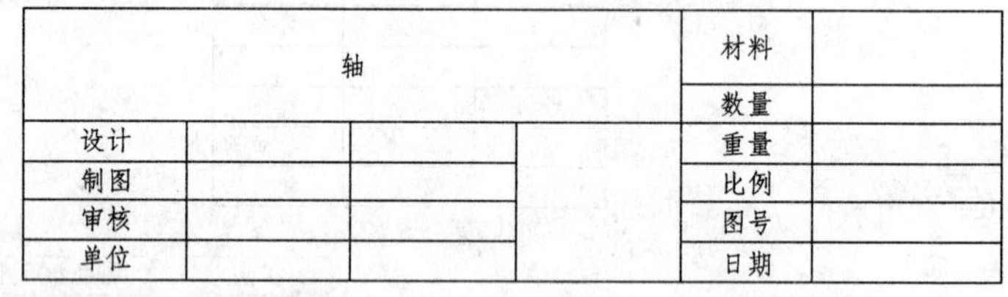

<table>
<tr><td colspan="4" rowspan="2">轴</td><td>材料</td><td></td></tr>
<tr><td>数量</td><td></td></tr>
<tr><td>设计</td><td></td><td></td><td rowspan="4"></td><td>重量</td><td></td></tr>
<tr><td>制图</td><td></td><td></td><td>比例</td><td></td></tr>
<tr><td>审核</td><td></td><td></td><td>图号</td><td></td></tr>
<tr><td>单位</td><td></td><td></td><td>日期</td><td></td></tr>
</table>

图 6-37 创建表格

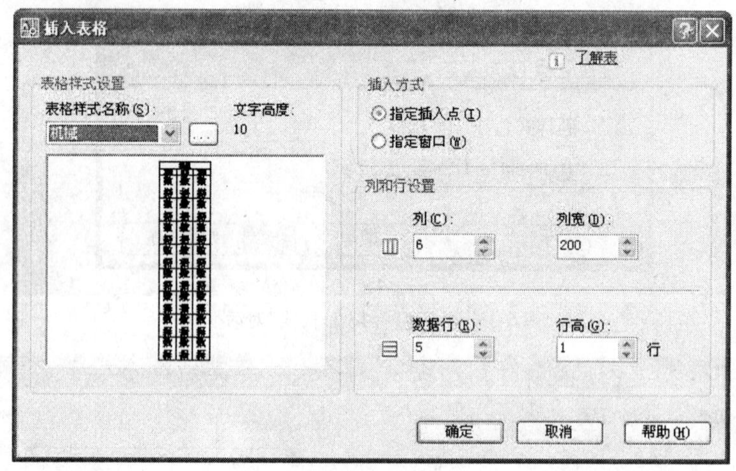

图 6-38 “插入表格”对话框

(2)编辑表格和表格单元

选中需要合并的单元格，注意用鼠标左键选择时，需要将鼠标移动到表格内，按住鼠标左键，拖动 4 列两行，松开鼠标左键，即可选中 4 列两行。然后右键，合并单元格，如图 6-39 所示。

(3)双击单元格或单击选中单元格，右键快捷菜单，编辑单元文字，输入文字

注意在弹出的文字格式对话框中选择我们建立的符合国家标准的文字样式。

(4)最后调整表格列宽以及行宽

全选表格，右键，在快捷菜单中，均匀列宽。或者激活需要移动的列边框的夹点，向左拖动鼠标到合适的位置。

【例题 6-23】 有关表格样式的概念，下面说法错误的是：

A. 表格样式可以指定行的格式

B. 表格样式可以为每种行的文字和网格线指定不同的对齐方式和外观

C. 表格单元中的文字外观由当前文字样式中指定的文字样式控制

D. 可以由上而下或由下而上读取表格。列数和行数几乎是无限制的

【答案】 C

表格单元中的文字外观由当前表格样式中指定的文字样式控制，而不是由当前文字样式中指定的文字样式控制。

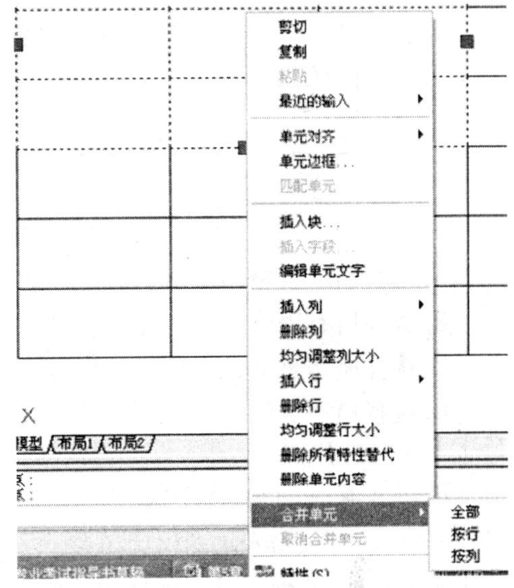

图 6-39　合并单元格

【例题 6-24】 在定义表格样式的时候，为什么文字的高度不可以设定和修改？

A. 表格中的文字高度是由表格的行距来确定的

B. 表格中的文字高度采用的是系统默认的文字高度，所以不可以设定

C. 系统的“文字样式”设定的文字高度对表格中的文字也起作用。所以表格中的文字高度只能由“文字样式”来设定

D. 系统的“文字样式”设定的文字高度对表格中的文字起作用。当“文字样式”设定的文字高度大于 0 的时候，表格中的文字高度不可以设定，当“文字样式”设定的文字高度为 0 的时候，表格中的文字高度可以自由设定

【答案】 D

本题考查了“文字样式”设定的文字高度对表格中的文字也会起作用，本题正确答案是 D。

【例题 6-25】 使用夹点修改表格的时候，使用哪个夹点可以修改表宽并按比例修改所有列？

A. 左上夹点

B. 右上夹点

C. 左下夹点

D. 右下夹点

【答案】 B

使用左上夹点是移动表格；使用右上夹点修改表宽并按比例修改所有列；使用左下夹点修改表高并按比例修改所有行；使用右下夹点同时修改表高和表宽并按比例修改所有行和列。

【例题 6-26】 如图 6-40 所示，怎样将图 a）所示的表格改成图 b）所示的形状？

总　装　图　纸		
设计		
审核		
单位		

a)

总　装　图　纸
设计
审核
单位

b)

图 6-40　编辑表格

A. 选择所有表格，右键选择“删除单元内容”命令

B. 选择所有表格，右键选择“合并单元/按列”命令

C. 选择所有表格，右键选择“合并单元/全部”命令

D. 选择所有表格，右键选择“合并单元/按行”命令

【答案】 C

本题考查对“表格编辑”菜单的了解。“合并单元/按行”命令是指水平合并单元，删除垂直网格线，并保留水平网格线不变；“合并单元/按列”命令是指垂直合并单元，方法是删除水平网格线，并保留垂直网格线不变。

【例题 6-27】 对于已建立的表格，怎样操作将表格的内边框更改为 0.3mm 宽和蓝色？

A. 选择整个表格，右键快捷菜单选择“单元边框”，在“单元边框特性”对话框中设置外部边界颜色为红色、线宽为 0.3mm 后确定

B. 将表格所在的图层颜色设置为红色；选择整个表格，右键快捷菜单选择“单元边框”，在“单元边框特性”设置线宽为 0.3mm 后确定

C. 将表格所在的图层颜色设置为红色、线宽为 0.3mm

D. 选择整个表格，右键快捷菜单选择“单元边框”，在“单元边框特性”对话框中设置颜色为红色、线宽为 0.3mm，在“应用于”选项组选择“内边框”按钮后确定

【答案】 D

本题考查对表格“边框特性”选项的了解。如果希望更改表格线宽、颜色属性，选择希望更改的表格部分，右键快捷菜单选择“单元边框”，在“单元边框特性”对话框中可以设置颜色、线宽，在“应用于”选项组边框形式。

6.2.6　创建和使用字段

字段是包含说明的文字，这些说明用于显示可能会在图形生命周期中修改的数据。字段更新时，将显示最新的数据。例如“文件名”字段的值就是文件的名称。如果该文件名修改，字段更新时将显示新的文件名。

6.2.6.1　插入字段

字段可以插入到任意种类的文字（公差除外）中，其中包括表单元、属性和属性定义中的文字。激活任意文字命令后，右键选择快捷菜单上的“插入字段”即可，弹出的对话框如图 6-41 所示。

需要注意的是一些图纸集字段可以作为占位符插入。例如，可以将“图纸编号和标题”

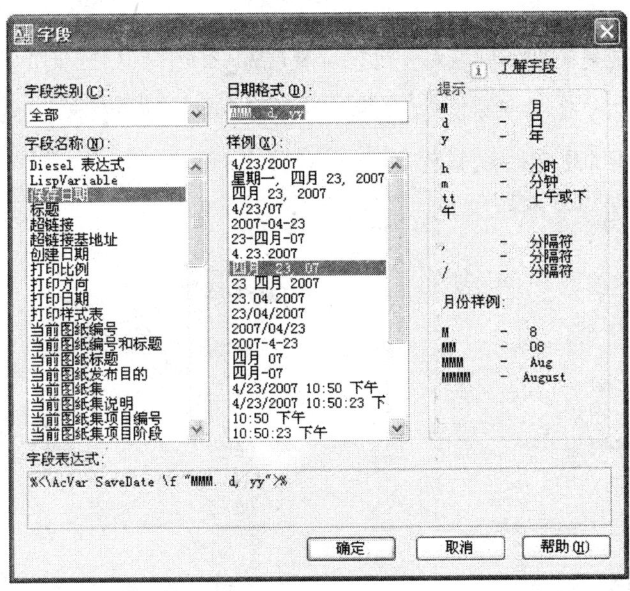

图 6-41　“字段”对话框

作为占位符插入。此后，将布局添加到图纸集时，该占位符字段将显示正确的图纸编号和标题。在块编辑器中操作时，可以将块占位符字段用于块属性定义中。

没有值的字段将显示连字符(----)。例如，在“图形特性”对话框中设置的“作者”字段可能为空。无效字段将显示井号(####)。例如，“当前图纸名”字段仅在图纸空间中有效，将它放置到模型空间中则显示井号。

在 AutoCAD 2008 中，可以在文字中插入字段、在表中插入字段，还可以使用字段显示对象特性。

【例题 6-28】　在如图 6-42 所示文字插入保存日期和文件名。

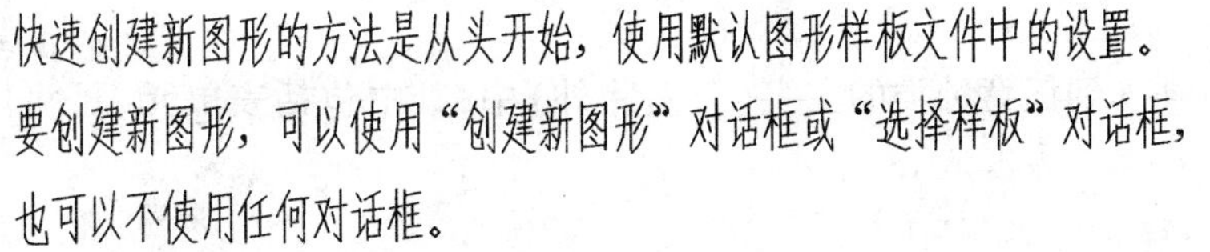

快速创建新图形的方法是从头开始，使用默认图形样板文件中的设置。

要创建新图形，可以使用“创建新图形”对话框或“选择样板”对话框，

也可以不使用任何对话框。

图 6-42　原始文字

①双击文字，显示相应的文字编辑对话框。

②将光标放在要显示字段文字的位置，然后单击鼠标右键，选择快捷菜单中的“插入字段”命令，使用键盘则按 Ctrl + F 组合键，弹出“字段”对话框，如图 6-43 所示。

③在“字段”对话框的“字段名称”中，选择“保存日期”，在“样例”中选择第二项，如图 6-44 所示。

④在“字段”对话框的“字段名称”中，选择“文件名”，在“样例”中选择“无”，如图 6-45 所示。

⑤关闭“字段”对话框时，字段将在文字中显示其当前值，如图 6-45 所示。

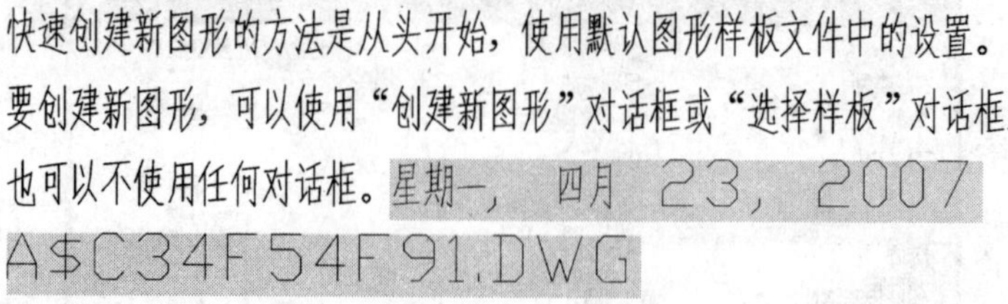

快速创建新图形的方法是从头开始，使用默认图形样板文件中的设置。
要创建新图形，可以使用“创建新图形”对话框或“选择样板”对话框，
也可以不使用任何对话框。星期一，　四月 23， 2007
A$C34F54F91.DWG

图 6-43　插入字段后效果

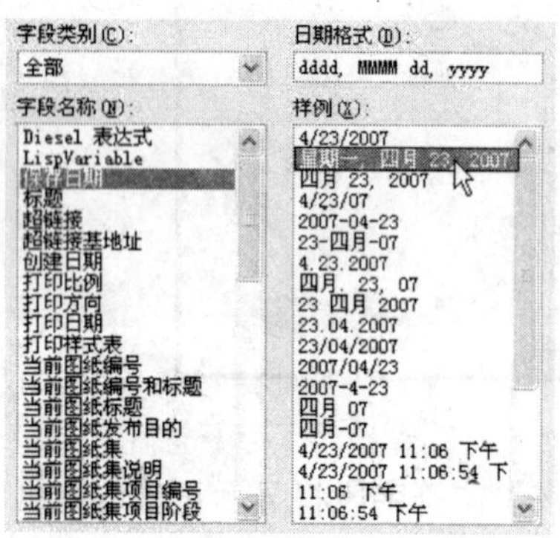

图 6-44　“字段”对话框图

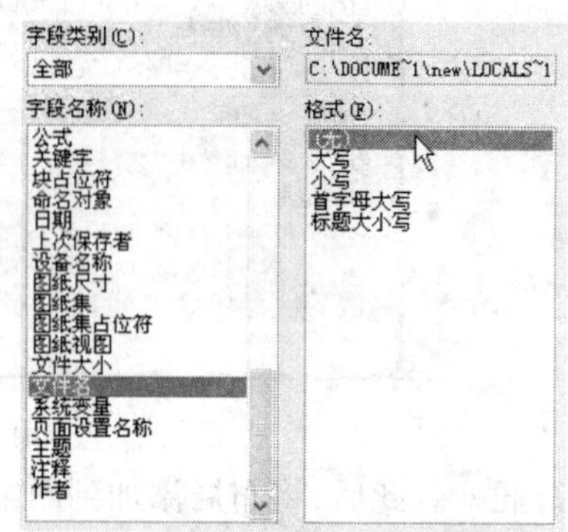

图 6-45　“字段”对话框

【例题 6-29】　字段可以插入到任意种类的文字中，但是不包括：

A. 表单元

B. 公差

C. 属性

D. 属性定义

【答案】　B

字段可以插入到任意种类的文字（公差除外）中，其中包括表单元、属性和属性定义中的文字。

【例题 6-30】　如图 6-46 表格中插入了四个字段，为什么 φ30H7 后面的字段显示----？

A. 这是个无效字段

B. 字段不可以插入公差文字中

C. 这是个没有值的字段

D. 这个字段没有更新

ISO-25	
φ30H7	----
刘生	####
七月,2,2008	

图 6-46　在表中插入字段

【答案】　C

本题考查对字段的了解。没有值的字段将显示连字符（----）。例如，在“图形特性”对

话框中设置的"作者"字段可能为空。无效字段将显示井号(####)。例如,"当前图纸名"字段仅在图纸空间中有效,将它放置到模型空间中则显示井号。

6.2.6.2　更新字段

(1)修改字段外观

字段文字所使用的文字样式与其插入到的文字对象所使用的样式相同。"字段"对话框中的格式化选项用来控制所显示文字的外观。可用的选项取决于字段的类型。例如,日期字段的格式中包含一些用来显示星期几和时间的选项,而命名对象字段的格式中包含大小写选项。

(2)编辑字段

因为字段是文字对象的一部分,所以不能直接进行选择。必须选择该文字对象并激活编辑命令。选择某个字段后,双击该字段,将显示"字段"对话框。所做的任何修改都将应用到字段中的所有文字。

如果不再希望更新字段,可以通过将字段转换为文字来保留当前显示的值。

【例题 6-31】　将图 6-47 所示表格中字段更改为文件名,并转换为文字。

①双击文字,显示相应的文字编辑对话框。

②选择该字段,双击该字段,显示"字段"对话框。

③将字段内容更改为文件名,点击"确定"。

④右键选择快捷菜单上的"将字段转换为文字"即可,最终效果如图 6-48 所示。

可以偏移的对象		
直线	圆弧	圆
椭圆和椭圆弧	二维多段线	样条曲线
星期一, 四月 23, 2007		

图 6-47　原始文字

可以偏移的对象		
直线	圆弧	圆
椭圆和椭圆弧	二维多段线	样条曲线
A$C503C5552 DWG		

图 6-48　最后更改效果

【例题 6-32】　如果不再希望更新字段,可以:

A. 绑定字段

B. 取消链接

C. 删除字段,文本写入字段当前的值

D. 转换为文字来保留当前显示的值

【答案】　D

本题考查对字段功能的了解。当不希望更新字段时,可以转换为文字来保留当前显示的值,以后即使字段内容发生变化,仍然保留当前显示的值。

6.2.6.3　在字段中使用超链接

当用户创建指向图纸和视图标题以及编号的字段时,可以为它们指定超链接。如果用户使用图纸集管理器中修改或移动这些项目后,与它们关联的超链接仍然可以跳到正确的位置。

【例题 6-33】 要使用字段中的超链接，在图纸中要按住那个键并左键单击该链接？

A. Ctrl

B. Alt

C. Shift

D. Tab

【答案】 A

超链接的作用方式与附着到对象的超链接相同。将光标停留在文字上，即会显示超链接光标和说明该超链接的工具栏提示。按住 Ctrl 键并单击使用该链接。正确答案是 A。

6.3 习题与答案

6.3.1 习题

1. DDEDIT 是对尺寸标注中的什么进行编辑？

A. 尺寸标注格式

B. 尺寸比例

C. 尺寸箭头比例

D. 尺寸文本

2. 怎样设置使得新建立的标注是关联标注？

A. 使用 DIMREASSOCIATE 命令

B. 在“选项”对话框中的“用户系统配置选项卡”中选择“使新标注与对象关联”复选框

C. DIMASSOC 设置为 0

D. DIMASSOC 设置为 1

3. 如图 6-49 所示将左边所示标注更改为右边所示样式，如何操作？

A. 点击尺寸标注，单击右键，在出现的快捷菜单中点击“翻转箭头”

B. 将尺寸分解后。使用直线功能绘制

C. 在“标注样式管理器”中将“文字对齐”改为“ISO 标准”

D. 点击尺寸标注，单击右键，在出现的快捷菜单中点击“旋转”

4. 在图 6-50 所示多行文字中，哪个可以使用堆叠？

A. A

B. B

C. C

D. D

5. 在公差上偏差中输入 -0.015，公差下偏差中输入 0.021，则标注尺寸公差的结果是？

A. 上偏差 0.015，下偏差 -0.021

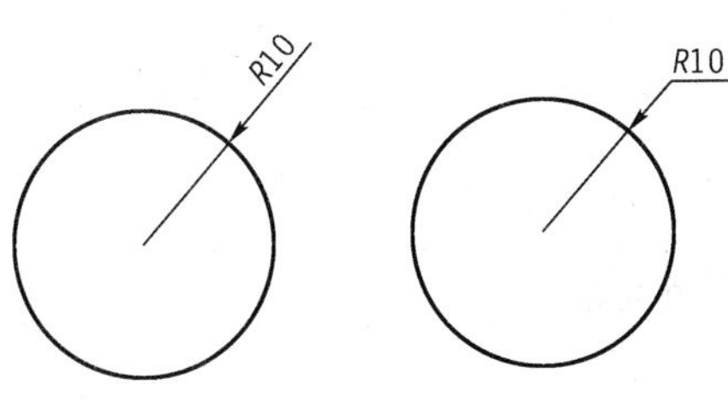

图 6-49　习题 3 图

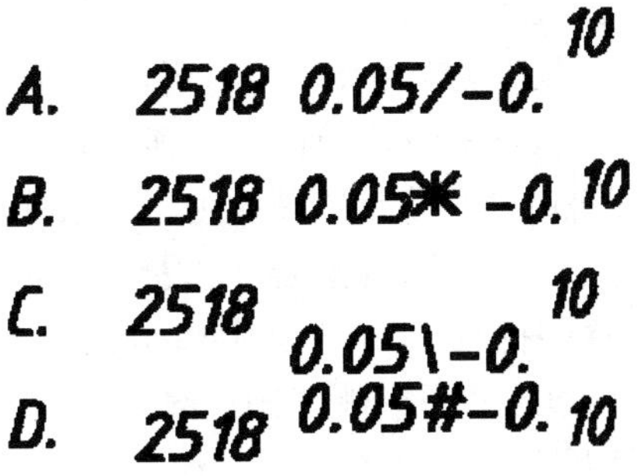

A.　2518 0.05/-0.^{10}

B.　2518 0.05Ж -0.^{10}

C.　2518 0.05\-0.^{10}

D.　2518 0.05#-0.$_{10}$

图 6-50　习题 4 图

B. 上偏差 -0.015，下偏差 -0.021

C. 上偏差 0.021，下偏差 0.015

D. 上偏差 -0.015，下偏差 0.021

6. 在 AUTOCAD 标注形位公差的时候，一个位置公差后面最多可以有几个基准？

A. 1

B. 2

C. 3

D. 4

7. 使用编辑标注 Dimedit 命令时，下列哪些选项可以更改？

A. 更改标注文字

B. 使标注文字旋转给定的角度

C. 调整尺寸界限的倾斜角度

D. 调整标注的线型比例

8. 工程图样上所用的我国国家标准大字体矢量字体文件是：

A. gbcbig. shx

B. gothice. shx

C. chineset. shx

D. isoct. shx

9. 在“文字样式”中，点击“删除”无法删除某个样式，原因可能是：

A. 样式均无法删除

B. 系统默认样式，不可以删除

C. 该样式是正在使用的样式

D. “删除”按钮为灰色，无法操作

10. “自动列表”启用时，键入“137.”，按 TAB 键，然后输入 138。按 ENTER 键后，下一行内容以下那个选项是正确的？

A. 将以一个 TAB 空格开头

B. 将以 137、一个句点和一个 TAB 空格开头

C. 将以 138、一个句点和一个 TAB 空格开头

D. 将以 139、一个句点和一个 TAB 空格开头

11. 在多行文字中如果不再更新已有字段,以下方法正确的是:

A. 选择该多行文字,使用“分解”命令

B. 在可以通过将字段转换为文字来保留当前显示的值

C. 在“多行文字”编辑器中选择“更新字段”

D. 在“多行文字”编辑器中选择“合并段落”

12. 可以设置下列哪些操作时将字段设置为自动更新?

A. 打开文件时

B. 输出文件时

C. 打印文件时

D. 重生成文件时

13. 通过“在位文字编辑器”设置符号“Φ”需要选择下列哪个符号命令?

A. 差值

B. 电相位

C. 标识

D. 流线

14. 通过使用“特性”选项板可以修改表格哪些特性?

A. 表格图层

B. 表格列数

C. 动态显示

D. 表格高度

15. 若在“标注样式管理器”中将“测量单位比例”选项组中的比例因子设置为 5,则标注“6 ±0.021”将变为:

A. 6 ±0.021

B. 6 ±0.105

C. 30 ±0.021

D. 30 ±0.105

6.3.2 答案

1. D

2. B:本题考查的是对关联标注的了解。通过选项 B 可以设置关联标注。系统变量 DIMASSOC 控制标注对象的关联性以及是否分解标注,当为 0 时创建分解标注,当为 1 时创建非关联标注对象,当为 2 时创建关联标注对象。

3. C

4. A:本题考查对创建堆叠字符的了解。堆叠文字是用来标记公差或测量单位的文字或分数,使用下列符号可以创建堆叠字符:斜杠“/”以垂直方式堆叠文字,由水平线分隔;井号“#”以对角形式堆叠文字,由对角线分隔;插入符“^”创建公差堆叠,不用直线分隔。

5. B

6. C

7. A、B、C：本题考查对编辑标注的了解。使用编辑标注命令可以修改标注文字、旋转标注文字、调整尺寸界限的倾斜角度。但是使用编辑标注命令无法调整标注的线型比例，但是可以通过其他工具（如标注样式管理器）进行调整。

8. A

9. C

10. C：本题考查对自动列表功能的了解。当开启了自动列表功能，可以将多行文字设置成列表的格式。添加或删除项目，或将项目向上或向下移动一层时，列表编号将自动调整。例如，可以键入"123."，按 TAB 键，然后输入一些文字。按 ENTER 键后，下一行将以 124、一个句点和一个 TAB 空格开头。

11. A

12. A、C、D

13. B

14. A、D

15. C：本题考查对标注比例因子的了解。比例因子是指设置线性标注测量值的比例因子。例如，如果输入 5，则 1 英寸直线的尺寸将显示为 5 英寸。但是该值不应用到角度标注，也不应用到舍入值或者正负公差值。

第七章　块参照与块的属性

7.1　考试要求

本章大纲

块的创建、更新与插入。

块属性定义与编辑。

块属性的提取。

块是重复利用图形内容的一个有效管理绘图项目的基础内容，是认证考试的一个重要的知识点，在考试题量上占一定的比例，应试者应重视本章的内容，认识创建和使用图块的重要性。

7.2　知识要点及例题分析

下面按照考试大纲，对大纲中的知识点逐个讲解。

7.2.1　块的概念

在 CAD 图形中，经常会绘制许多相同的或者相近的图形对象，比如绘制标题栏、标准零件、规定的符号等。这时可以把要重复绘制的图形创建成块，在需要的时候插入到指定的图形中，从而提高绘图的效率。

块是一个或多个图形对象形成的对象集合，这个集合是通过关联对象或称为块定义而形成的一个单一对象。当定义成块之后，系统会将块当作一个独立的对象来处理，即用户可以将块作为整体插入图中任意指定的位置，对块进行比例、缩放和旋转等操作，如图 7-1 所示。还可以将块定义分解为它的组成对象，修改后再定义成块。AutoCAD 会自动根据块修改后的定义更新所有当前的和将要用到的块参照。

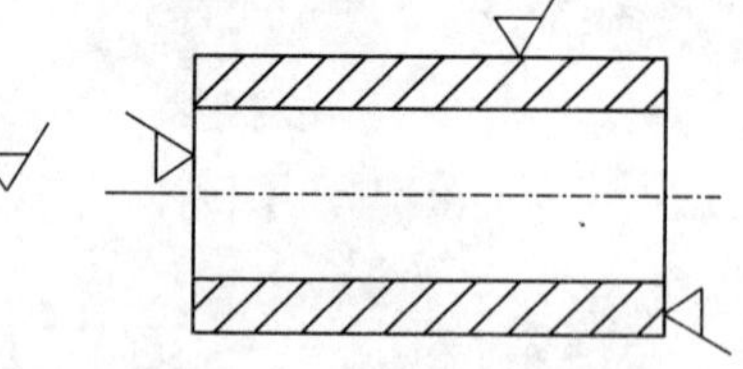

图 7-1　将定义的“粗糙度”块插入图形中

【例题 7-1】　在绘图过程中定义并使用块，其作用是：

A. 便于修改图形

B. 提高绘图的速度

C. 节省存储空间

D. 可以添加非图形属性

【答案】 A、B、C、D

定义并使用块目的就是方便于修改图形、提高绘图的速度、节省存储空间、可以添加非图形属性。

7.2.2　块的创建

创建块需要调用"BLOCK"命令，即打开"块定义"对话框：

(1)执行"绘图/块/创建"菜单命令。

(2)单击"绘图"工具栏上的"创建块"按钮 。

(3)在命令行直接输入"BLOCK"或者"BMAKE"，回车。

执行了创建块的命令之后，显示"块定义"对话框，如图7-2所示。利用该对话框可以将已经绘制的图形定义成块，并且可以对其命名，其中还包括"基点"选项组、"对象"选项组、"预览图标"选项组、"拖放单位"下拉列表框、"说明"文本框、"超链接"按钮，如图7-3所示。

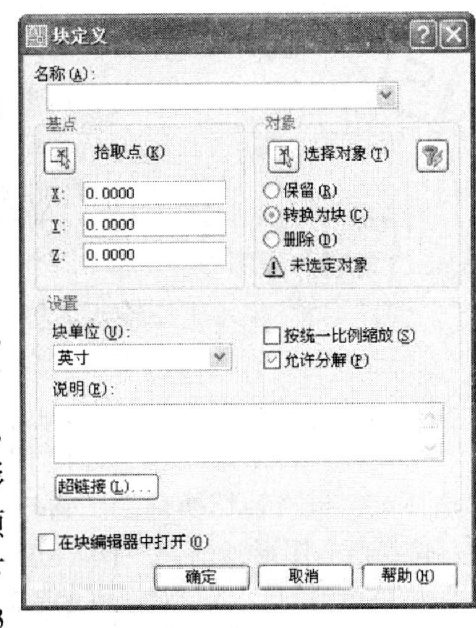

图7-2　"块定义"对话框

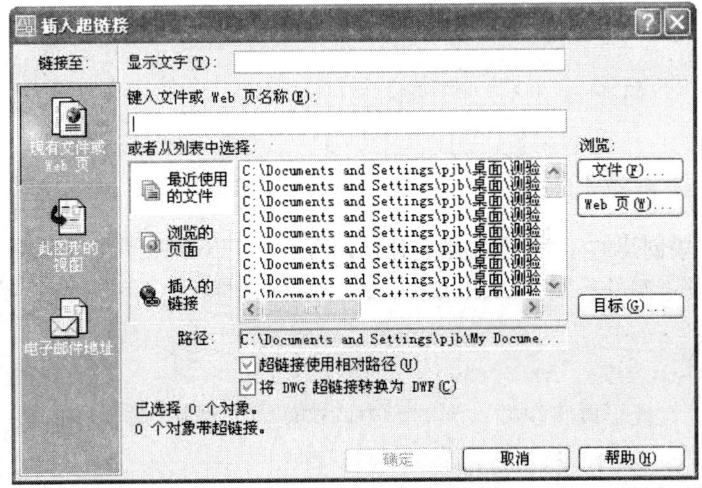

图7-3　"插入超链接"对话框

【例题7-2】 在创建块时，如果新块的名称与已经定义的块重名，则：

A. 系统报错，并退出创建块命令

B. 自动覆盖原已定义的块

C. 提示是否覆盖原已定义的块

D. 系统将显示警告对话框，要求用户重新定义块名称

【答案】 D

在创建块时,如果新块的名称与已经定义的块重名,系统将显示警告对话框,要求用户重新定义块名称。

注意:系统默认的插入点是坐标原点。定义图块后,构成图块的对象有时候会从绘图区域内消失,可以用 Oops 命令恢复该图形。

【例题 7-3】 将图 7-4 所示的图形创建成块,并且命名为"BZLJ"。

(1)执行"绘图/块/创建"命令。

(2)"名称"文本框中输入名称"BZLJ"。

(3)在"基点"选项组中单击"拾取点"按钮,然后单击图形的中心点,确定基点的位置。

(4)在"对象"选项组的选择"保留"单选框,再单击"选择对象"按钮,切换到绘图窗口,使用窗口选择的方法,选择所有图形,然后按回车键返回"块定义"对话框。

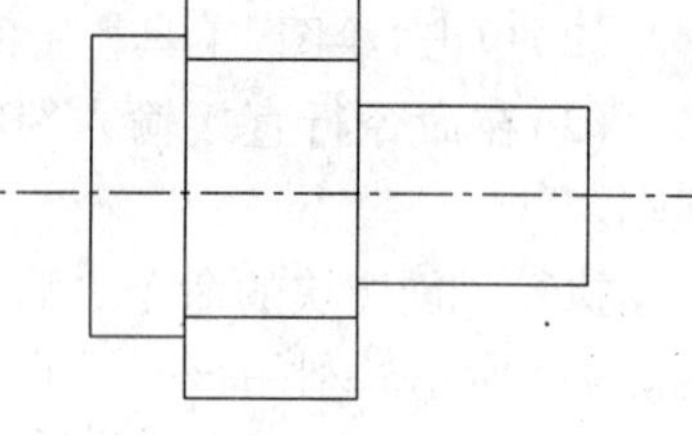

图 7-4 用于创建块的图形

(5)单击"块定义"对话框的确定按钮,结束定义块操作。

【例题 7-4】 创建块对象时,对于原图形对象可以:

A. 保留

B. 转换为块

C. 删除

D. 锁定

【答案】 A、B、C

本题考查对块创建的了解程度,当创建块对象时,可以将原图形对象保留、删除或者转换为块,所以本题正确的答案为 A、B、C。

7.2.3 块的插入

块定义好之后,就可以将块插入到图形中。这就需要调用"插入"命令:

(1)执行"插入/块"命令。

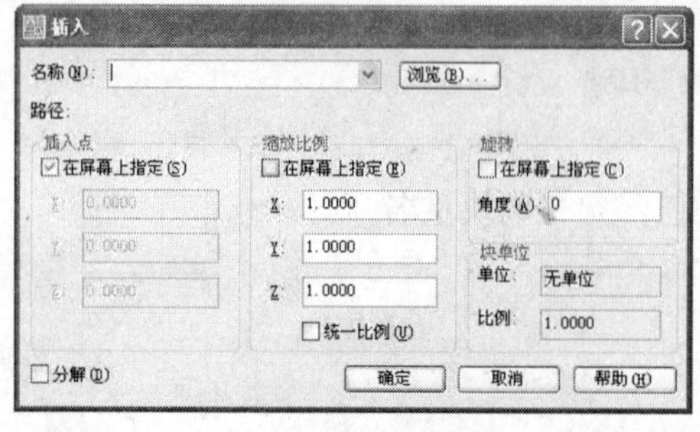

图 7-5 "插入"对话框

(2)单击"绘图"工具栏上的"插入块"按钮图标。

(3)在命令行中直接输入 INSERT。

执行了插入块命令之后,显示"插入块"对话框,如图 7-5 所示。利用该对话框可以在图形中插入块或者其他的图形,并且可以设置改变插入块或图形的比例和旋转角度,其中还包括"名称"下拉列表框、"插入点"选项组、"分解"复选项。

【例题 7-5】　在图 7-6 所示的图形中右侧插入【例 7-1】中定义的块，并且插入的块的大小是原图形 1/2，方向逆时针旋转 90°。

（1）执行执行“插入/块”命令。

（2）在名称下拉列表中选择“BZLJ”。

（3）在“插入点”选项组中选择“在屏幕上指定”复选框。

（4）在“缩放比例”选项组中选择“统一比例”复选框，并在 X 文本框中输入 0.5，角度文本框中输入 90°。

（5）在绘图窗口中需要输入的位置单击，将块插入，效果如图 7-7 所示。把块插入图形中，一个块可以插入无穷多次。

注意：将插入的带有属性的块用 Explode 命令炸开一次后，其属性值就显示为属性标记(tag)。一个块可以定义多个属性，属性区分大小写字母。在属性提取的时候，一次可以提取多个图形文件中的属性。

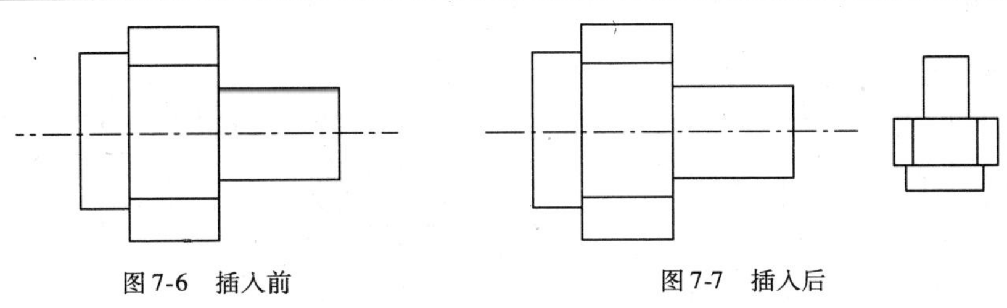

图 7-6　插入前　　　　图 7-7　插入后

【例题 7-6】　使用“插入”对话框插入块对象时，可以进行的操作包括：

A. 设定块插入点

B. 调整块的缩放比例

C. 镜像插入的块

D. 旋转插入的块

【答案】　A、B、D

本题考查对插入块对象的了解程度，选项 ABD 都可以在“插入”对话框中实现，但是镜像插入的块不能在“插入”对话框中实现，正确的答案为 A、B、D。

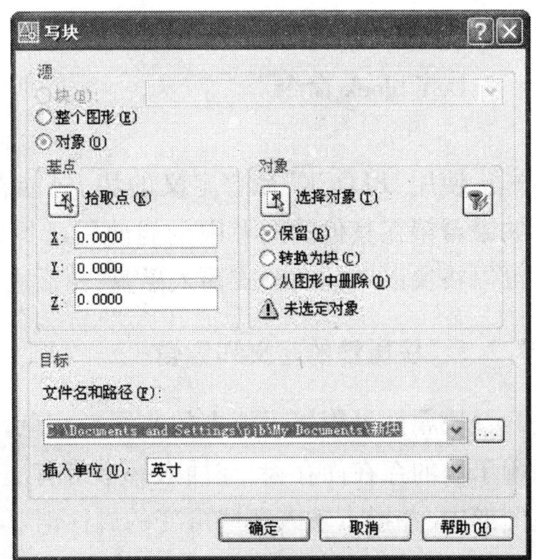

图 7-8　写块对话框

7.2.4　块的存储

在命令行中直接输入“WBLOCK”命令 + 回车，显示“写块”的对话框，如图 7-8 所示。在该对话框中，包括“源”选项组、“目标”选项组，其他选项组的功能和块创建中对应的选项组相同。

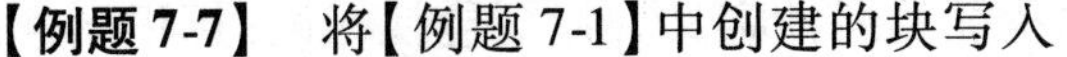

【例题 7-7】　将【例题 7-1】中创建的块写入

到磁盘中,并将其插入到图 7-9 中。

(1)首先,打开【例题 7-1】中使用的文档,然后在命令行中输入命令 WBLOCK,并按回车键,显示“写块”对话框。

(2)在对话框的“源”选项组中选择“块”单选按钮,然后在其右边的下拉列表框中选择创建的块“BZLJ”。

(3)在“目标”选项组中的“文件名和路径”文本框中,输入文件名和路径,并在“插入单位”下拉列表框中选择“毫米”选项。

(4)单击“确定”按钮。将块存储到磁盘中。

(5)打开图 7-9 所示的文档。

(6)执行“插入/块”命令,显示“插入”对话框,单击“浏览”按钮,在“选择图形文件”对话框中选择存储的块,并单击“打开”按钮。

(7)在“插入”对话框的“插入点”选项组中选择“在屏幕上指定”复选框,然后单击“确定”按钮。

(8)在图 7-9 所示图形中单击即可插入块,如图 7-10 所示。

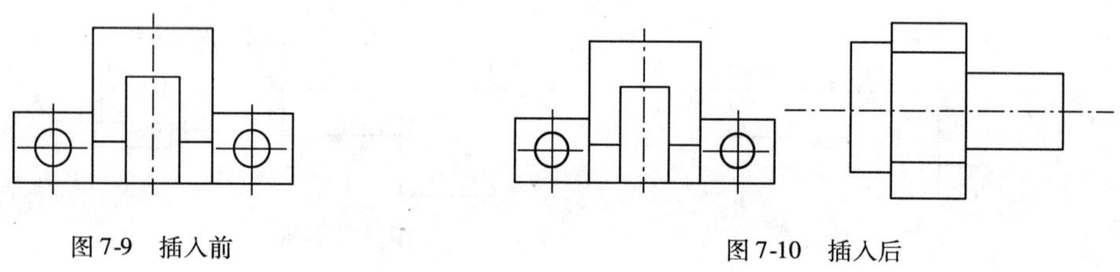

图 7-9　插入前

图 7-10　插入后

【例题 7-8】　如果希望在其他的图形中也能使用已经定义的块,可以使用哪个命令?

A. Attdef 命令

B. Insert 命令

C. Block 命令

D. Wblock 命令

【答案】　D

使用“BLOCK”命令定义的块,只能在当前的图形中使用,而不能在其他的图形调用。如果希望在其他的图形中也能使用已经定义的块,我们可以使用“WBLOCK”命令,此命令可以将块以文件的形式写入磁盘,然后在其他图形中进行调用。

7.2.5　块属性的定义和编辑

块属性是附属于块上的非图形信息,是块的组成部分,是附加在块上的文字说明。它依赖于块的存在而存在,在插入一个带有属性的块时,AutoCAD 将把固定的属性值随块添加到图形中,并提示输入那些可变的属性值。对于带有属性的块,可以提取属性信息,并可以将这些信息保存到一个单独的文件中。

要创建属性,首先必须创建描述属性特征的属性定义。特征包括标记(标识属性的名称)、插入块时显示的提示、值的信息、文字的格式、插入点的位置和任何可选的模式(不可见、固定、验证和预算)。

执行“绘图/块/定义属性”命令或者直接在命令行中输入 ATTDEF,显示“属性定义”的对话框,如图 7-11 所示。

【例题 7-9】 当对块属性进行定义时,定义的模式包括:

A. 不可见

B. 固定

C. 验证

D. 预置

【答案】 A、B、C、D

本题考查对快的属性定义概念,选项 ABCD 均可以在“属性定义”对话框进行定义。

【例题 7-10】 将图 7-12 所示的图形定义为块,并且块中包含表 7-1 中的 2 个属性,其中块名为“标准件”。

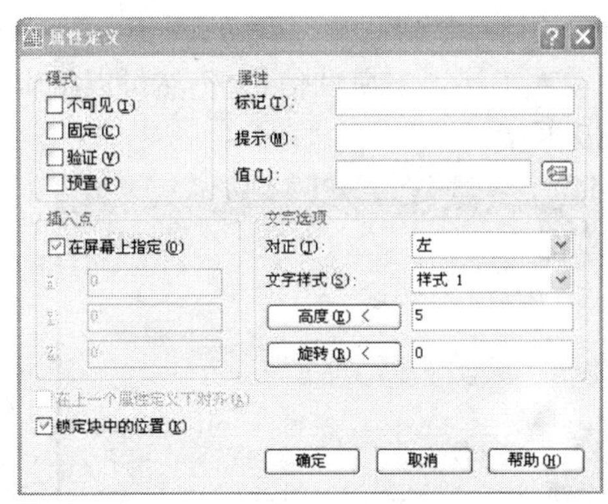

图 7-11　块属性定义对话框

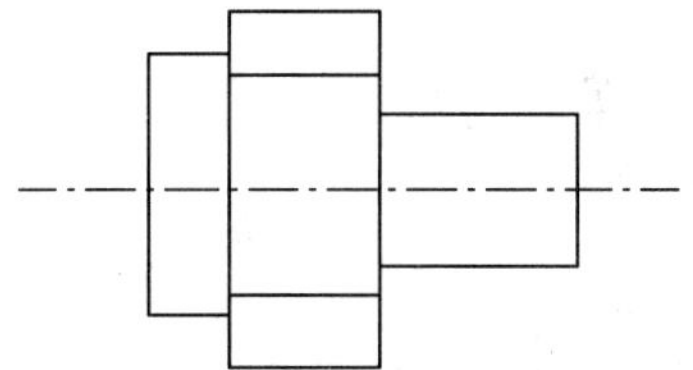

图 7-12　需要定义为块的图形

表 7-1

属性标记	提示	值	模式
姓名	设计者姓名	王刚	固定
日期	设计日期	2006.1	无

(1)执行“绘图/块/定义属性”命令,显示“属性定义”对话框。

(2)在“模式”选项组中选择“固定”复选框,在“属性”选项组中“标记”文本框中输入“姓名”,在“值”文本框中输入“王刚”。

(3)在“插入点”选项组中选择“在屏幕上指定”复选框。

(4)在“文字选项”选项组中“对正”下拉列表框中选择“左”,在“高度”按钮后面的文本框中选择 standard 选项,其他选项采取默认设置。

(5)单击“确定”按钮,完成了第一个属性的定义,如图 7-13 所示。

(6)重复(1)~(5),创建属性标记“日期”。如图 7-14 所示。

(7)将图形定义为块并以“标准件”的名称存储在磁盘里。

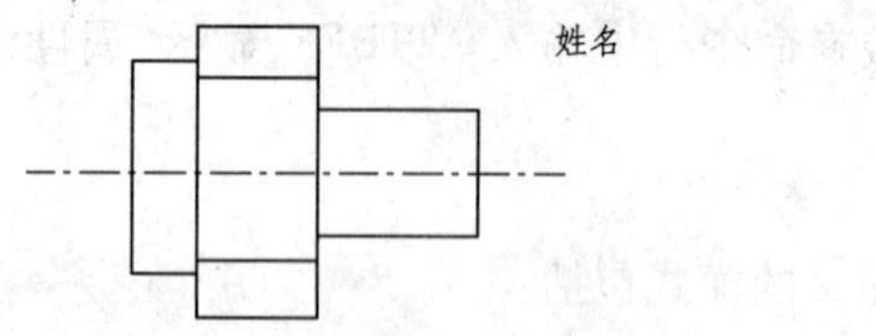

图 7-13　显示“姓名”属性的标记

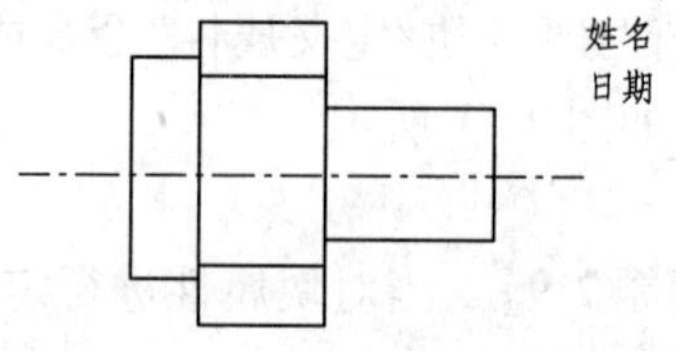

图 7-14　显示全部属性的标记

【例题 7-11】　创建一个新文档,并在该图中插入【例题 7-4】中创建的块。

(1)创建一个新文档。

(2)执行“插入/块”命令,显示“插入”对话框,单击“浏览”按钮,在“选择图形文件”对话框中选择【例 7-4】中创建的块,并单击“打开”按钮。

(3)在“插入点”选项组中选择“在屏幕上指定”复选框。

(4)单击“确定”按钮。

(5)在新建的文档中单击,确定插入点的位置,并在命令行中输入日期:2006. 1. 10,然后回车,如图 7-15 所示。

当属性定义赋予块并已经插入到图形时,如果输入了错误的属性信息,仍然可以编辑或者修改块对象的属性值。此时就需要调用“EATTEDIT”命令。

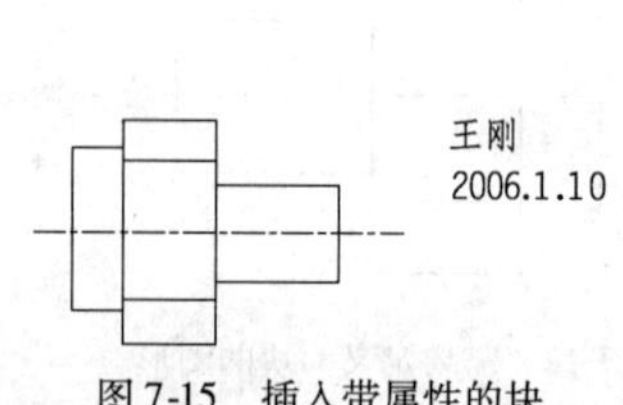

图 7-15　插入带属性的块

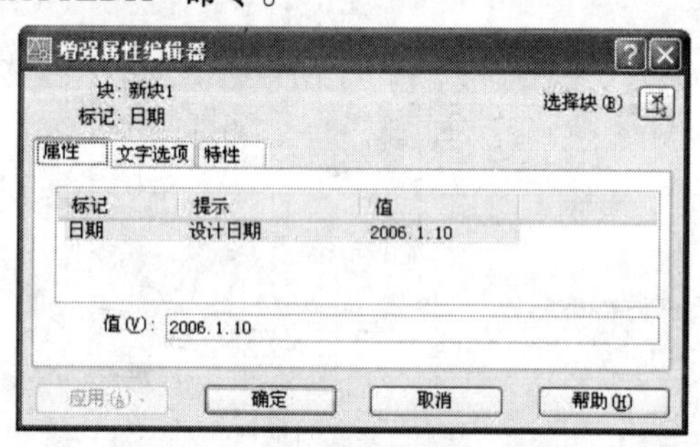

图 7-16　“增强属性编辑器”对话框

执行了命令之后,在“选择块”的提示下,拾取框单击需要修改的块,则显示“增强属性编辑器”对话框,如图 7-16 所示。利用该对话框,可以编辑修改块的属性和属性值。其中包括“属性”选项卡(图 7-16)、“文字选项”选项卡(图 7-17)、“特征”选项卡(图 7-18)。

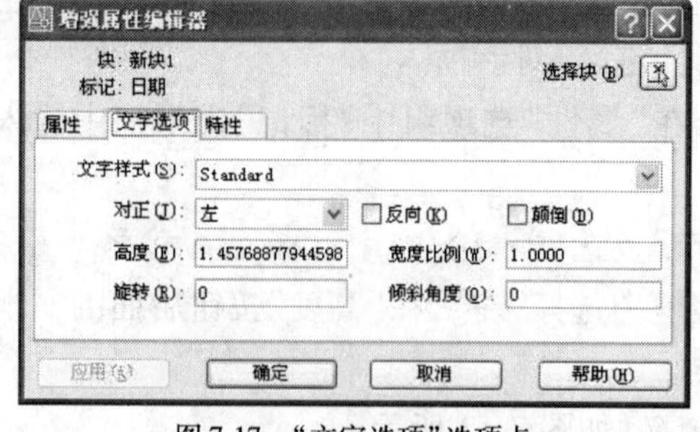

图 7-17　“文字选项”选项卡

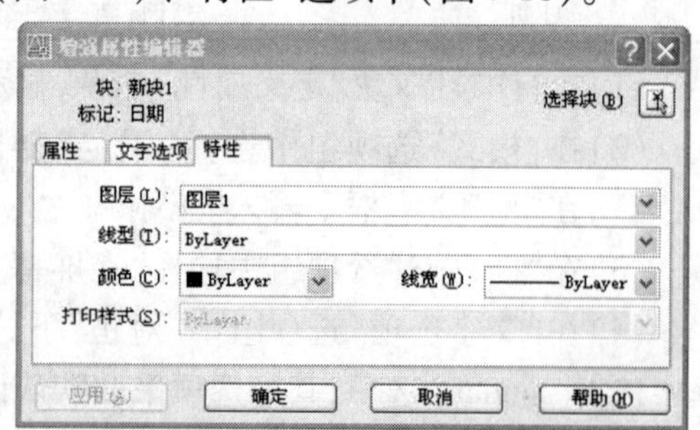

图 7-18　“特征”选项卡

此外,用户还可以使用ATTEDIT(属性)命令编辑块属性。执行命令后,用拾取框单击需要修改的属性对象,系统将会显示"编辑属性"对话框,如图7-19所示。该对话框显示了该属性块存储的所有的属性值,这时根据需要改变的属性值来进行编辑修改。

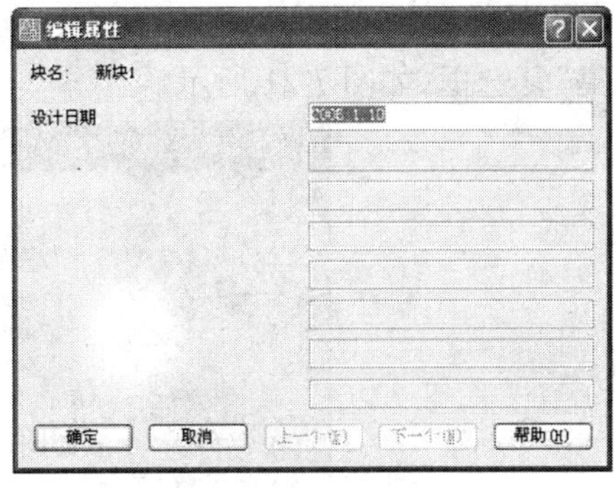

图7-19　"编辑属性"对话框

【例题7-12】　在"增强属性定义编辑器"对话框中包含下列哪些选项卡?

A. 编辑

B. 属性

C. 文字选项

D. 特性

【答案】　B、C、D

本题考查对"增强属性定义编辑器"对话框的了解程度,"增强属性定义编辑器"对话框包括"属性"、"文字选项"、"特性"三个选项卡,正确的答案为B、C、D。

7.2.6　提取属性

如果已经向块中附加了属性,则可以在一个或多个图形中查询此块属性信息,并可以根据需要将这些数据提取出来,作为数据文件保存起来。通过提取属性信息可以轻松地直接使用图形数据来生成清单或明细表。属性提取向导可指导用户完成选择图形、块实例和属性的全过程。

(1)使用"属性提取"向导,提取块属性信息和被抽取的块属性。

执行以下操作步骤:

①选择"工具/属性提取"菜单命令或在命令行输入"Eattext"命令,打开"属性提取—开始"对话框,如图7-20所示。

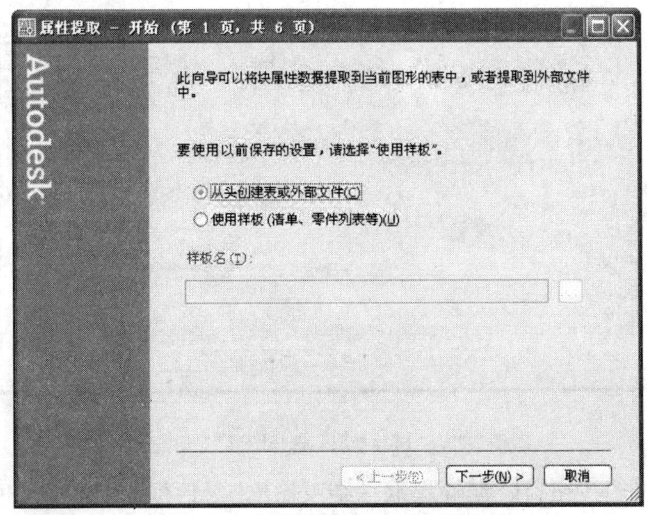

图7-20　"属性提取—开始"对话框

②单击“下一步”按钮，在“属性提取—选择图形”对话框中，用户可以在“数据源”选项组中选择要提取属性的图形文件，此选项组包括“选择对象”、“当前图形”、“选择图形/图纸集”复选框，如图 7-21 所示。

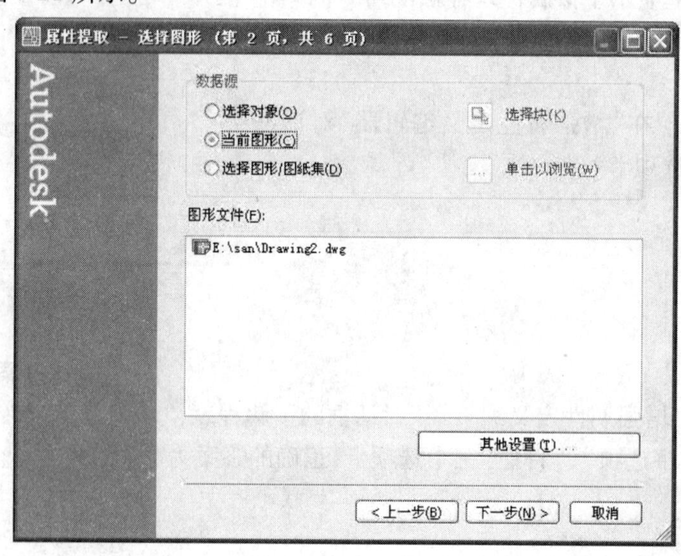

图 7-21 “属性提取—选择图形”对话框

③单击“下一步”按钮，在“属性提取—选择属性”对话框中，选择最终输出图形的属性，如图 7-22 所示。

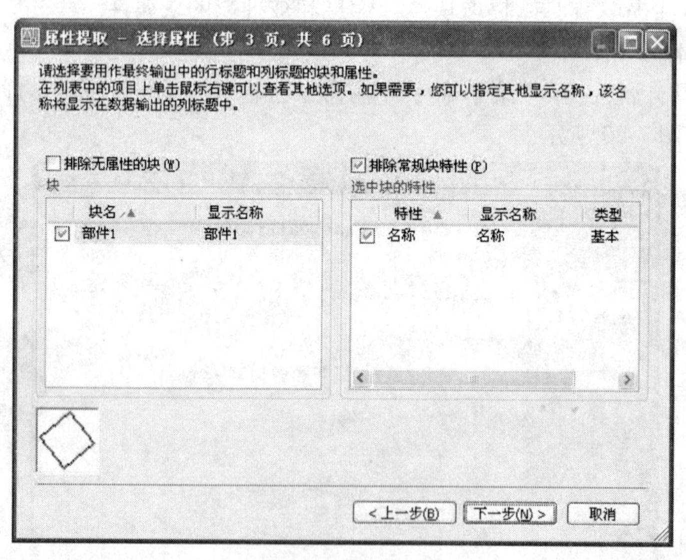

图 7-22 “属性提取—选择图形”对话框

④单击“下一步”按钮，在“属性提取—结束输出”对话框中，该对话框列出了当前设置的属性提取结果，如图 7-23 所示。

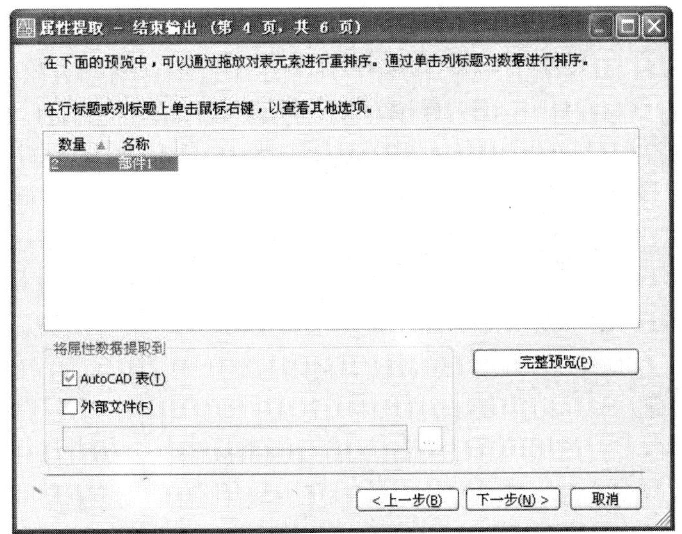

图 7-23　“属性提取—结束输出”对话框

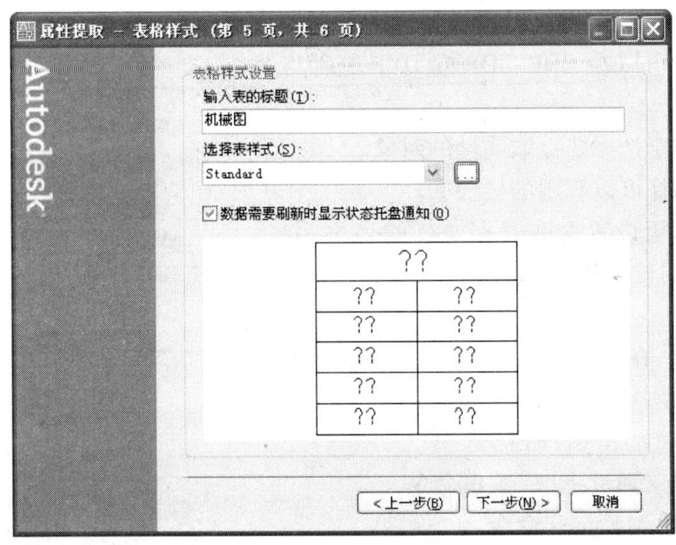

图 7-24　“属性提取—表格样式”对话框

⑤单击“下一步”按钮，在“属性提取—表格样式”对话框中，该对话框列出了当前默认的表格样式，如图 7-24 所示。用户可以根据需要自行设置需要的样式。

⑥单击“下一步”按钮，将打开“属性提取—完成”对话框，如图 7-25 所示。单击“保存样板”按钮，打开“另存为”对话框，可以将当前的设置保存到一个样板文件中。单击完成就可以在指定位置插入表。

(2)在 AutoCAD 中，还可以使用“属性提取”命令(Attext)来提取包含在图形中的属性。所采用的格式是“文件格式”选项组下面的 CDF、SDF 或 DXF 三种格式中的一种。在命令行输入“Attext”命令，按 Enter 键，打开“属性提取”对话框，如图 7-26 所示。下面将“属性提取”对话框中主要选项的功能如下：

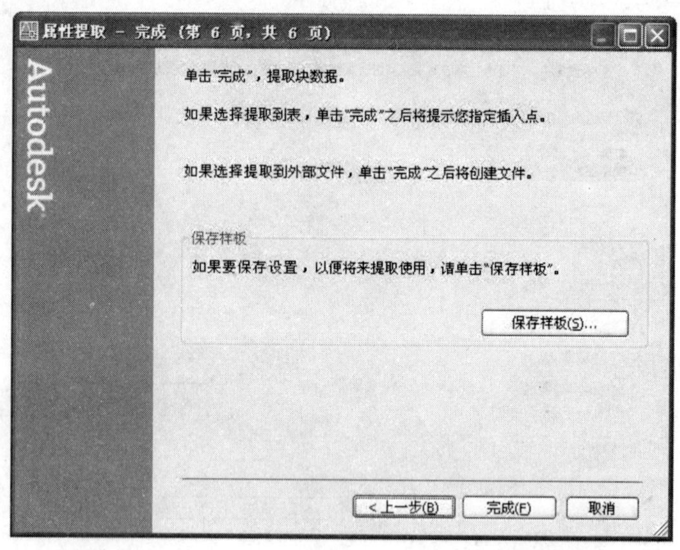

图 7-25 “属性提取—完成”对话框

“文件格式”选项组:可以设置块属性的数据提取的文件格式,用户可以在 CDF、SDF 或 DXF 三种格式中选择。

选择对象:用于选择要提取属性的对象。

样板格式:选择可以套用的样板文件。

输出文件:用于设置提取数据文件的名称,并指定存放数据文件的位置和文件名。

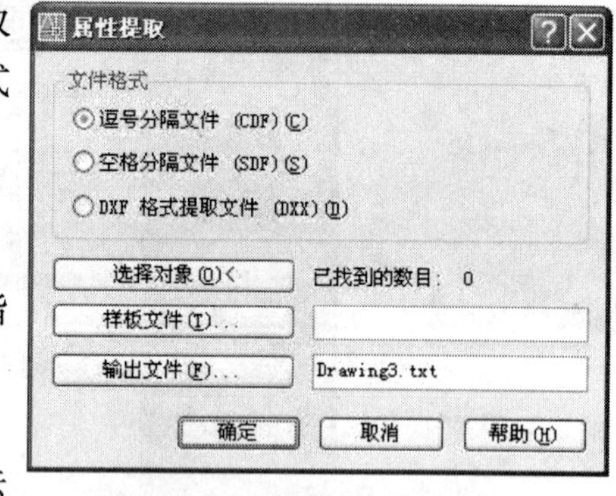

图 7-26 “属性提取”对话框

【例题 7-13】 在 AutoCAD 中,可以使用哪些方法来提取包含在图形中的属性

A. 在命令行输入 Attext 命令

B. 选择“工具 / 属性提取”菜单命令

C. 在命令行输入 Eattext 命令

D. 选择“文件 / 输出”菜单命令

【答案】 A、B、C

题考查了提取属性的方法。选项 D 输出的 3D Dwf 文件,而其余选项均可以进行属性提取。

【例题 7-14】 属性提取过程中:

A. 使用 Attext 命令开始“属性提取”向导

B. 可以输出文本格式文件 TXT

C. 一次只能提取一个图形文件中的属性

D. 必须使用样板文件进行属性提取

【答案】 B

本题考查属性提取的概念。使用 Eattext 命令是创建“属性提取”的向导；输出的文件可以是 TXT 文本文件；一次可以提取多个图形的属性；可以新建、也可以使用样板文件进行属性提取。

7.3　习题与答案

7.3.1　习题

1. 显示“写块”对话框是下面哪个命令？

A. WBLOCK

B. BLOCK

C. PEDIT

D. INSERT

2. 插入块的下列说法正确的是：

A. 可以指定一定的旋转角度

B. 与块建立时的大小一致

C. 可以只对单个方向进行缩放

D. 所有方向的缩放比例应相同

3. 下面关于块的说法正确的是：

A. 使用块，节省了存储空间

B. 在对一个图形定义块时，可以设定创建块以后，从图形中删除选定的对象

C. 所有的块都是可以分解的

D. 插入块时，块中每个对象的图层、颜色、线型和线宽都保持不变

4. 定义块属性时，要在绘图区域中隐藏属性值，选择的模式是：

A. 冻结

B. 隐藏

C. 固定

D. 不可见的

5. 若需要在插入块时赋予属性固定值，使用下列哪个定义模式？

A. 不可见

B. 固定

C. 预置

D. 验证

6. 如果将提取的属性数据保存到外部文件，可以使用哪个文件格式？

A. MDB

B. XLS

C. TXT

D. CSV

7. 属性提取过程中:

A. 可以不需要定义样板文件

B. 只能输出文本格式文件 TXT

C. 一次只能提取一个图形文件中的属性

D. 只能输出表格形式

8. 在 AutoCAD 系统中,一定可以对图块对象进行操作的命令是:

A. MIRROR

B. SCALE

C. ARRAY

D. BREAK

9. 带属性的块经分解后,属性显示为:

A. 标记

B. 不显示

C. 没有变化

D. 提示块已经分解

10. 在“块属性管理器”对话框列表中显示下列哪些特性?

A. 提示

B. 默认

C. 样式

D. 模式

7.3.2 答案

1. A

2. A、C:本题考查对“插入”对话框内容的了解。当打开“插入”对话框时,通过“缩放比例”选项组可以指定块的比例,包括是否在单方向缩放;通过“旋转”选项组设定插入块的旋转角度。所以答案 B 和 D 明显是错误的。

3. A、B、D

4. D

5. B

6. A、B、C、D

7. A

8. A、B、C:本题考查对块对象的了解程度。对于块对象,我们可以对其进行复制、移动、镜像、阵列等操作,但是如果定义块时不允许分解,则不能对块进行分解。

9. A:本题考查对定义块属性的了解。分解一个包含属性的块将删除属性值并重显示属性定义(属性标记)。

10. A、B、D

第八章　设计共享

8.1　考试要求

本章大纲

了解外部参照的基本概念与操作。
熟悉外部参照的附着、拆离和绑定功能。
掌握在位编辑外部参照;掌握光栅图像的插入与编辑。
会混合使用光栅图像与矢量图形。
掌握对象链接与嵌入的基本功能。
掌握超级链接的基本概念及使用。
建立 i-drop 与网络发布。
了解联机设计中心。

设计共享包括外部参照、光栅图像的插入与处理、对象的链接和嵌入、超级链接、网络发布与联机设计等。在认证考试中有一定的题量,应试者以应紧扣大纲,掌握大纲中的内容,才能更好地掌握有关设计共享方面的工作方式和使用方法。

8.2　知识要点及例题分析

下面就本章应该掌握的知识点逐个进行分析讲解。

8.2.1　了解外部参照的基本概念与操作

8.2.1.1　基本概念

在 AutoCAD 的设计与绘图过程中,为了提高工作效率,实现协同设计,可以将图形组合起来。图块是图形组合的一种方法,前面已经介绍,外部参照也是常用的方法之一。图块是将图形嵌入到当前图形,外部参照是将图形链接到当前图形中,这是两种方法,可以用到不同的场合,外部参照比较适合于同项目不同的分工合作中。

通过外部参照,参照图形中的修改将反映在当前图形中。附着的外部参照链接至当前图形,并不是真正的插入。因此,使用外部参照可以生成图形而不会显著增加图形文件的大小。

【例 8-1】　关于外部参照,以下哪个说法不正确?

A. 外部参照可以整体移动、复制或删除

B. 一个文件可同时被多个文件参照

C. 外部参照一定可以分解

D. 打开含有外部参照的文件时,外部参照会自动更新

【答案】 C

答案是 C,因为外部参照具有以下特点:

(1)用户可以使用外部参照同时看到多个独立的图形,但是外部参照的数据保留在被参照图形中,可以对外部参照进行移动、复制和删除操作,不能对外部参照进行分解或是编辑外部参照中的局部图形。外部参照的图层不能设为当前层,但是可以进行编辑,例如打开/关闭、锁定/解锁、是否打印以及外部参照的颜色和线型等等。

(2)使用外部参照的文件每次打开,系统自动转载外部参照的最新版本,重载外部参照或是打印具有外部参照的图形,系统也会转载外部参照的最新版本。

(3)一个图形文件中最多可以使用 32000 个外部参照;同一个图形文件,可以同时被多人引为外部参照。

(4)通过在图形中参照其他用户的图形协调用户之间的工作,从而与其他用户所做的修改保持同步。

(5)外部参照图形中已存在的图层名、标注样式、文字样式和其他命名元素,最好不要使用,方便以后的绑定或合并。

8.2.1.2 创建外部参照

在 AutoCAD 中,可使用“参照”工具栏和“参照编辑”工具栏编辑和管理外部参照,如图 8-1 所示。创建外部参照的方法有:

图 8-1 “参照”工具栏和“参照编辑”工具栏

(1)菜单:“插入/外部参照”。

(2)单击“参照”工具栏上的“附着外部参照”按钮。

(3)在命令行输入:XATTACH。

执行以上操作之一将会打开“选择参照文件”对话框,根据路径选择参照文件后,单击“打开”按钮打开“外部参照”对话框,如图 8-2 所示。利用该对话框可以对插入对象进行设置,单击“确定”将图形文件以外部参照的方式插入到当前图形中。

在“外部参照”对话框中,可以对插入的外部参照的类型、路径类型、插入点、比例、旋转等选项进行设置:

插入一个外部参照之后,该外部参照的名

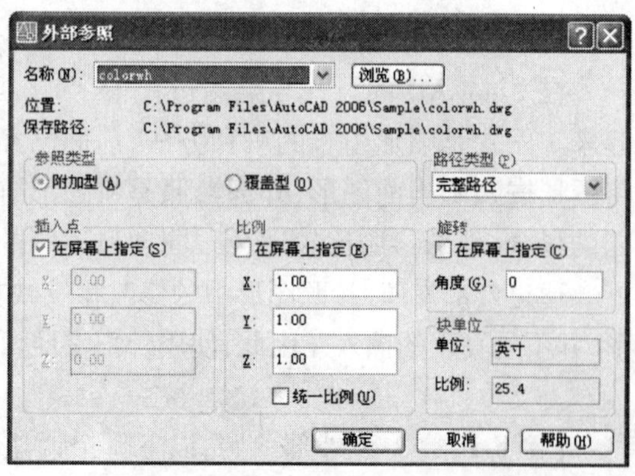

图 8-2 “外部参照”对话框

称将出现在“名称”下拉列表框列表里，其文件路径将显示在“保存路径”中。

有两种类型可以将外部参照附加到当前图形文件中，“附加型”和“覆盖型”。“附加型”方式的外部参照可以进行多级附着，如果选中“附加型”，将会显示出嵌套参照中的嵌套内容；“覆盖型”方式的外部参照不显示嵌套参照中的参照内容，它们的区别在于如何处理嵌套参照。

假如文件 1 中覆盖参照了文件 2，文件 2 中附加参照了文件 3，则在文件 1 中显示什么样的参照内容？

因为文件 1 是覆盖参照文件 2，文件 2 中的参照就不会在文件 1 中显示，所以文件 1 中只显示参照文件 2。

打开或重载文件重的外部参照的时候，如果外部参照的路径发生了变化，可能就找不到外部参照了，只显示外部参照原来所在的目录和文件名。“路径类型”下拉列表框用于指定外部参照的保存路径，包括“完整路径”、“相对路径”和“无路径”三种。

外部参照附着到图形时，应用程序窗口的右下角显示一个管理外部参照图标，如果未找到一个或多个外部参照或需要重载任何外部参照，“管理外部参照”图标中将出现一个惊叹号，如图 8-3 所示。

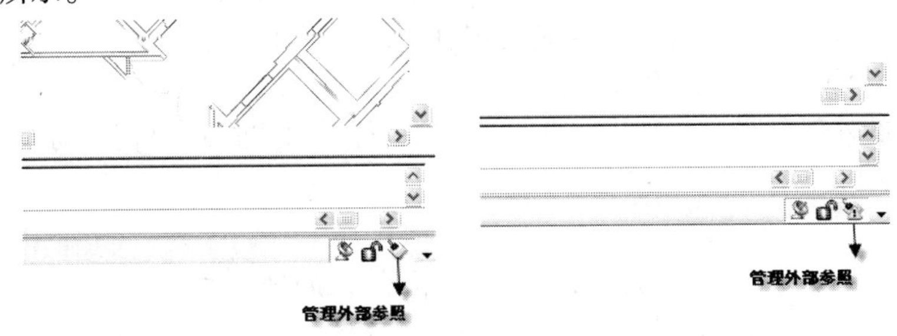

图 8-3　程序窗口显示“管理外部参照”图标

8.2.1.3　剪裁外部参照

附着的外部参照如果只需要一部分，可以使用裁剪功能，裁剪只显示外部参照的部分区域，并没有对图形进行真正意义上的裁剪，只是控制其显示的内容。使用裁剪功能的方法有：

(1) 菜单：“修改/剪裁/外部参照”。

(2) 单击“参照”工具栏上的“外部参照管理器”按钮。

(3) 在命令行中输入：XCLIP。

执行以上操作之一都可以定义外部参照或块的剪裁边界，还可以设置前后剪裁面，执行该命令，选择参照图形后，命令行显示如下信息：输入剪裁选项[开(ON)/关(OFF)/剪裁深度(C)/删除(D)/生成多线段(P)/新建边界(N)] <新建边界>

各个选项功能如下：

开(ON)　用于打开外部参照剪裁功能。当为参照图形定义了剪裁边界和前后剪裁面后，在主图形中仅显示位于剪裁边界、前后剪裁面之内的参照图形部分。

关(OFF)　用于关闭外部参照剪裁功能。选择该选项可显示全部参照图形，不受边界的限制。当剪裁边界关闭时,如果几何图形所在的图层处于打开和解冻状态,将不显示边界,此时整个外部参照是可见的。

剪裁深度(C) 可以设置外部参照的前后剪裁平面。在指定剪裁深度之前,外部参照必须包含剪裁边界。剪裁深度总是按剪裁边界的法向计算。定义剪裁深度时,AutoCAD 提示用户指定前、后向剪裁平面上的点或与剪裁平面的相对距离。

删除(D) 可以删除指定外部参照的剪裁边界。关闭剪裁边界后,它仍然存在并且可以打开。然而,剪裁边界删除后将不能恢复。

生成多线段(P) 可以自动生成一条与剪裁边界相一致的多段线。

新建边界(N) 可以设置新的剪裁边界。选择该项后,AutoCAD 命令行将显示如下提示信息:

指定剪裁边界:选择[多段线(S)/多边形(P)/矩形(R)]<矩形>。

选择多段线(S) 选择已有的多段线作为剪裁边界。有效的边界是由直线段或样条曲线构成的二维多段线。带有圆弧段的多段线或拟合曲线多段线也可以用作剪裁边界,但创建剪裁边界时会创建直线段来代表该多段线。

多边形(P) 定义边界的点来定义一条封闭的多段线作为剪裁边界。指定剪裁点时,将自动绘制多边形的最后一条线段,以使边界在任何时候都是闭合的。

矩形(R) 可以以矩形作为剪裁边界。

经过剪裁的外部参照与未剪裁过的外部参照一样,可以进行编辑、移动或复制,边界与参照一起移动。

【例 8-2】 以下关于外部参照剪裁边界的说法错误的是:

A. 当剪裁边界关闭时,如果几何图形所在的图层处于打开和解冻状态,将不显示边界,此时整个外部参照是可见的。

B. 剪裁边界打开将显示参照图形的被剪裁部分

C. 剪裁边界删除将显示整个参照图形

D. 外部参照的剪裁边界可以是多段线、多边形或是矩形、圆。

【答案】 D

本题考查外部参照裁剪边界。因为外部参照的剪裁边界可以是多段线、多边形或是矩形,不可以是圆。

8.2.2 熟悉外部参照的附着、拆离和绑定功能

8.2.2.1 使用外部参照管理器

在 AutoCAD 2008 中,打开"外部参照管理器"对话框的方法有:

(1)菜单:"插入/外部参照管理器"。

(2)"参照"工具栏上的"外部参照管理器"按钮。

(3)在命令行输入:xref。

选择一个外部参照,在绘图区单击右键弹出的快捷菜单中选择"外部参照管理器"。

选择上面任何一个方法都会打开“外部参照管理器”对话框，如图 8-4 所示。

利用该对话框可以对外部参照进行编辑和管理。在这个对话框的上部有两种显示外部参照的方式按钮，左边为列表图（F3 键），右边为树状图（F4 键），如图 8-4 所示。单击“列表图”按钮，以列表形式显示，如图 8-4 所示，“列表图”以无层次列表的形式显示附着的外部参照和它们的相关数据，可以按名称、状态、类型、文件日期、文件大小、保存路径及文件名对列表中的参照进行排序；单击“树状图”按钮，则以树形显示，如图 8-5 所示，“树状图”显示附着外部参照的嵌套关系层次、外部参照的类型（附着型还是覆盖型）以及它们的状态（已加载、已卸载、标记为重载或卸载、未找到或未融入）。

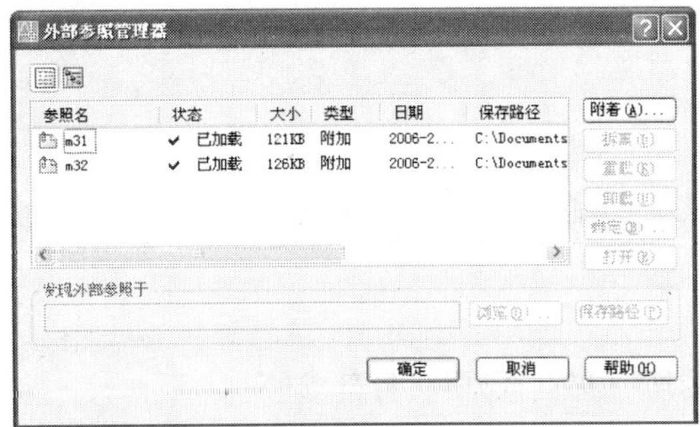

图 8-4　外部参照管理器

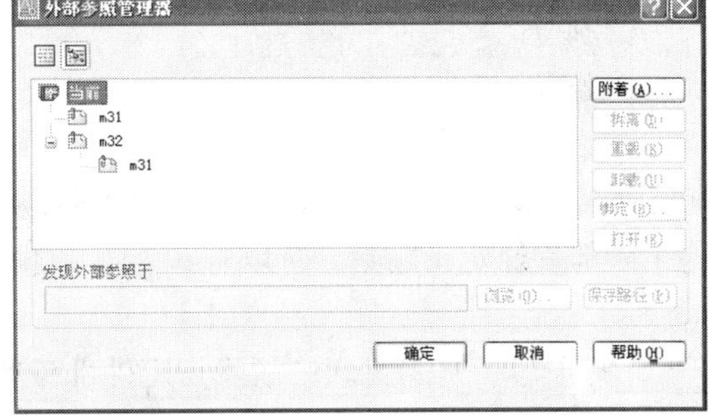

图 8-5　外部参照列表框树状图形式

【例 8-3】　文件 m33 中参照了文件 m31 和文件 m32，文件 m32 中参照了文件 m31，则文件 m33 的外部参照管理器中显示几个 m31？

使用“列表图”显示一个 m31，使用“树状图”显示两个 m31，分别如图 8-4 和 8-5 所示。

外部参照管理器右边一列按钮分别是对选中的外部参照进行编辑和管理：

附着　可以添加或是重载外部参照，选择这个按钮，将会打开“选择参照文件”对话框，在该对话框中可以选择需要插入到当前图形中的外部参照文件。

拆离　从当前图形中拆离出外部参照，从定义表中清除指定外部参照的所有实例，并将这个外部参照定义删除。只能拆离直接附着或覆盖到当前图形中的外部参照，而不能拆离嵌套的外部参照。

重载　可以在不退出当前图形的情况下，将一个或多个外部参照标记为“重载”，对外部参照文件进行更新。

卸载　可从当前图形中移走一个或多个不需要的外部参照文件。但移走后仍保留该参照文件的路径，当希望再参照该图形时，已卸载的外部参照可以很方便地重新加载。与“拆离”不同，卸载不是永久地删除外部参照，它仅仅是不显示和重新生成外部参照定义。

绑定　可以将外部参照的文件转换为一个正常的块，即将所参照的图形文件永久性地插入到当前图形中，插入后系统将外部参照文件的依赖符转换成永久的符号。

打开　可以在新建窗口中打开选定的外部参照进行编辑。“外部参照管理器”关闭后，显示新窗口。

发现外部参照于　显示当前选定外部参照的完整路径。这个路径是实际能够找到外部参照的路径,它不必和保存路径相同。用户可以通过"浏览"按钮进行查看,也可以通过"保存路径"按钮将其保存。

此外,在外部参照列表中,还显示了外部参照的图标,可能的状态有已加载、已卸载、未参照、未找到、未融入、已孤立或标记为卸载或重载等。

【例 8-4】 图形只是不显示和重新生成外部参照,将外部参照:

A. 拆离

B. 卸载

C. 孤立

D. 删除

【答案】 B

拆离是从当前图形中拆离出外部参照,从定义表中清除指定外部参照的所有实例,并将这个外部参照定义删除。所以答案为 B 卸载。

【例 8-5】 从定义表中清除指定外部参照的所有实例,需要将外部参照;

A. 拆离

B. 卸载

C. 孤立

D. 删除

【答案】 A

卸载是可从当前图形中移走一个或多个不需要的外部参照文件,但移走后仍保留该参照文件的路径,当希望再参照该图形时,已卸载的外部参照可以很方便地重新加载。所以答案是 A。

8.2.2.2　绑定外部参照

如果希望外部参照成为当前图形的组成部分,或是要对外部参照进行局部编辑,可以把外部参照绑定在当前图形中,绑定后的外部参照实际上成为块,变成了主图形中不可分割的一部分。而且未绑定的外部参照会因为参照文件路径位置改变、文件丢失等原因无法调入。

绑定的方法有:

(1)菜单:"修改/对象/外部参照/绑定"。

(2)单击"参照"工具栏上的"绑定外部参照"按钮。

两种方法都可以打开"外部参照绑定"对话框。在该对话框中,用户可以将块、图层、线型及文字样式中的依赖符添加到主图形中。当绑定依赖符后,它们会永久地加入到主图形中,且原来依赖符中的"/"符号将换成"0"符号。

【例 8-6】 对外部参照进行绑定可以选择的绑定选项为:

A. 绑定和融入

B. 融入和插入

C. 绑定和插入

D. 融入和嵌入

【答案】 C

打开“外部参照管理器”,对已加载的外部参照进行绑定,选择“绑定”按钮,弹出“绑定外部参照”对话框,里面有两种选择:绑定和插入。

8.2.3 掌握在位编辑外部参照

编辑外部参照有两种方法:用户可以打开参照图形,也可以从当前图形中在位编辑外部参照。可以从任何选定的块参照直接编辑块定义。在位编辑外部参照使得参照变成和一般图形对象一样,可以进行各种编辑。实际上,系统是打开了参照的图形文件进行编辑。编辑完毕后可以进行保存,编辑结果在当前图形文件中显现,同时也保存到参照图形文件中。在位编辑外部参照的方法有:

(1)菜单:“工具/在位编辑外部参照和块/在位编辑参照”。

(2)单击“参照编辑”工具栏上“在位编辑参照”按钮。

在当前图形中选择要编辑的外部参照,右键,选择“在位编辑外部参照”。进入“参照编辑”对话框,系统将会打开“参照编辑”对话框,如图8-6所示。在该对话框中,使用“标识参照”选项卡和“设置”选项卡可以对外部参照中的某个图形对象进行编辑。

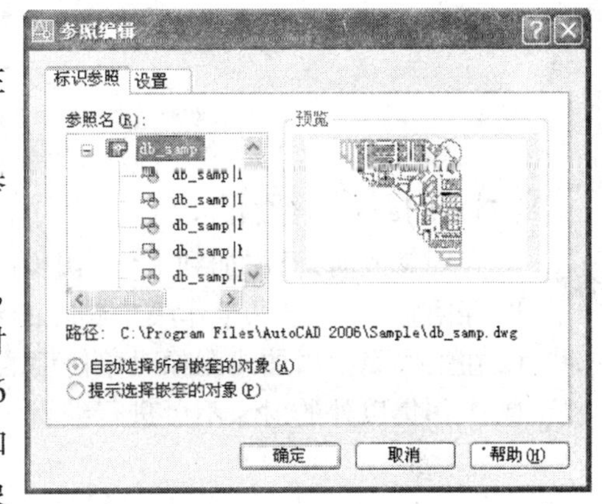

图8-6　“参照编辑”对话框

【例8-7】 如果防止他人在位编辑自己的图形,同时又可以允许他人参照自己的图形,可以这样做:

A. 在“选项”对话框,“打开和保存”选项卡下,清除“允许其他用户参照编辑当前图形”复选框

B. 在“选项”对话框,“打开和保存”选项卡下,设置按需加载外部参照文件的方式为“启用”

C. 在“选项”对话框,“打开和保存”选项卡下,设置按需加载外部参照文件的方式为“使用副本”

D. 以上选项都不正确

【答案】 A

点击菜单“工具/选项”,打开“选项”对话框,选择“打开和保存”选项卡,在“外部参照”区域中清除“允许其他用户参照编辑当前图形”复选框。

在“标识参照”选项卡中,左边是参照名和路径,右边是预览,很形象地显示要编辑的参照。用户可以在该对话框中指定要编辑的参照,如果是一个或多个嵌套参照的一部分,则此嵌套参照将会显示在该对话框中。选项卡的下面提供二选一的两种选择参照对象的方式:

"自动选择嵌套的对象":用于控制嵌套对象是否自动包含在参照编辑任务中;"提示选择嵌套的对象":用于控制是否逐个选择包含在参照编辑任务中的嵌套对象。

当外部参照图形处于在位编辑模式下时,可以使用菜单"工具/在位编辑外部参照和块/在位编辑参照",或"参照编辑"工具栏中的工具来编辑参照图形,如图 8-7 所示。保存回或放弃对参照的修改后,"参照编辑"工具栏将自动关闭。在位编辑外部参照后,存回修改时,已添加到工作集中的对象将添加到参照图形中;已从工作集中删除的对象将添加到主图形中。

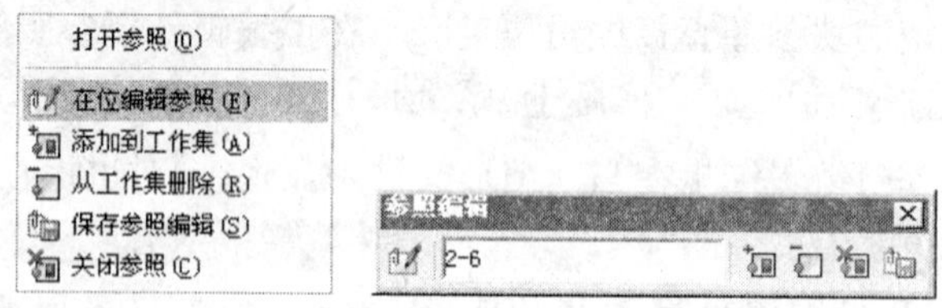

图 8-7 "在位编辑参照"子菜单和"参照编辑"工具栏

【例 8-8】 在位编辑外部参照时,下面说法错误的是:

A. 存回修改时,已添加到工作集中的对象将添加到参照图形中

B. 存回修改时,已从工作集中删除的对象将添加到主图形中

C. 在工作集中添加或删除对象使用的命令是 REFSET

D. 工作集以外的对象不可进行编辑

【答案】 D

8.2.4 掌握光栅图像的插入与编辑,如附着、拆离与显示控制图像

光栅图像与 DWG 文件的结合大大扩展了 AutoCAD 的使用范围。可以将光栅图像添加到基于矢量的图形中,然后查看和打印生成的文件。

8.2.4.1 光栅图像的概念

光栅图像由一些称为像素的小方块或点的矩形栅格组成。光栅图像参照了特有的栅格上的像素。与其他许多图形对象一样,光栅图像可以复制、移动或剪裁光栅图像。也可以使用夹点模式修改图像、调整图像的对比度、使用矩形或多边形剪裁图像或将图像用作修剪操作的剪切边。

程序支持的图像文件格式包含了主要技术成像应用领域中最常用的格式,这些应用领域有:计算机图形、文档管理、工程、映射和地理信息系统(GIS)。图像可以是两色、8 位灰度、8 位颜色或 24 位颜色的图像。AutoCAD 2006 不支持 16 位颜色深度的图像。

AutoCAD 2006 支持的图像文件格式有 BMP、CALS-I、FLIC、GeoSPOT、IG4、IGS、JFIF 或 JPEG、PCX、PICT、PNG、RLC、TARGA、TIFF 等。

8.2.4.2 附着光栅图像

附着光栅图像可以使用链接图像路径的方式将对光栅图像文件的参照附着到图像文件

中,但与外部参照一样,它们不是图形文件的实际组成部分。图像通过路径名链接到图形文件。可以随时更改或删除链接的图像路径。通过使用链接图像路径附着图像或使用设计中心拖动图像,可以将图像放入图形中,但这会稍微增加图形文件的大小。一旦附着图像,就可以像块一样将其多次重新附着。每个插入的图像都可以剪裁边界,并可以设置亮度、对比度、褪色度和透明度。

附着光栅图像的步骤:

(1)单击菜单"插入/光栅图像",或是单击参照工具条上光栅图像附着按钮,或是在命令行输入 IMAGEATTACH,出现"选择图像文件"对话框。

(2)在"选择图像文件"对话框中,从列表中选择文件名或在"文件名"框中输入图像文件名称,然后单击"打开"。

(3)在"图像"对话框中,使用以下方法之一指定插入点、缩放比例或旋转角度:

选择"在屏幕上指定",可以使用定点设备在所需位置、按所需缩放比例或角度插入图像。

清除"在屏幕上指定",然后在"插入点"、"缩放比例"或"旋转角度"下输入值。

(4)单击"确定"。

【例 8-9】 如果图像文件位于当前图形文件所在的文件夹中,选择哪种文件夹路径信息与附着图像一起保存比较好?

A. 相对路径

B. 绝对路径

C. 无路径

D. 外部参照路径

【答案】 C

8.2.4.3　拆离光栅图像

光栅图像可以附着,同样可以拆离,拆离图形中不再需要的图像。拆离图像时,将从图形中删除图像的所有实例,同时清除图像定义并删除图像的链接,而图像文件本身不受影响。删除图像的单个对象与拆离图像并不一样。只有拆离图像,才能真正删除图形到图像文件的链接。拆离光栅图像的步骤为:

(1)单击菜单"插入图像管理器",或是点击参照工具条上的"图像管理器"按钮,或是在命令行输入:IMAGE,或是利用快捷菜单,选择图像,然后在绘图区域中单击鼠标右键,依次单击"图像/图像管理器",出现"图像管理器"对话框。

(2)在图像管理器中选择要拆离的图像名,单击"拆离"。图像所有实例将从图形中删除,不再与图形文件链接。

8.2.4.4　显示控制光栅图像

(1)显示和隐藏光栅图像边界

光栅图像的边界可以有显示和隐藏,图像只有在边框显示的情况下才可以选择和使用移动、复制等编辑命令。但是,如果图像不在锁定图层上,且选择对象时使用“全选”选项产生的命名选择集的一部分,这时仍然可以选择图像。隐藏图像边界时,剪裁图像仍然显示在指定的边界界限内,只有边界会受到影响。显示和隐藏图像边界将影响图形中附着的所有图像。控制图像边框是否显示的步骤为:

①单击菜单“修改/对象/图像/边框”,或是点击参照工具条上边框按钮,或是在命令行输入:IMAGEFRAME。

②命令行:imageframe

输入图像边框设置[0/1/2]<1>:

0:不显示和打印图像边框;1:显示并打印图像边框;2:显示图像边框但不打印。

(2)裁剪光栅图像

如果只要光栅图像的一部分,可以使用剪裁图像命令,这个命令可以使屏幕只显示所需的那部分图像,可以提高重画速度。剪裁图像也可以定义图像的显示和打印区域。剪裁边界可以是矩形,也可以是顶点限制在图像边界内的二维多边形。可以使用多边形剪切边界来剪裁图形中光栅图像的显示。图像的每个实例只能有一个剪裁边界。同一图像的多个实例可以具有不同的边界。

修改剪裁图像的边界:可以使用剪裁边界显示剪裁图像,也可以隐藏剪裁边界来用原始边界显示图像。可以删除图像的剪裁边界。删除剪裁边界时,图像将以原始边界显示。剪裁图像的步骤为:

①单击菜单“修改/剪裁/图像”,或是点击参照工具条上的图像按钮,或是在命令行输入:IMAGECLIP,或是利用快捷菜单,选择图像,然后在绘图区域中单击鼠标右键,单击“图像/剪裁”。

②命令行:选择图像边界以选择要剪裁的图像:

输入图像剪裁选项[开(ON)/关(OFF)/删除(D)/新建边界(N)]<新建边界>:

输入n(新建边界),输入p(多边形)或r(矩形),然后在图像上绘制边界。如果绘制多边形边界,将会提示指定连续的顶点。要结束多边形的绘制,在绘图区域的任意位置单击鼠标右键或按ENTER键。

(3)控制光栅图像的亮度、对比度和褪色度

图像调整命令可以更改图形中光栅图像的几个显示特性,以便于查看或实现特殊效果。

可以调整图像显示和打印输出的亮度、对比度和褪色度,但不影响原始光栅图像文件和图形中该图像的其他实例。

调整亮度使图像变暗或变亮。调整对比度使低质量的图像更易于观看。调整褪色度使整个图像中的几何线条更加清晰,并在打印输出时创建水印效果。

启用图像调整命令的步骤为:

①单击菜单“修改/对象/图像/调整”,或是点击参照工具条上的图像调整按钮,或是在命令行输入:IMAGEADJUST,或是利用快捷菜单,选择图像,然后在绘图区域中单击鼠标右键,单击“图像/调整”。

②命令行:_imageadjust 选择图像:找到 1 个选择图像:(回车)

出现“图像调整”对话框,可以分别对亮度、对比度和褪色度进行调整,取值范围在 0 到 100 之间。右边的预览框内可以看到调整后的图像显示情况,点击“确定”退出。

【例 8-10】　在“图像管理器”对话框中,点击“细节(T)…”按钮,不可以查看图像的哪类详细信息?

A. 图像像素大小和名称

B. 分辨率

C. 当前 AutoCAD 单位和文件类型

D. 对比度

【答案】　D

如图 8-8 所示,点击“细节(T)…”按钮,没有对比度信息。

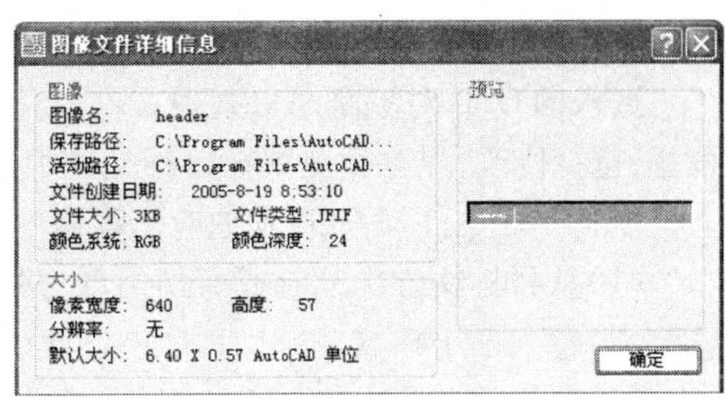

图 8-8　图像文件详细信息

8.2.5　会混合使用光栅图像与矢量图形

当光栅图像与矢量图像混合使用的时候,要注意插入图像的插入点、比例、旋转角度等,使得插入的图像与矢量图形适应,对于插入后的光栅图像,可以进行修改使得与矢量图形适应。光栅图像与矢量图形混合使用的时候要设置显示的顺序,如果光栅图像为背景,应该先插入图像然后在上面绘制矢量图形,如果显示的次序不符,可以用显示顺序 DRAWORDER 命令调整显示的顺序。使用显示顺序命令后,文件的大小将会增加,而且对于 PSOUT 等命令,DRAWORDER 不起作用,所以建议混合使用光栅图像和矢量图形的时候,按生成的次序来操作。

8.2.6　熟悉对象链接与超链接

对象链接与嵌入(OLE)是 Windows 的一个功能,利用这个功能可以实现不同软件之间的信息共享。OLE 功能是把信息从一个应用软件插入另一个应用软件中,还可以在目标应用程序中编辑链接和嵌入的 OLE 对象。例如,可以将 AutoCAD 图形 OLE 到 Word 文档中,或者将 Excel 电子表格 OLE 到 AutoCAD 图形中。对象的链接与嵌入数据共享的形式不同,链接方式是将信息附着到目标文件中后,源信息所在文件的修改变动将反映到目标文件中;嵌入方式是将信息附着到目标文件中后,源信息所在文件的变动不会影响目标文件中的信息,嵌入和链接之间的关系类似于插入块和创建外部参照之间的关系,使用 OLE 的时候根据需要来选择。

【例 8-11】　将信息附着到目标文件中后,要想源信息所在文件的变动不会影响目标文件中的信息,选用什么方式?

A 复制,粘贴

B. OLE 链接

C. OLE 嵌入

D. A 和 C 都可以。

【答案】 D

仅仅采用粘贴的方式复制的内容和原有的文件内容没有链接关系，所以源文件的改动不会影响目标文件的内容，同样 OLE 嵌入的方法如同插入一个块，源文件的改动也不会影响目标文件的内容。

8.2.6.1 嵌入对象

嵌入的 OLE 对象是来自其他文件的信息。双击嵌入的对象可以打开源文件所使用的程序，进行修改，保存后更新在目标文件中，它们之间没有链接关系。

AutoCAD 文件中 OLE 其他应用程序中的信息的方法：

(1)从目标文件中复制或剪切信息，并将其粘贴到图形中。

(2)输入一个在其他应用程序中创建的现有文件。

(3)选择菜单“插入/OLE 对象”命令，将会打开“插入对象”对话框 7。通过该对话框即可插入 OLE 对象。

AutoCAD 文件中的图形 OLE 到其他应用程序中，例如 Word：

①在 Word 中，通过菜单“插入/对象”，出现的“对象”对话框，选择“AutoCAD 图形”，进入 AutoCAD 环境中，进行绘图，关闭当前图形文档，并选择“是”，则将图形保存到 Word 中。

②在 AutoCAD 环境中，打开已经绘制好的图形文件，选择需要的图形复制，粘贴到 Word 文档中。

【例 8-12】 利用 OLE 功能，我们可以将 AutoCAD 的对象引入到：

A. 能且只能是 WORD

B. 其他 WINDOWS 应用程序

C. 能且只能是另一张 AutoCAD 图形

D. 任何一种应用程序

【答案】 B

OLE 不仅仅是 AutoCAD 软件的功能，而且是 WINDOWS 提供的一个功能，许多 WINDOWS 软件都具有这个功能，都可以和 AutoCAD 的文件之间进行 OLE，所以答案是 B。

8.2.6.2 链接

链接对象是对其他文件中信息的引用。如果需要在多个文件中使用同一信息，可链接对象。这样，如果修改了原始信息，只需更新链接即可更新包含 OLE 对象的文档。也可以将链接设置为自动更新。

链接图形时，需要具有对源应用程序和链接文档的访问权限。如果重命名或移动其中任何一者，则必须重新建立链接。

8.2.6.3 超链接

超级链接提供了一种简单而有效的方式，可以迅速将其他文件的数据信息与 AutoCAD 图形对象建立链接关系。链接的目标可以是其他图形、明细表、工作计划等现有的文件或

Web 页、邮件地址等，要打开与超链接相关联的文件，必须将 PICKFIRST 设置为 1。在 AutoCAD 中创建超级链接的方法有：

(1)选择菜单“插入/超链接”。

(2)在命令行输入：HYPERLINK。

(3)快捷键 CTRL + K。

启动该命令后，在绘图区域中，选择要附着超链接的图形对象，回车，出现“插入超链接”对话框，如图 8-9 所示。

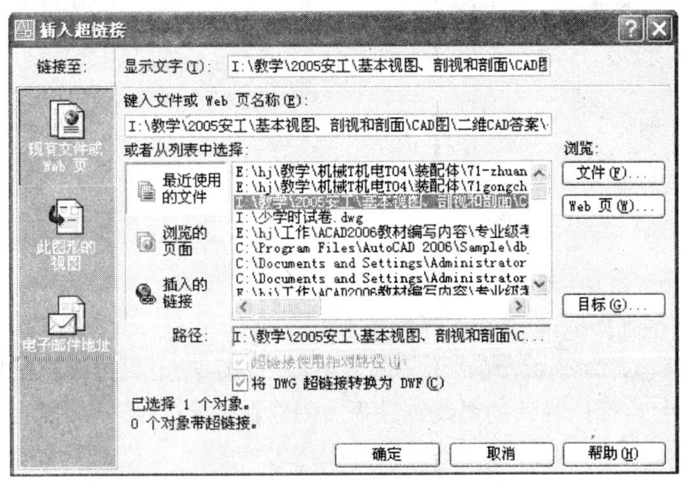

图 8-9　“插入超链接”对话框

“插入超链接”对话框在“链接至”下包括三个选项卡：“现有文件或 Web 页”、“此图形的视图”和“电子邮件地址”。

(1)链接到现有文件或 Web 页

通过“插入超链接”对话框中的“现有文件或 Web 页”选项卡，可以创建到现有文件或 Web 页的超链接。

该选项卡中，各项的作用如下：

①键入文件或 Web 页名称　该文本框可以指定要与超链接关联的文件或 Web 页。该文件可存储在本地、网络驱动器或者 Internet 或 intranet 上。

②最近使用的文件　选择一个最近链接的文件进行链接。

③浏览的页面　选择一个最近浏览过的 Web 页进行链接。

④插入的链接　选择一个最近插入的超链接进行链接。

⑤文件　用于打开“浏览 Web-选择超链接”对话框(标准文件选择对话框)，从中可以浏览到需要与超链接相关联的文件。

⑥Web 页　用于打开浏览器，从中可导航到要与超链接关联的 Web 页。

⑦目标　用于打开“选择文档中的位置”对话框，从中选择链接到图形中的命名位置。

(2)链接到此图形的视图

通过“插入超链接”对话框中的“此图形的视图”选项卡，如图 8-10 所示，可以指定当前图形中链接目标命名视图。在“选择此图形的视图”列表框中显示了当前图形中命名视图的可扩展树状图,从中可选择一个视图进行链接。

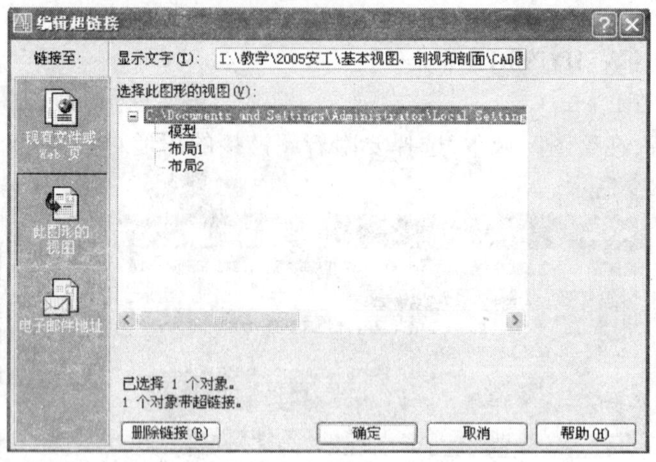

图 8-10 “此图形的视图”选项卡

(3)链接到电子邮件地址

通过“插入超链接”对话框中的“电子邮件地址”选项卡,可以指定链接目标电子邮件地址。执行超链接时,将使用默认的系统邮件程序创建新邮件。

(4)编辑超级链接

编辑超链接时,请先选择一个包含超链接的对象,然后在绘图区域单击鼠标右键,并选择“超链接/编辑超链接”命令,弹出“编辑超链接”对话框,如图 8-11 所示。该对话框与“插入超链接”对话框的选项基本相同,只是多了一个“删除链接”选项,单击该选项可以从选定的对象中删除超链接。

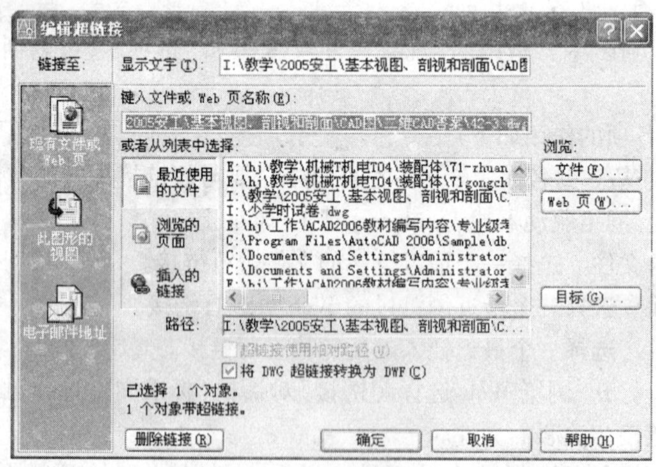

图 8-11 “编辑超链接”对话框

【例 8-13】 以下哪个选项不是超级链接所能提供的功能?

A. 激活 WEB 浏览器,并加载特定的 HTML 页面

B. 启动字处理程序并打开特定文件

C. 创建电子邮件

D. 实现到其他图形文件中命名视图的跳转

【答案】 D

【例 8-14】 当激活指向图形样板文件的超链接时,将:

A. 创建基于该样板的新图形文件

B. 进入该样板文件所在的目录

C. 打开该样板文件

D. 以该样板文件更新当前图形

【答案】 A

超链接不可以与块以及块中包含的嵌套对象相关联,要编辑或删除块中嵌套的超链接,只能分解块,选择块中的元素时,可以打开与此元素相关联的超链接,也可以与该块相关联的超链接,块和块中包含的嵌套对象都有超链接,可以使用 CTRL + 单击选择,打开。

8.2.7 i-drop、网络发布

8.2.7.1 i-drop 基本概念

要使用 i-drop,只需要将有代表性的 i-drop 内容图像从 Web 页拖动到绘图区域中即可。有代表性的 i-drop 内容图像通常是图形内容的可视表示。非常适合将块库发布到 internet。

i-drop 提供以下功能:

设置接受 i-drop 内容的默认类型:可以设置程序接受的 i-drop 内容的默认类型。选定的设置将决定从 Web 拖动有代表性的 i-drop 内容图像时,插入到图形中的内容类型。例如,如果选择“块”,插入的内容则为块。

单击鼠标右键并拖动以选择 i-drop 内容的类型:可以选择在单击鼠标右键并拖动典型的 i-drop 内容图像时要插入到图形中的 i-drop 内容的类型。

单击鼠标右键并拖动以指定要下载的关联数据文件:可以指定在单击鼠标右键将i-drop 内容拖动到图形时要下载的关联数据文件。

指定下载的关联数据文件的位置:可以指定要将与 i-drop 内容关联的数据文件下载到的位置。

查看 i-drop 内容的日志文件:可以查看每个图形的 i-drop 内容的日志文件。该日志文件与图形保存在同一个文件夹中。

将 i-drop 内容插入到图形中的步骤:

(1)打开要在其中插入 i-drop 内容的图形。

(2)将有代表性的 i-drop 内容图像从 Web 页拖动到当前图形中,使用鼠标左键和右键都可以。

(3)将光标移动到网站中有代表性的 i-drop 内容图像上时,光标将变成滴管图像,表示用户进入了“插入”模式。

(4)在当前的图形中,在要插入 i-drop 内容的位置上单击,i-drop 内容将插入到图形中。为与插入的 i-drop 内容关联的数据文件指定选项的步骤为:

①在有代表性的 i-drop 内容图像上单击鼠标右键,然后将其从网页拖动到当前的图形中。将光标移动到网站中有代表性的 i-drop 内容图像的上方时,光标将变成滴管图像。

②在快捷菜单中,单击“插入为/块”。

③在“i-drop 选项”对话框的“选择关联文件”区域中,选择要与 i-drop 内容一起下载的关联数据文件。

④在“选择目标路径”区域中,将显示默认的目标路径。可以输入其他路径或单击“...”按钮以浏览不同的文件夹。

⑤单击“确定”。

⑥在图形中,在要插入内容的位置上单击。

联机拖放 idrop 对象的默认代理显示必须为位图文件,使用 i-drop 联机拖放对象文件包括发布到网页上的实际数据,可传递到桌面或者应用程序中。对于发布的每一个 i-drop 联机拖放产品,必须包含相应的设计、图形和 XML 对象文件。

8.2.7.2 网络发布

在 AutoCAD 中,利用网络发布功能可以将设计图直接发布到网上,创建包括选定图形或图像的带格式的网页,在创建网页之后,可以使用“网上发布”向导将该页面发布到 Internet 或 intranet 上。

“网上发布”向导提供了一个简化的界面,即使不熟悉 HTML 编码,也可以快速、轻松地创建包含图形的 DWF、JPEG 或 PNG 图像的格式化网页。

DWF 格式不会压缩图形文件。

JPEG 格式采用有损压缩;即故意丢弃一些数据以显著减小压缩文件的大小。

PNG(便携式网络图形)格式采用无损压缩;即不丢失原始数据就可以减小文件的大小。

通过“网上发布”向导,创建带格式的网页,创建的网页可以包含 AutoCAD 图形的 DWF、JPEG 或 PNG 等格式的图像。

网上发布,选择图像类型有 DWF、JPEG 或 PNG 三个选项,网上发布样板文件的扩展名是 *.pwt。

用户可以自定义以下四种默认“网上发布”样板:

列表加概要　创建包含图形列表、图像边框以及有关选定图像概要信息的 Web 页。

数组加摘要　创建包含缩微图像阵列和有关每个图像概要信息的 Web 页。

缩微图像数组　创建包含缩微图像阵列的 Web 页。

图形列表　创建包含图形列表和图像边框的 Web 页。

网上发布向导可以为添加的每个布局添加注释,指定 WEB 页的名称,为 WEB 页提供显示在其上的说明。

用户可以对样板的功能和外观进行修改或添加,但无法更改其中的图像排列。

例如，在“缩微图像数组”样板中，图像在页面中按行显示。用户无法改变图像的演示，但可以使文字和图形围着图像表排列。

网上发布—应用主题，可以选择不同风格的 Web 页主题。主题是一些预设的元素，用于控制 Web 页上个元素的不同外观，例如字体、颜色等。

【例 8-15】 “网上发布”向导中，用于确定 WEB 页面中各元素的外观样式的是：

A. 网页样板

B. 图像类型

C. 应用主题

D. 以上皆不正确

【答案】 C

8.2.8　设计中心的概念和使用

8.2.8.1　基本概念

AutoCAD 设计中心（Design Center）具有很强的功能，通过设计中心，用户可以组织对图形、块、图案填充和其他图形内容的访问。可以将源图形中的任何内容拖动到当前图形中。可以将图形、块和填充拖动到工具选项板上。源图形可以位于用户的计算机上、网络位置或网站上。另外，如果打开了多个图形，则可以通过设计中心在图形之间复制和粘贴其他内容（如图层定义、布局和文字样式）来简化绘图过程。

AutoCAD 设计中心可直接访问桌面、网络和 WEB 网上的内容，在设计中心的右窗口显示了图形、图块、图层和用户自定义的内容。利用设计中心，用户可以完成如下操作：

（1）浏览用户计算机、网络驱动器和 Web 页上的图形内容（例如图形或符号库）；

（2）在定义表中查看图形文件中命名对象（例如块和图层）的定义，然后将定义插入、附着、复制和粘贴到当前图形中；

（3）更新（重定义）块定义；

（4）创建指向常用图形、文件夹和网址的快捷方式；

（5）向图形中添加内容（例如外部参照、块和填充）；

（6）在新窗口中打开图形文件；

（7）将图形、块和填充拖动到工具选项板上以便于访问。

用户还可以控制设计中心的大小、位置和外观。

8.2.8.2　设计中心的窗口

“设计中心”窗口分为两部分，左边为树状图，右边为内容区。可以在树状图中浏览内容的源，而在内容区显示内容。也可以在内容区中将项目添加到图形或工具选项板中。

进入 AutoCAD 设计中心，可以单击菜单“工具/设计中心”，或单击“标准”工具栏上的设计中心按钮 ，或 Ctrl + 2，或输入命令 adcenter。浮动状态下的“设计中心”窗口显示如图 8-12 所示。在内容区的下面，也可以显示选定图形、块、填充图案或外部参照的预览或说明。窗口顶部的工具栏提供若干选项和操作。

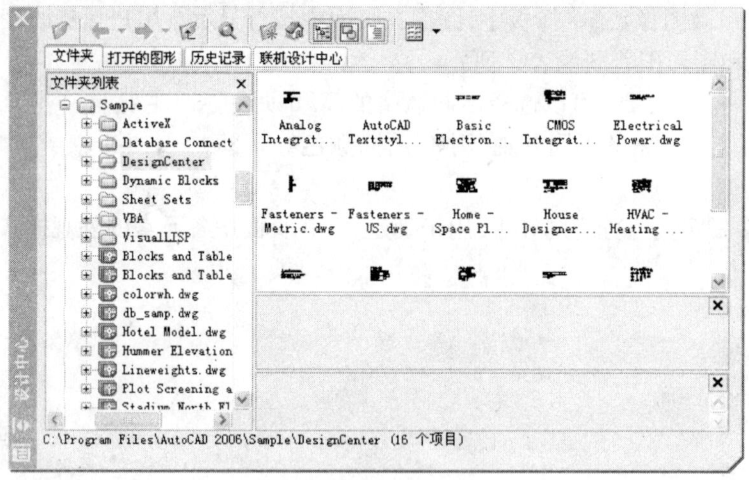

图 8-12 “设计中心”窗口

用户可以控制设计中心的大小、位置和外观。

要调整设计中心的大小，可以拖动内容区和树状图之间的滚动条，或者像拖动其他窗口那样拖动它的一边。

要固定设计中心，请将其拖至 AutoCAD 窗口右侧或左侧的固定区域上，直至捕捉到固定位置。也可以通过双击“设计中心”窗口标题栏将其固定。

要浮动设计中心，请拖动工具栏上方的区域，使设计中心远离固定区域。拖动时按住 CTRL 键可以防止窗口固定。

要更改设计中心的自动滚动行为，请单击设计中心标题栏上的“自动隐藏”按钮。

如果打开了“设计中心”的滚动选项，那么当鼠标指针移出“设计中心”窗口时，设计中心树状图和内容区将消失，只留下标题栏。将鼠标指针移动到标题栏上时，“设计中心”窗口将恢复。

“设计中心”窗口包括“文件夹”、“打开的图形”、“历史记录”和“联机设计中心”4 个选项卡，它们的功能分别如下：

(1)“文件夹”选项卡　用于显示设计中心的资源。用户可以将设计中心的内容设置为本计算机的桌面，或是本地计算机的资源信息，也可以是网上邻居的信息，包括网络和计算机、Web 地址(URL)、计算机驱动器、文件夹、图形和相关的支持文件、外部参照、布局、填充样式和命名对象，以及图形中的块、图层、线型、文字样式、标注样式和打印样式等，如图 8-12 所示。

(2)“打开的图形”选项卡　用于显示当前 AutoCAD 环境下打开的所有图形的列表，包括最小化的图形。此时单击某个图形文件，可以看到该图形的相关信息，例如图层、线型、文字样式等。

(3)“历史记录”选项卡　用于显示设计中心中最近打开过的文件，包括这些文件的完整路径。

(4)“联机设计中心”选项卡　用于提供联机设计中心 Web 页中的在线的内容，包括块、符号库、制造商目录和联机目录。可以在一般的设计应用中使用这些内容，以帮助用户创建自己的图形。“联机设计中心”窗口打开后，可以在其中浏览、搜索并下载可以在图形中使用的内容。

【例 8-16】 在“设计中心”的视图框中选择一个图形文件，下列哪一个不是“设计中心”中列出的项目？

A. 标注样式、文字样式

B. 布局、图层、线型

C. 块、外部参照

D. 打印样式、图形属性

【答案】 D

在“文件夹”选项卡中，显示了设计中心的很多资源信息，例如网络和计算机、Web 地址、文件夹、图形和相关的支持文件、外部参照、布局、填充样式和命名对象，以及图形中的块、图层、线型、文字样式、标注样式和打印样式等都可以显示。

“设计中心”窗口的工具栏中包括“加载”、“搜索”、“收藏夹”、“树状图切换”等多个按钮。

单击“收藏夹”按钮，将显示 Favorites/Autodesk 文件夹中的内容。

“主页”按钮用于快速定位到固定文件夹中。默认固定文件夹是 DesignCenter 文件夹，该文件夹位于/AutoCAD2006/Sample 下，如图 8-13 所示。

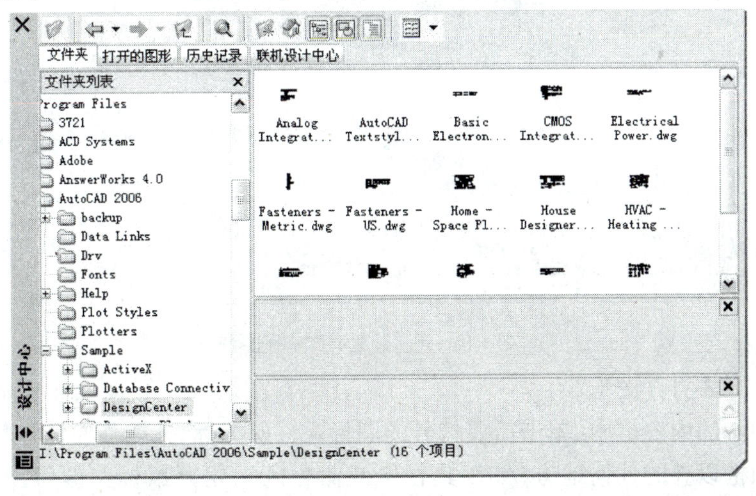

图 8-13　定位到 DesignCenter 文件夹

8.2.8.3　设计中心的使用

(1) 查找图形文件

使用设计中心的查找功能，可通过“搜索”对话框快速查找，例如图形、块、图层及尺寸样式等图形内容或设置。用户可以通过设置条件（如上次修改时间）来缩小搜索范围，或者搜索块定义说明中的文字和其他任何“图形属性”对话框中指定的字段。

【例 8-17】 在设计中心“搜索”对话框中，对于图形系统提供的特性搜索字段不包括：

A. 标题

B. 主题

C. 作者

D. 类别

【答案】 D

打开“设计中心”对话框的“搜索”，我们可以看到可以根据设置的条件或是说明，或是“图形属性”进行搜索，在图形属性中没有类别这个选项，所以答案是 D。

(2)打开图形文件

在 AutoCAD 设计中心，可以很方便地打开所选的图形文件，一般有以下两种方法：

①用右键菜单打开图形 在设计中心的内容框中用右键单击所选图形文件的图标，打开右键菜单，在右键菜单中选择“在应用程序窗口中打开”选项，可将所选图形文件打开并设置为当前图形，如图 8-14 所示。

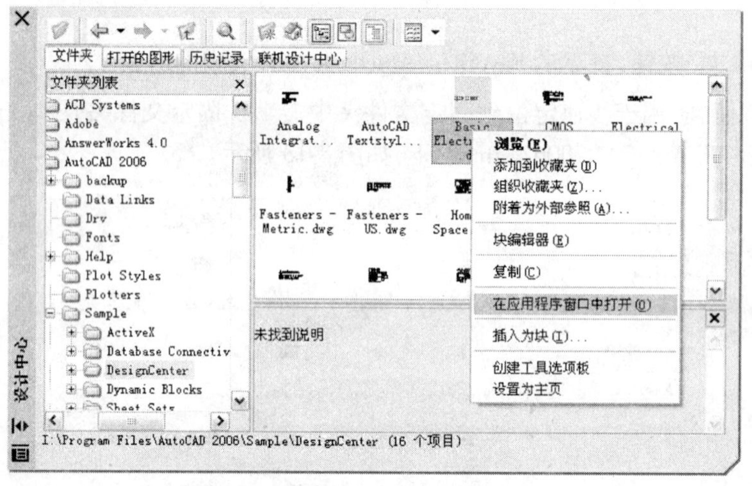

图 8-14 用右键菜单打开图形

②用拖动方式打开图形

在设计中心的内容框中，单击需要打开的图形文件的图标，并按住左键将其拖动到主窗口中的除绘图框以外的任何地方(如工具栏区或命令区)，松开鼠标左键后，AutoCAD 即打开该图形文件并设置为当前图形。

如果将图形文件拖动到 AutoCAD 绘图区中，则将该文件作为一个图块插入到当前的图形文件中，而不是打开该图形。

(3)复制图形文件

可以方便地将某一图形中的图层、线形、文字样式、尺寸样式及图块通过鼠标拖放添加到当前图形中。

(4)通过设计中心向图形添加内容

可以方便地在当前图形中插入块、用光栅图像和外部参照等内容。

(5)使用工具选项板

使用设计中心,可以轻松浏览计算机或网络上任意图形中的内容,包括块、标注样式、图层、线型、文字样式和外部参照。将工具选项板和设计中心一起使用,可以创建自定义工具选项板。可以使用设计中心从任意图形中选择块或从 AutoCAD 图案文件中选择填充图案,然后将其置于工具选项板上以便于使用,节省实践,提高效率。

8.3　习题与答案

8.3.1　习题

1. 插入了外部参照后保存图形退出,再次打开该图形时,发现外部参照丢失了,为了防止这种情况,可以:

A. 复制外部参照

B. 分解外部参照

C. 绑定外部参照

D. 裁剪外部参照

2. 当前文件中附着外部参照,当外部参照文件所在的目录位置改变后:

A. 当前会自动提示外部参照文件的路径改变

B. 当前会自动找到外部参照文件的新位置

C. 当前文件能照常地显示外部参照

D. 当前文件只显示外部参照文件原来所在的目录和文件名

3. 以下关于外部参照剪裁边界的说法正确的是:

A. 使用 ERASE 命令可以删除外部参照的剪裁边界

B. 关闭剪裁边界显示参照图形被剪裁部分

C. 删除剪裁边界显示参照图形被剪裁部分

D. 打开剪裁边界显示参照图形的被剪裁部分

4. 外部参照附着到图形时,应用程序窗口的右下角显示一个管理外部参照图标,如果未找到一个或多个外部参照或需要重载任何外部参照,“管理外部参照”图标:

A. 变为红色

B. 变为黄色

C. 出现一个叹号

D. 出现一个问号

5. 参照的文件类型已经从附着单纯的 dwg 文件扩展到附着多种类型文件,包括:

A. *. dws 文件

B. *. dwf 文件

C. *. jpg 文件

D. 图像文件

6. 外部参照的剪裁边界可以是:

A. 直线

B. 圆

C. 六边形

D. 圆柱

7. 混合使用光栅图像和矢量图形的时候,将这些图形对象显示在光栅图像上面的操作是:

A. 用 DISPLAY 命令调整显示次序

B. DRAWORDER 命令调整显示次序

C. 将图像的透明度进行调整

D. 无需调整,打印时自动会显示出来

8. 有关卸载光栅图像的说法正确的是:

A. 光栅图像和边界都不显示

B. 不能显示或打印已经卸载的图像

C. 光栅图像从图形中删除

D. 只能使用插入的方式来加载光栅图像的最新版本

9. 至 AutoCAD 2008 版本,哪些格式的图像尚无法插入?

A. *. bmp、*. jpg

B. *. tif、*. png

C. *. flc、*. tga

D. *. jpg、*. psd

10. 利用 OLE 功能,我们可以将 AutoCAD 的对象引入到:

A. 能且只能是另一张 AutoCAD 图形

B. 能且只能是 WORD

C. 其他有 OLE 功能的 WINDOWS 应用程序

D. 任何一种应用程序

11. 关于链接与嵌入,下列说法正确的是:

A. 当嵌入对象时,对源文档所做的修改更新后反映在目标文档中

B. 如果要使用创建对象的应用程序进行编辑,但在源文档中编辑信息时又不希望更新 OLE 对象,则可使用链接方式

C. 链接对象是对其他文档中信息的引用。如果修改了原始信息,只需更新链接即可更新包含 OLE 对象的文档

D. 不可以将链接设置为自动更新

12. 对于发布的每一个 i-drop 联机拖放产品,必须包含:

A. 存储设计文件的 URL 地址

B. XML 对象文件和存储文件的 URL 地址

C. 相应的设计、图形和 XML 对象文件

D. 联机拖放计划文件

13. 用户可以对“网上发布”样板的功能和外观进行修改或添加，但无法更改其中的：

A. 图像大小

B. 图像标题

C. 图像类型

D. 图像排列

14. 在“设计中心”的树状视图框中选择一个图形文件，下列哪一个不是“设计中心”中列出的项目？

A. 标注样式，文字样式

B. 块，外部参照

C. 打印样式，图形属性

D. 布局，图层，线型

8.3.2　答案

1. C：本题考查外部参照的使用。外部参照会因为路径的更改、参照文件的丢失等原因无法找到原来参照的文件，这时可以将其进行绑定，使之成为“绑定”的外部参照，实际上成为了块。

2. D：本题考查外部参照的使用。外部参照会因为路径的更改而无法找到原来参照的文件，这时系统会显示原来参照的路径。

3. D

4. C

5. B、C、D：本题考查外部参照文件的类型选择。可以用作外部参照的文件类型有：

＊. dwg、＊. dwf 和图像。＊. dws 为标准文件，不可以用作外部参照。

6. C：本题考查外部参照裁剪的边界类型。可以将外部参照剪裁边界指定为矩形、多边形、多段线。

7. B

8. B：本题考查光栅图像的卸载。卸载的图像不显示或打印，只显示图像边界。卸载图像时，图像的链接不更改。在“外部参照”选项板中，可以使用“重载”来重载已卸载的图像，或从指定目录路径重载图像以更新已加载的图像。如果图像卸载之后关闭图形，在下次打开图形时将不会自动加载图像文件，只有重载才能加载它。

9. D

10. C

11. C

12. C

13. D

14. C

第九章　图 形 输 出

9.1　考试要求

本章大纲

熟悉如何添加和配置输出设备,掌握基本输出图形命令。

了解打印 AdobePDF 文件的步骤。

熟悉在模型空间输出样式的设置,了解在布局中的输出样式设置。

掌握生成图纸集的方法。

熟悉查看和修改图纸集。

本章在认证考试中占的比重相当对来说比较少,但是作为图形的输出在设计过程中却占有相当大的比重。图形的输出是设计图纸相互交流的有效手段,是设计图纸的最后一个环节。

9.2　知识要点及例题分析

下面就本章应该掌握的知识点逐个进行分析讲解。

9.2.1　正确添加和配置输出设备,掌握基本输出图形命令

图纸绘制完成后需要进行的最后一步操作就是图纸输出了。图纸的输出是靠绘图仪或打印机等输出设备完成的。在将图纸输出到选定的输出设备之前,需要正确配置该输出设备。输出设备只要包括显示器、绘图仪、打印机等。

文件的输出方式可以是打印、发布,也可以是输出。点击菜单“文件/输出(E)”,弹出“输出数据”对话框,可以将图形文件保存为图源文件(＊.wmf)、ACIS(＊.sat)、平板印刷(＊.stl)、封装 PS(＊.eps)、位图(＊.bmp)、块(＊.dwg)等格式。

在正确配置了输出设备后 AutoCAD 2006 可以在模型空间、图纸空间、布局空间打印图形。

9.2.1.1　正确配置图纸的输出设备

正确配置图纸的输出设备必须明确以下几个问题:

(1)是工作站、网络,还是 Windows 管理图纸输出设备?

(2)输出设备的生产商是谁?

(3)输出设备的具体型号是什么?

（4）以前创建的 PCP 或 PC2 文件是否可以继续使用？

【例题 9-1】　如何为 Windows 系统下设置惠普打印机的添加和配置？

（1）菜单“工具/向导/添加绘图仪”，如图 9-1 所示，或者是单击“文件/绘图仪管理器”，或者是在命令行输入 Plottermanager 命令，出现“添加绘图仪—简介”对话框。

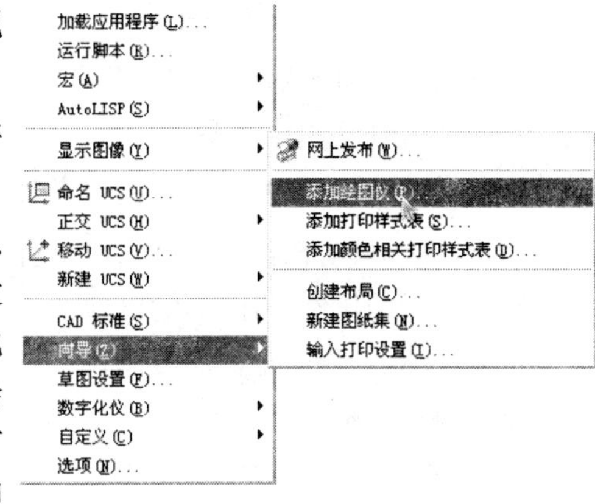

图 9-1　添加绘图仪

（2）点击下一步(N) >，出现“添加绘图仪—开始”对话框。

（3）出现“我的电脑”、“网络绘图仪服务器”、“系统打印机”三个选项，其中 Autodesk Heidi 设备接口（HDI）打印驱动是用于 AutoCAD 和其他 Autodesk 产品的外围设备第三种驱动。“网络绘图仪服务器”是配置网络中的打印机。“系统打印机”是配置 windows 系统下已经配置好的打印机。这里选择“我的电脑”选项。

（4）选择“我的电脑”选项，然后点击下一步(N) >，进入“添加绘图仪—绘图仪型号”对话框。

（5）选择正确的生产商和型号，点击下一步(N) >，进入“添加绘图仪—输入 PCP 或 PC2”对话框。PCP 文件是打印配置文件，包含独立于设备的单个打印机设置。AutoCAD® 12、13、14 使用 PCP 文件。PC2 文件包括依赖于设备的设置和独立于设备的设置。AutoCAD® 14 使用 PC2 文件。PC3 文件 AutoCAD 2000、2000i、and 2002 都使用的打印机配置文件。“添加打印机”向导创建 PCP3 文件并储存在 AutoCAD 2002/Plotters 文件夹下。

（6）点击下一步(N) >，进入“添加绘图仪—端口”对话框，选择“打印到端口”，勾选“LPT1”端口，然后点击下一步(N) >。

（7）在“添加绘图仪—绘图仪名称”界面中的绘图仪名称输入绘图仪的名称，在绘图仪名称中输入“LaserJet4”点击下一步(N) >。

（8）在“添加绘图仪—完成”对话框中点击完成(F)，完成绘图仪的添加。

【例题 9-2】　PCP3 文件是什么类型的文件？

A. 图幅设置文件

B. 电子文件

C. 控制绘图设备配置文件

D. 图形备份文件

【答案】　C

本题考查的是对打印配置文件的了解，PCP3 答案是控制绘图设备配置文件，所以本题正确的答案是 C。

【例题 9-3】 打印图纸的命令是什么？

有关图形输出的命令主要有：PLOTTERMANAGER、PCINWIZARD、PLOT、PREVIEW。

PLOTTERMANAGER 命令是在“添加打印机”向导和“打印机配置编辑器”中可显示“打印机管理器”。对应的是“文件”菜单下的“绘图仪管理器(M)...”。

PCINWIZARD 是输入 PCP 和 PC2 打印机配置文件到模型空间或当前布局中的向导说明命令。对应的是“工具”菜单下的“向导(Z)”中的“输入打印设置(I)...”。

PLOT 是图纸打印命令，对应着“文件”菜单下的“打印(P)...”命令。Plot 命令可以调整输出图形的比例、将图形输出到文件、指定图纸的输出范围等。

PREVIEW 是打印预览命令，对应着“文件”菜单下的“打印预览(V)”命令。通过打印预览可以预览到与图纸打印方式相关的打印图形。

9.2.1.2 打印 Adobe PDF 文件

在 AutoCAD，用户可以更加方便的打印 AdobePDF 文件。如果在添加绘图仪向导中配置 DWG toPDF 驱动程序，如图 9-2 所示，用户可以将图形输出为可移植文档格式（PDF）。

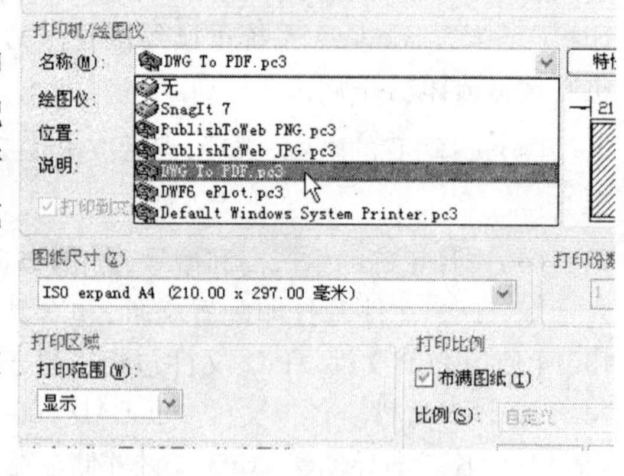

图 9-2 配置 DWG to PDF 驱动程序

【例题 9-4】 若希望打印 Adobe PDF 文件，在添加绘图仪向导中配置哪个驱动程序？

A. DWF6 ePlot. pc3

B. DWG to PDF. pc3

C. Default Windows System Printer. pc3

D. PublishToWeb PNG. pc3

【答案】 B

【例题 9-5】 可以指定 PDF 哪些自定义分辨率的输出？

A. 矢量分辨率

B. 渐变色分辨率

C. 光栅图像分辨率

D. 打印材质分辨率

【答案】 A、B、C

可以通过指定分辨率来自定义 PDF 输出，在绘图仪配置编辑器中的“自定义特性”对话框中，可以指定矢量和光栅图像的分辨率，也可以指定矢量、渐变色、颜色以及黑白输出的自定义分辨率，但是不能指定打印材质分辨率。

9.2.2　熟悉在模型空间输出样式的设置，了解在布局中的输出样式设置

为了更好地与其他软件进行数据交互，在 AutoCAD 2006 中还可以选择不同的输出格式。点击菜单中的“文件”选择“输出(E)……”可以以不同的数据格式输出图纸，如图 9-3 所示。

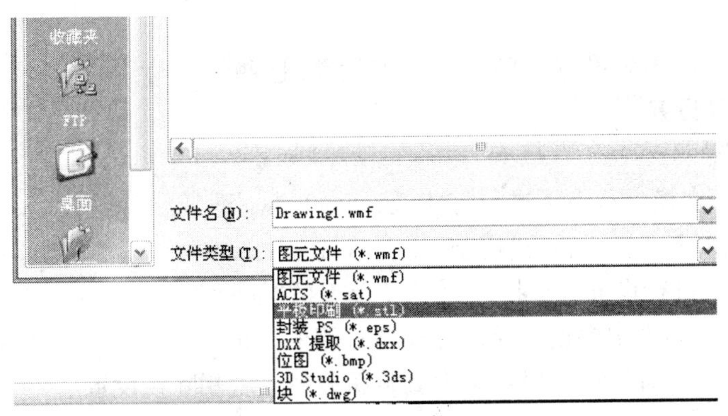

图 9-3　文件输出的类型

在“文件”菜单下的“打印样式管理器(Y)...”可以进行打印样式表的管理，如图 9-4 所示。选择所需要的打印样式表，其中包括颜色相关打印样式表和命名打印样式表。在该界面下可以点击“添加打印样式表向导 快捷方式 1 KB”添加新的打印样式表。

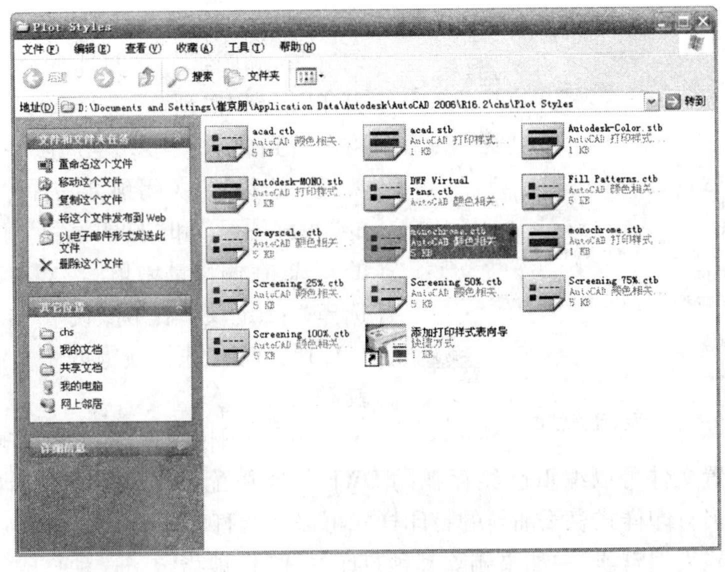

图 9-4　“打印样式管理器”

当配置完绘图仪、打印机等输出设备就可以输出图纸了。点击菜单的“文件”选项，进行绘图仪的管理，如图 9-5 所示。

“页面设置管理器”是对打印前的一系列设置进行管理的菜单。AutoCAD 中的图纸可以在“模型”选项卡或“布局”选项卡中打印。布局选项提供了更强的功能，推荐所有图形在此环境中打印。

在图纸打印以前要先设置打印的一系列设置，这些设置分为模型设置和布局设置。

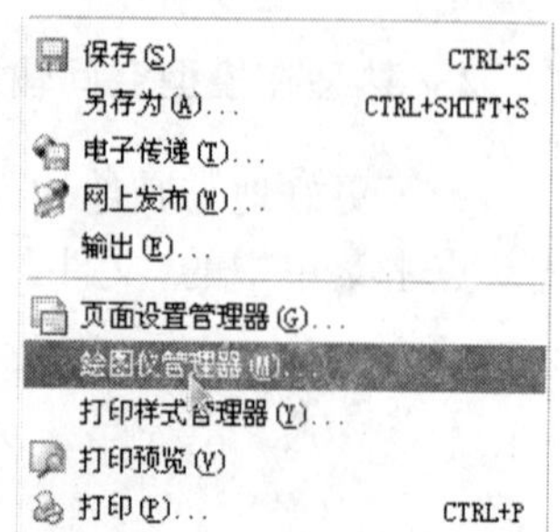

图 9-5　打开“绘图仪管理器”

【例题 9-6】　在模型状态下进行打印 Drawing9. dwg 图纸。

确定 example9. dwg 打开后的“模型”选项卡被选中，在模型状态下打印以前必须首先对“页面设置—模型”进行设置。选择“文件”菜单下的“页面设置管理器”得到如图 9-6 所示的对话框，在这个对话框中根据向导进行模型打印的页面设置。选中已有的设置点击右键可以把该设置定为当前设置、可以对该设置重新命名或者删除该设置。

点击 新建(N)... 进入到“新建页面设置”对话框，输入新页面设置名称为“设置(机械)”，如图 9-7 所示。根据前面的打印机设置，在“打印机/绘图仪”名称里选择“HP LaserJet 6L”。在“图纸尺寸”里选择“A4”。

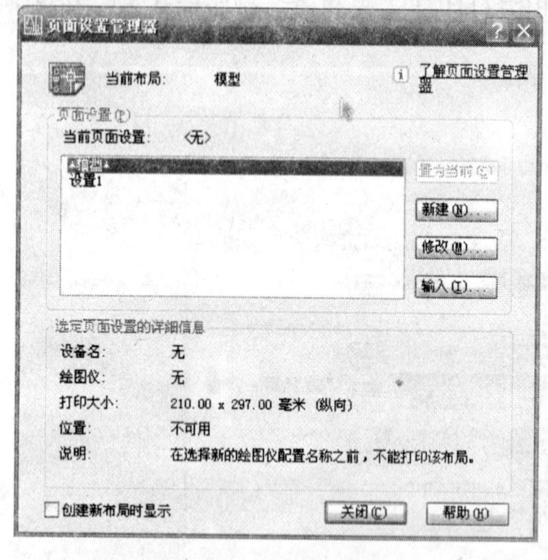

图 9-6　页面设置管理器

在“打印范围”里有四个选项：窗口、范围、图像界面、显示。这里选择“显示”。在“打印样式表”中选择“Screening 100% . ctb”。在“图形方向”里选择“纵向”。打印比例中勾选“布满图纸”。“打印偏移”中勾选“居中打印”。点击“预览”进行预览如图 9-8 所示。可以看到此时图形只是局限在图纸中央，需要进一步设置，关闭预览，去掉“打印比例”中的“布满图纸”和“打印偏移”里“居中打印”的勾选，在偏移量中填写：X：－270；Y：－30。选择“自定义”比例，设置自定义比例为 1∶1.1。此时在进行预览如图 9-9 所示效果比较理想。

在“绘图仪管理器”文件夹配置文件列表中双击 DWF 配置文件可以编辑已经存在的 DWF 打印机配置文件。在“打印样式表编辑器”中通过向命名打印样式表添加新的打印样式可以添加打印样式。

在“打印样式表编辑器”中如果删除某种打印样式时，被指定了这种打印样式的对象将保留打印样式指定，以“普通”样式打印。

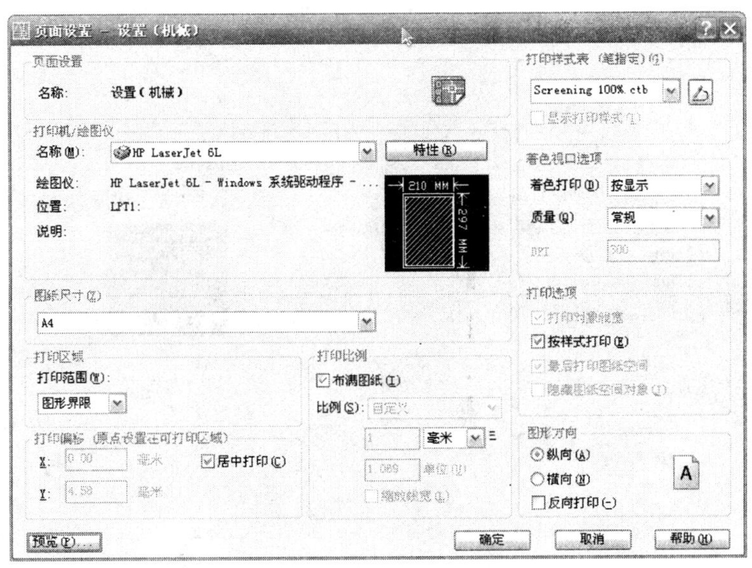

图 9-7　“页面设置”对话框进行“机械”新页面设置

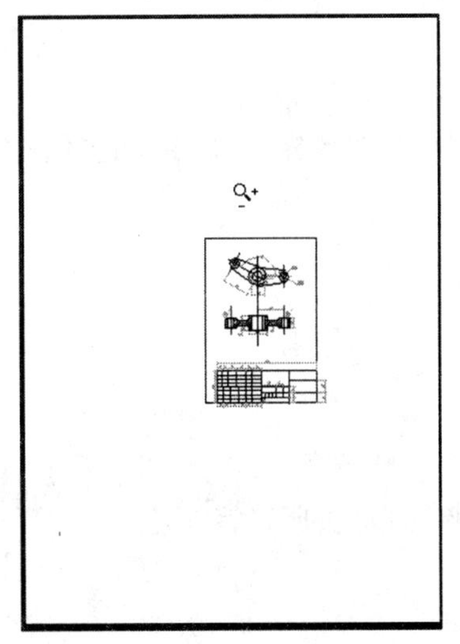

图 9-8　居中打印预览

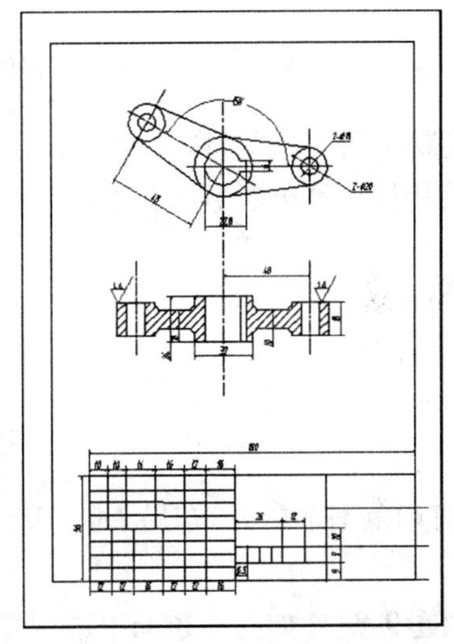

图 9-9　自定义打印预览

打印样式有两种类型：颜色相关和命名，用户可以在两种打印样式表之间转换，一个图形只能使用一种类型的打印样式表。

Pagesetup 命令可以创建新的页面设置，修改现有的页面设置，为当前布局或图纸指定已存在的页面设置。

确定页面设置后便可以进行打印了。点击“文件”菜单选择“打印”如图 9-10 所示。在页面设置中选择刚才的页面设置“设置（机械）”，然后确定就可以打印了。

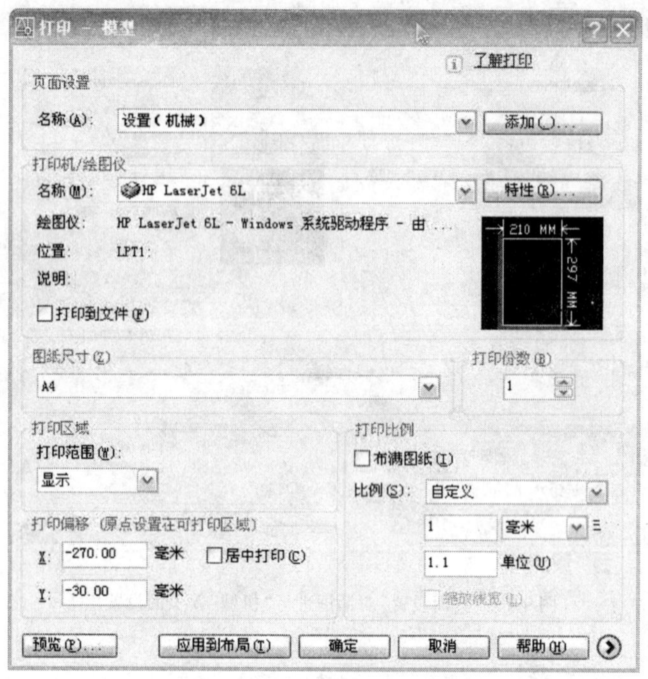

图 9-10　在模型空间打印

【例题 9-7】　在“打印范围”里有四个选项:窗口、范围、图像界面、显示。选择什么的时候,“布满图纸”复选框不可以用?

A. 窗口

B. 范围

C. 布局

D. 显示

【答案】　C

在打印范围选择为“布局”时,“布满图纸”复选框不可以用,所以答案是 C。

【例题 9-8】　如何在布局中进行打印?

首先确定 AutoCAD 2006 是在布局选项卡选中的状态下打开 Drawing8. dwg。然后点击“文件”菜单下的“页面设置管理器”对布局进行设置,这里输入布局名称为“布局(机械)”,确定后对该布局进行设置,如图 9-11 所示。

根据前面的设置在“打印机/绘图仪”名称中选择“HP LaserJet 6L”。在“打印样式表”中选择“monochrome. ctb”,这个选择会将所有颜色打印为黑色。在“图形方向”选择“横向”。注意到在“打印区域”中默认的“布局”情况下“居中打印”和“布满图纸”两个选项不可选。在这里选择比例为“1:1”。打印偏移中 X、Y 值设置为 0. 00。点击“预览”(图9-12)效果比较理想,保存该布局设置。

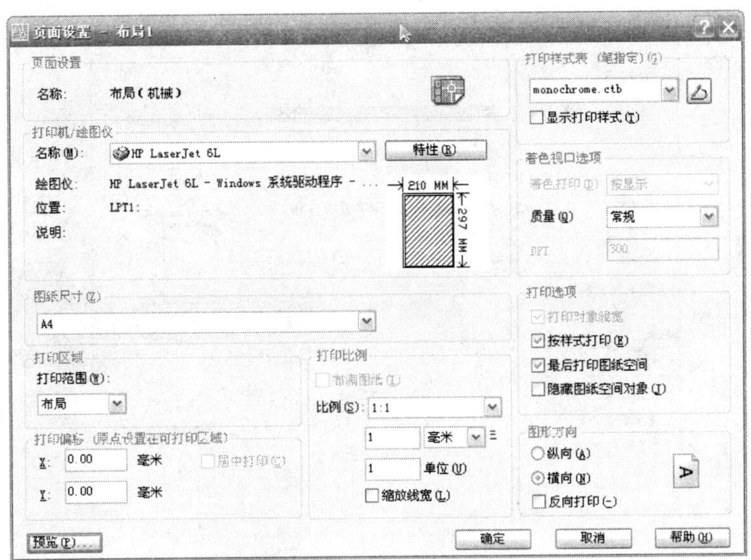

图 9-11　在布局空间打印的页面设置

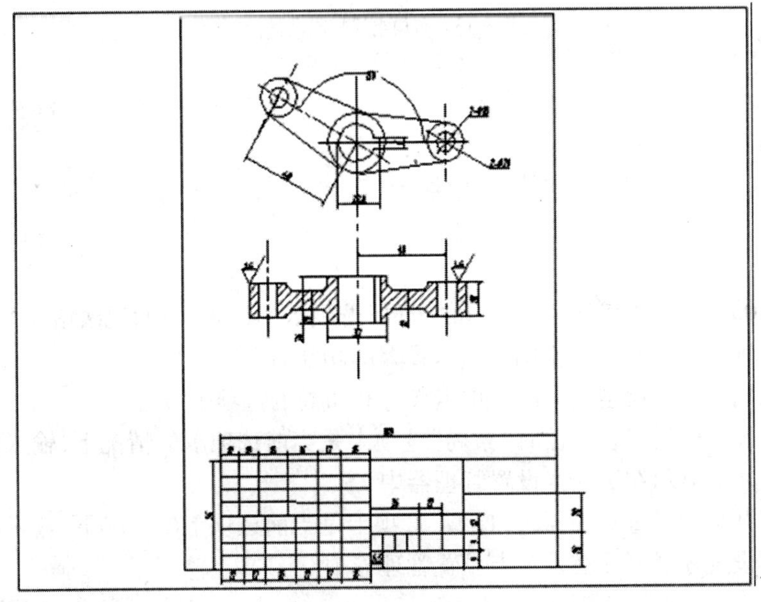

图 9-12　1:1比例打印预览

然后选择“文件”菜单下的 打印(P)... 命令进入到“打印—布局”界面。如图9-13 所示。在“页面设置”名称中选择刚才的布局“布局(机械)”，然后点击“确定”进行打印。

【例题 9-9】 如果从模型空间打印一张图，打印比例为 2∶1，那么想在图纸上得到 5mm 高的字，应在图形中设置的字高为：

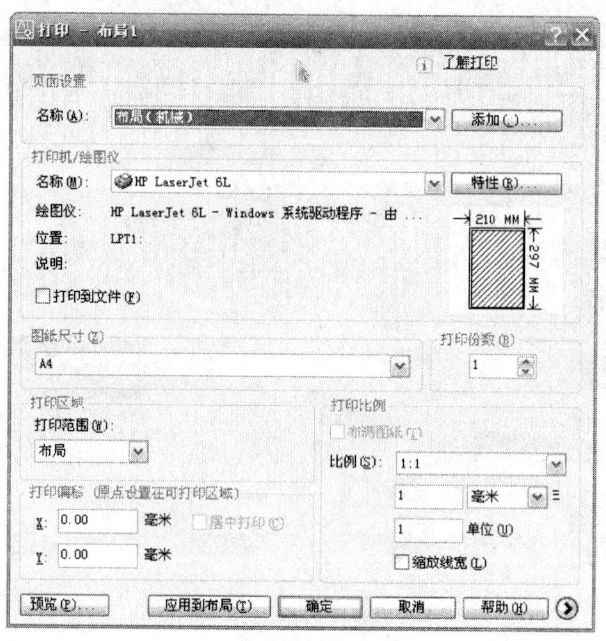

图 9-13　布局空间打印设置

A. 5mm

B. 10mm

C. 2.5mm

D. 2mm

【答案】 B

【例题 9-10】 关于"模型"选项卡和"布局"选项卡的设置,下面说法错误的是:

A. 布局选项卡设置和模型空间选项卡设置的功能有部分不同

B. 不可以同时输入模型空间的选项卡设置和布局的选项卡设置

C. 仅在打开页面设置管理器时"布局"选项卡是当前选项卡的情况下,输入的布局选项卡设置才会显示在选项卡设置管理器中

D. 仅在打开页面设置管理器时"模型"选项卡是当前选项卡的情况下,输入的模型空间选项卡设置才会显示在选项卡设置管理器中

【答案】 B

模型空间的选项卡设置和布局的选项卡设置可以同时输入,所以本题答案是 B。

9.2.3 掌握生成图纸集的方法

图纸集的生成方法有两种:从图纸集样例创建和从现有图形创建。

这里以创建一个机械设计的图纸集为例讲解图纸集的创建。打开"文件"菜单下的"新建图纸集"开始新建一个图纸集,在接下去的对话框中选择"样例图纸集"开始创建。选择样例图纸集可以为新创建的图纸集提供组织结构和默认设置,它不会从现有的图纸集复制任何图纸，通过样例图纸集来创建新的图纸集可以一个个地输入布局或创建图纸。从现有图形创建新图纸集可以选择包含图形文件的文件夹，这样包含在这些图形中的布局就自动输入到新创建的图纸集中了。

在接下去的对话框（图 9-14），可以看到 AutoCAD 2006 中预先设置的图纸集样例，选择“Manufacturing Metric Sheet Set”图纸集样例，它表示使用公制制造图纸集来创建新的图纸集，其默认图纸尺寸为 297 ×420 毫米。

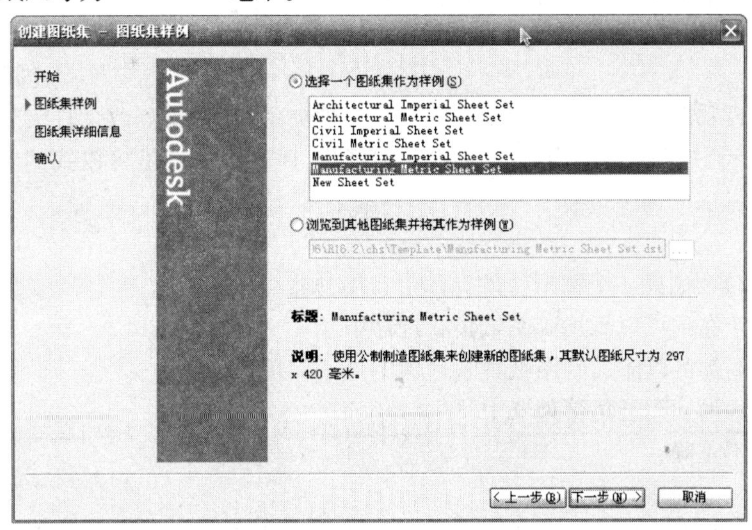

图 9-14　创建图纸集 - 图纸集样例

点击“下一步”得到对话框（图 9-15），在新图纸集的名称中输入“机械设计图纸集”，在“图纸集特性”中可以看到图纸集的特性，点击“编辑自定义特性”添加自定义特性（图 9-16），这里输入自定义特性名称“行业”默认值为“机械设计”。所有者选择为“图纸集”。

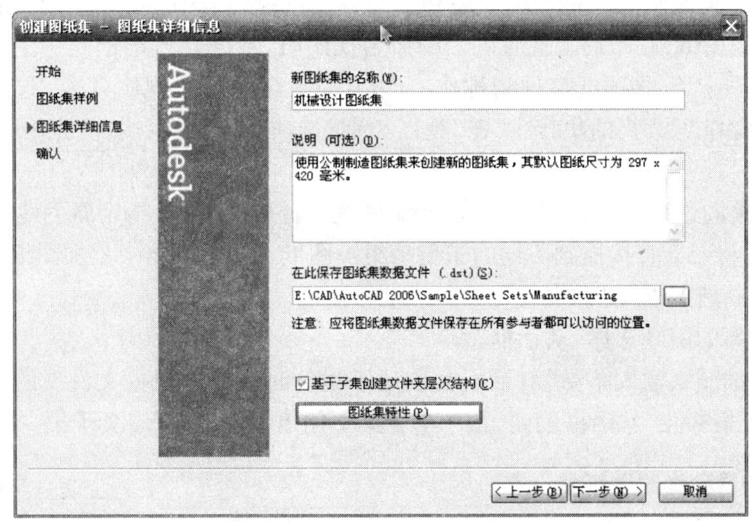

图 9-15　图纸集详细信息

【例题 9-11】 在创建图纸集的过程中,将 DST 文件和图纸图形文件存储在同一个文件夹中,则:

A. 如果修改了文件夹的名称,则 DST 文件将找不到图纸

B. 如果修改了服务器,则 DST 文件将找不到图纸

C. 如果移动整个图纸集,则 DST 文件将找不到图纸

D. 以上情况 DST 文件都可以找到图纸

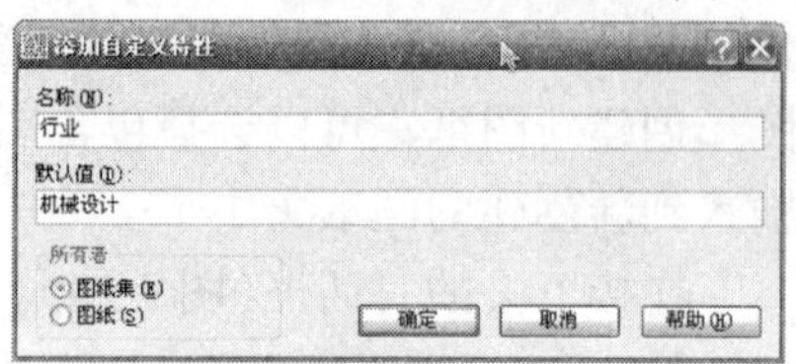

图 9-16 添加自定义特性

【答案】 D

将 DST 文件和图纸图形文件存储在同一个文件夹中,无论是修改文件夹还是修改服务器,DST 文件都可以找到图纸,如果整体移动图纸集,DST 文件还是可以找到图纸文件。所以答案是 D。

【例题 9-12】 如果一个图形文件有两个布局,则:

A. 只有一个布局可以添加到图纸集管理器中

B. 两个布局都可以添加到图纸集管理器中

C. 都不能添加到图纸集管理器中

D. 以上皆不正确

【答案】 B

不管图形文件有几个布局,都可以添加到相对应的图纸集中,所以答案是 B。在创建图纸集之前,通常需要创建图纸创建样板及页面设置替代文件。图纸创建样板是创建新图纸的图形样板(DWT)文件,页面设置替代文件可用于将一种页面设置应用到图纸集中的所有图纸,两者都是 DWT 文件。

一个布局只能属于一个图纸集,在图纸管理器的图纸列表中,可以用鼠标将图纸拖动到不同子集来组织图纸,在布局上放置图形的命名视图时,系统会自动创建一个图纸视图,在“图纸列表”选项卡上,将图纸整理到称作“子集”的集合中,在“视图列表”选项卡上,可以将视图整理到称作“类别”的集合中,在“视图类别”选项卡上,可以按“类别”或“图纸”来显示图纸视图。

在创建子集的过程中,可以创建存储子集图纸文件的文件夹,指定新创建图纸 DWG 文件的格式,或者将图纸直接拖到不同的子集来组织图纸。向图纸集中添加图纸有三种方式:

(1)使用“新建图纸”对话框

(2)使用“新的图纸选择”对话框

(3)使用“按图纸输入布局”对话框在创建子集的时候可以根据文件夹的结构来创建,也可以使用“子集特性”对话框创建,在一个子集下创建子集,形成嵌套子集。

9.2.4 熟悉查看和修改图纸集

图纸集创建后可以在“图纸集管理器”中进行管理和修改。打开“图纸集管理器”可以通过在命令行运行命令:sheetset 或者通过点击“文件”菜单下的“打开图纸集”来打开图纸

集管理器。

我们以“Manufacturing Metric Sheet Set”图纸集为例进行图纸集修改。点击“文件”菜单下的“打开图纸集”在打开图纸集的对话框中选择“Manufacturing Metric Sheet Set”，如图9-17所示。可以看到图纸集管理器共有三个选项卡：图纸列表、视图列表、资源图形。对图纸集的查看和修改主要包括：对图纸集中的子集的查看和修改、图纸集归档、图纸集中图纸的查看和修改、图纸集的发布。下面分别就各个知识点进行详细介绍。

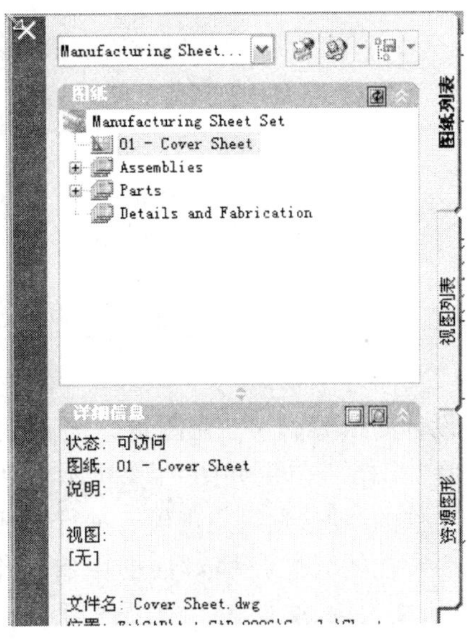

图9-17　“打开图纸集”对话框

图纸集中的子集的查看和修改：在图纸集名称上点击右键，得到如图9-18所示的菜单，选择“新建子集”菜单就在子集名称中输入“新建的子集”创建新的子集。然后在“新建的子集”上点击右键选择“重命名子集”对自己重新命名，如图9-19所示。在包含图纸的子集上点击右键可以看到“删除子集”菜单灰色显示，只有把该子集下的所有图纸都删除或移走后才可以删除该子集。在图9-18中点击“新建图纸”就可以在该图纸集里添加新图纸，如图9-20所示，在编号里输入“02”在图纸标题输入“new sheet”点击“确定”创建新图纸。

在图9-18选择“按图纸输入布局”，出现如图9-21所示的对话框，点击 浏览图形(B)... ，然后选择可以选择的布局，就会在列表中出现。接下来在列表中选中该布局点击 输入选定内容(I) 就把布局输入到该图纸集里了。修改完图纸集后点击图9-18中的“重新保存所有图纸”，保存修改后的图纸集。要对一个图纸集子集重新命名，可以在相应子集上使用右键快捷菜单，选择“重命名子集”，也可以在相应子集上使用右键快捷菜单，选择“特性”进行重命名。

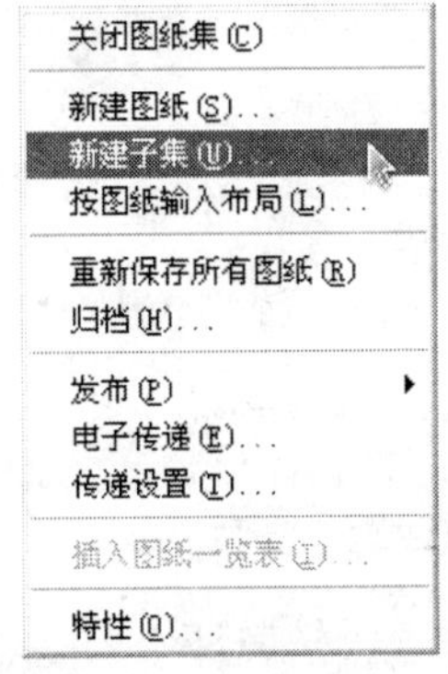

图9-18　新建图纸子集

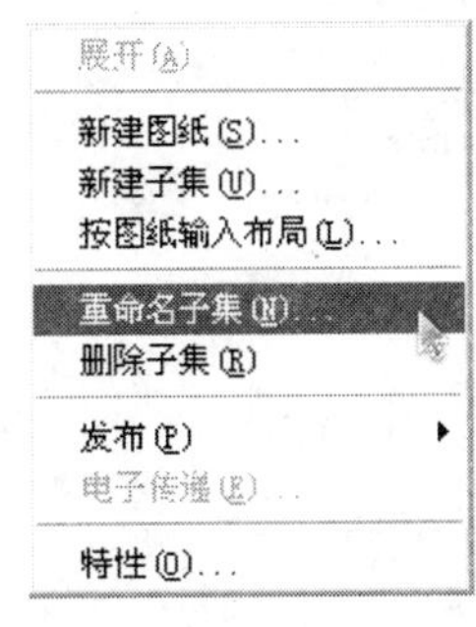

图9-19　重命名图纸子集

新建“机械设计图纸集(1)”并进行归档：图纸集归档就是将图纸集关联的文件进行打包，可以使用archive命令打开“存档图纸集”对话框。打开一个新建的图纸集名字为“机械

图 9-20　新建图纸

设计图纸集(1)”，在图纸集名称上点击右键选择“归档”，出现如图 9-22 所示对话框填写归档文件的注解，然后点击确定进行图纸集归档。

在图纸集归档对话框中有三个选项卡：图纸、文件树、文件表。图纸选项卡表示出了该图纸集中的图纸，文件数列出了该图纸集的树状目录结构，文件表列出了所有文件的详细信息。点击 [修改归档设置(M)...] 得到如图 9-23 所示对话框，在“修改归档设置”对话框中可以选择归档文件包类型：Zip（＊. zip）、文件夹（文件集）、自解压可执行文件（. exe）. 在文件格式中可以选择 AutoCAD 中的不同的文件格式。

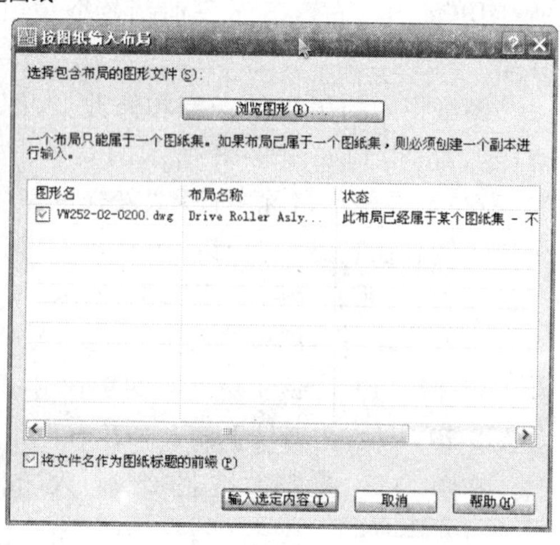

图 9-21　“按图纸输入布局”页面

图 9-22　图纸集归档

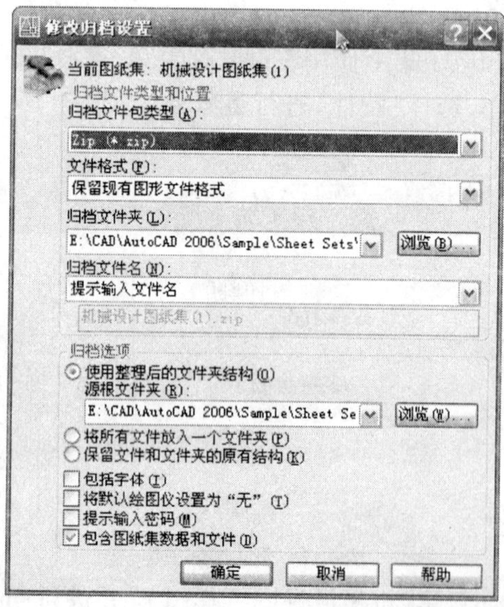

图 9-23　修改归档设置

图纸集中图纸的查看和修改：从图纸列表中删除指定的图纸的同时会同时删除图纸布局，但是不会删除图形文字的。在图纸集管理器中选中“图纸列表”选项卡，双击相应的图纸就可以打开图形文件，或者在相应的图纸上，按右键选择“打开”或者在相应的图纸上，按右键选择“以只读方式打开”。值得注意的是可以一次在图纸集中同时打开多个图形文件。

图纸集的发布：在图纸集名称上点击右键菜单（图9-24），就可以把图纸集发布到DWF、发布到绘图仪。

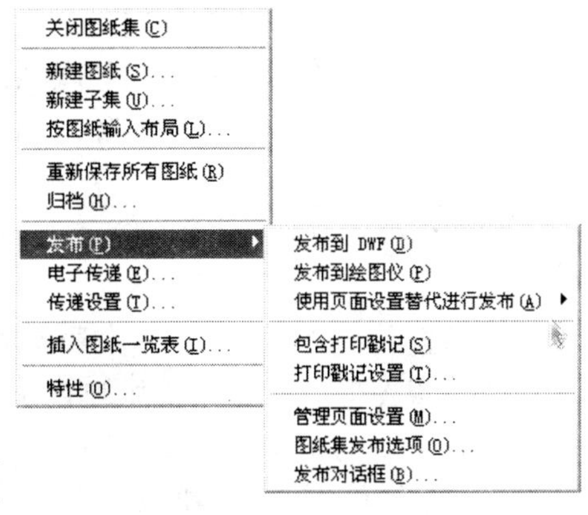

图9-24　图纸集的发布

9.3　习题与答案

9.3.1　习题

1. 打印选定模型或布局中的当前图纸空间视图使用哪种打印方式？

A. 范围

B. 视图

C. 显示

D. 窗口

2. 在模型空间打印图纸，在图形中设置的字高为80mm，若在图形中设置打印比例为2:1，则在图纸上得到多高的字？

A. 40mm

B. 80mm

C. 160mm

D. 2mm

3. 在布局空间进行打印输出，下列哪个选项包含在打印范围中？

A. 布局

B. 窗口界限

C. 范围

D. 图形界限

4. 下列哪个版本AutoCAD不能使用打印配置文件PC3？

A. AutoCAD R14

B. AutoCAD 2000

C. AutoCAD 2004

D. AutoCAD 2008

5. 在“打印”对话框中“着色打印”下拉列表中选择“消隐”，下列哪个选项是正确答案？

A. 从“模型”选项卡打印时显示隐藏线

B. 从“模型”选项卡打印时删除隐藏线

C. 从“布局”选项卡打印时显示所有线型

D. 以上说法均不对

6. 将布局添加到图纸集管理器,说法正确的是:

A. 一个图形只可以可以添加一个布局

B. 只能将一个图形第一个布局添加进去

C. 如果图形包含两个布局,则两个布局均可以添加进去

D. 图形中的布局不能添加进去

7. 关于图纸集中的图纸以下说法正确的是:

A. 从图纸列表中删除图纸,可以删除图纸布局

B. 在图纸集管理器中删除图纸,可以删除图形文件

C. 从图纸列表中删除图纸,删除了图纸布局以及图形文件

D. 从图纸列表中删除图纸,不能删除图纸布局和图形文件

8. 颜色相关打印样式表文件的后缀是:

A. ctb

B. stb

C. stl

D. sat

9. 在“页面设置”对话框的“图形方向”选项组中可以进行的操作是:

A. 纵向

B. 横向

C. 布满图纸

D. 反向打印

10. 在“归档图纸集”对话框中有哪些选项卡?

A. 图纸

B. 文件树

C. 文件类型

D. 文件表

9.3.2 答案

1. C:本题考查对打印区域的了解。“范围”选项是指打印包含对象的图形的部分当前空间。“视图”选项是指打印以前使用 View 命令保存的视图。“显示”选项是指印选定的“模型”选项卡当前视口中的视图或布局中的当前图纸空间视图。“窗口”选项是指打印指定的图形部分。

2. A:本题考查的是在模型空间打印图纸。打印比例是控制图形单位与打印单位之间的相对尺寸,可以通过输入与图形单位数等比的数来创建自定义比例。本题设置比例为

2∶1，则打印出来的图形字高为原图形中设置字高的一半。

3. A、B、C

4. A

5. B

6. C：本题考查的是图纸集的使用。不管图形文件有几个布局，都可以添加到相对应的图纸集中。

7. D：本题考查的是图纸集的使用。通过图纸集进行删除图纸，并没有真正删除原始图形文件和之前添加的布局，只是从图纸集中将其移除。

8. A

9. A、B、D

10. C

第十章 AutoCAD 2008 新功能

10.1 考试要求

本章大纲

熟悉 AutoCAD 2008 支持的操作系统平台。
掌握用户界面的增强功能。
掌握图层的改进。
掌握标注的增强功能。
掌握多重引线的创建、排列和对齐。
了解几个提高绘图效率的新功能。

本章主要考察 AutoCAD 2008 软件的一些新增功能,包括:用户界面的改进、图层改进标注增强功能、多重引线等。在认证考试中有一定的题量,应试者以应紧扣大纲,掌握大纲中的内容,才能更好地掌握 AutoCAD 2008 的新功能和使用方法。

10.2 知识要点及例题分析

下面就本章应该掌握的知识点逐个进行分析讲解。

10.2.1 操作系统

10.2.1.1 安装 AutoCAD 2008 所要求的硬件配置

在单独的计算机上安装 AutoCAD 2008 之前,请确保计算机满足最低系统需求。请参见下面的硬件和软件需求。

(1)处理器:Pentium III 或 Pentium IV(建议使用 Pentium IV)800MHz。

(2)内存:512MB 及以上(推荐)。

(3)视频:具有真彩色 1024×768VGA 或以上。

(4)硬盘:至少需要 750MB 以上。

(5)定点设备:鼠标、轨迹球或其他设备。

(6)CD-ROM 驱动器:任何速度均可(仅用于安装)。

10.2.1.2 安装 AutoCAD 2008 所需要的软件环境

(1)操作系统:安装 AutoCAD 2008 时,将自动检测 Windows 操作系统是 32 位版本还是 64 位版本,根据系统配置将安装适当的 AutoCAD 版本。

AutoCAD 2008 支持 Microsoft Vista 等 64 位操作系统,支持在 Vista 系统上安装和运行,提高了大数据量运用的性能和稳定性。

(2)浏览器:Microsoft Internet Explore 6.0 Service Pack 1(或更高版本)。

10.2.2　用户界面

10.2.2.1　工作空间增强

AutoCAD 2008 将惯用的 AutoCAD 命令和熟悉的用户界面与更新的设计环境结合起来。新的工作空间提供了用户使用得最多的“二维草图和注解”工作空间,它仅包涵与二维草图和注释相同的菜单、工具栏、工具选项板组以及面板,如图 10-1 所示。面板显示了与二维草图和注释相关联的按钮和控件。“二维草图和注释”工作空间以 CUI 文件方式提供以便用户可容易将其整合到自己的自定义界面中。除了新的“二维草图和注释”工作空间外,“三维建模”工作空间也做了一些增强。

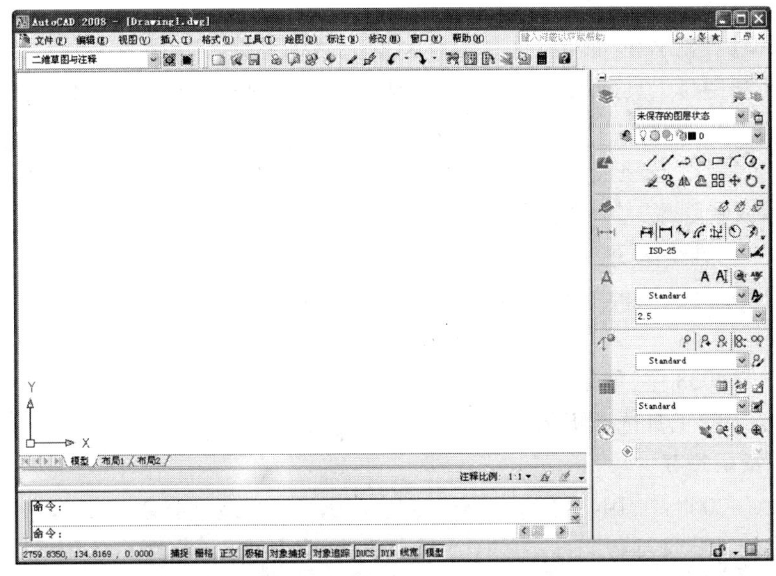

图 10-1　“二维草图和注解”工作空间

10.2.2.2　面板的增强

在 AutoCAD 2007 中引入面板,它是一种特殊的选项板,用于显示与基于任务的工作空间关联的按钮和控件,使用户无需显示多个工具栏,从而使得应用程序窗口更加整洁,加快和简化工作。

在 2008 版本中面板有新的增强,它包含了多个新的控制台,更易于访问图层、注解比例、文字、标注、多种箭头、表格、二维导航、对象属性以及块属性等多种控制。

除了加入了面板控制台外,对于现有的控制台也做了改进,用户可使用自定义用户界面(CUI)工具来自定义面板控制台。用户界面还有更加自动化的一项,可以将工具选项板组与控制面板相关联。当用户从面板中选定一个工具时,如果该选定的面板控制台与一个工具选项板组相对应,则工具选项板将自动显示该组。例如,如果用户在面板上调整一可视样式属性,此时,样式选项板组将自动显示。

【例题 10-1】 在 AutoCAD 2008 的“面板”选项板中,比 AutoCAD 2007 新增加了部分控制台,下列哪个不是 AutoCAD 2008 中新增加的控制台?

A. 文字

B. 标注

C. 多重引线

D. 二维绘图

【答案】 D

在 AutoCAD 2008 中,新增的控制台包括图层、注释缩放、文字、标注、多重引线、表格、二维导航、对象特性和块属性,所以本题答案为 D。

【例题 10-2】 显示在“面板”选项板左侧的大图标称为控制面板图标。如果将面板中“二维绘图”控制台与工具选项板中“引线”选项板组相关联,当单击“二维绘图”图标时,说法正确的是:

A. 会弹出“特性”选项板

B. 会显示或者隐藏“绘图”工具栏

C. 会展开“二维绘图”控制台

D. 会打开“工具选项板”,并显示“引线”选项板组

【答案】 D

在 AutoCAD 2008 中,如果将面板的控制台与工具选项板组相关联,当单击控制面板图标时,则显示关联的工具选项板组,所以本题答案为 D。

10.2.2.3 选项板增强

在 AutoCAD 2008 中,用户可基于现有的几何图形方便地创建新的工具选项板工具,即使要加入工具的工具选项板当前不处于活动状态也可以实现。当用户从图形中拖动对象到非活动的工具选项板时,AutoCAD 会自动激活它使用户可将对象放入到相应的位置。

用户可自定义工具选项板关联于工具的图标,它通过在工具上右键点击出现菜单中选择新的“指定图像”菜单项来完成。

当用户修改工具选项板上的工具位置,它们的顺序将保持到工具目录中(除非目录文件为只读)和配置文件中,这样,用户不需要人工修改工具就可以和别人共享工具选项板。

10.2.2.4 图形状态栏

在 AutoCAD 2008 的用户界面中,新增了图形状态栏,图形状态栏增加了用于缩放注释的工具。对于模型空间和图纸空间,图形状态栏将显示不同的工具,如图 10-2 所示。

图形状态栏打开时,显示在图形的底部;图形状态栏关闭时,图形状态栏上的工具移至应用程序状态栏,如图 10-3 所示。图形状态栏打开时,可以使用“信息栏”菜单选择在状态栏显示哪些工具。

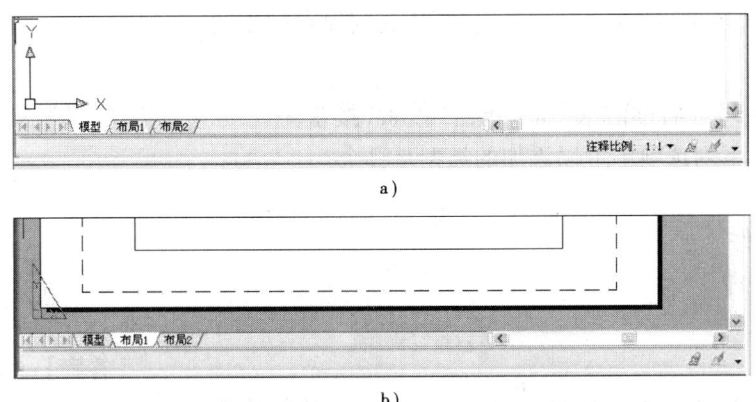

图 10-2　图形状态栏在不同空间的显示

a)模型空间;b)图纸空间

图 10-3　图形状态栏的工具移至应用程序状态栏

【例题 10-3】　下列选项中哪个不在图形状态栏中?

A. 注释比例

B. 注释可见性

C. 全屏显示

D. 自动添加比例

【答案】　C

在 AutoCAD 2008 中,新增了图形状态栏,选项 A、B 和 D 均为图形状态栏中的工具,而选项 C 全屏显示是在以前 AutoCAD 版本已有工具,所以本题答案为 C。

【例题 10-4】　下列关于图形状态栏说法不正确的是:

A. 对于模型空间和图纸空间,图形状态栏将显示不同的工具

B. 当图形状态栏关闭时,在 AutoCAD 中将不显示图形状态栏

C. 通过图形状态栏用户可以设置注释比例

D. 通过图形状态栏用户可以关闭注释可见性

【答案】　B

在 AutoCAD 2008 中,如果单击状态栏右端的"状态栏菜单"箭头关闭图形状态栏,图形状态栏上的工具将移至应用程序状态栏,并不会不显示。其余选项均正确,所以答案为 B。

10.2.2.5　通过信息中心获取信息

在 AutoCAD 2008 的菜单栏上,用户可以通过新增的"信息中心"一次查询搜索多个信息资源,或选择要搜索的单个文件或位置,如图 10-4 所示。实际使用时,用户可以输入关键字或问题以寻求帮助、显示"通讯中心"面板以获取产

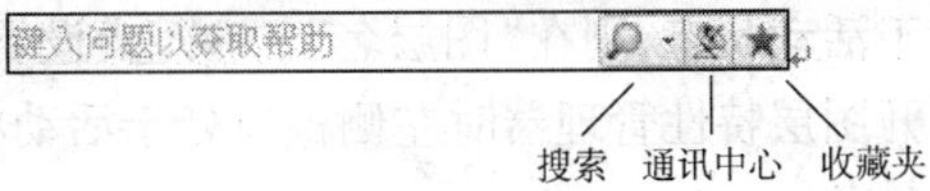

键入问题以获取帮助
搜索　通讯中心　收藏夹

图 10-4　信息中心

品更新和通知,还可以显示“收藏夹”面板以访问保存的主题。

【例题 10-5】 通过信息中心,单击“搜索”按钮旁边的箭头,并从列表中选择“添加搜索位置”,下列选项中可以添加的类型是哪个?

A. txt 文件

B. doc 文件

C. chm 文件

D. html 文件

【答案】 A、B、C、D

在 AutoCAD 2008 中,新增的信息中心,可以添加的搜索类型包括 txt、doc、chm、htm 等,所以正确答案为 A、B、C、D。

【例题 10-6】 在信息中心,如何将“单机版安装手册”加入到默认搜索的位置?

A. 在信息中心处,单击“搜索”按钮旁边的箭头,选择搜索位置。在“信息中心设置”对话框中,选择“单机版安装手册”复选框,确定即可

B. 在“选项”对话框中设置

C. 在信息中心处,单击“通讯中心”按钮,选择“单机版安装手册”即可

D. 在信息中心处,单击“收藏夹”按钮,选择“单机版安装手册”即可

【答案】 A

在信息中心中,通过选项 A 可以实现将“单机版安装手册”加入到默认搜索的位置。而其他选项均无法实现,所以正确答案为 A。

10.2.3 图层改进——按视口替代图层特性

以前,用户不能独立设置各视口的图层特性,在 AutoCAD 2008 中,用户可以按视口替代图层特性,也就是说,图形对象可以在图纸空间的各个视口中以不同方式显示,同时保留其在模型空间中的原始图层特性。

当布局视口为当前视口时,可以将特性替代指定给一个或多个图层,从而使新设置仅应用于该视口。图 10-5 中右侧视口和左侧视口中以不同的颜色显示楼梯扶手,这是由于该视口的“handrail”图层上设置了颜色替代。

从布局选项卡打开图层特性管理器时,将显示四列:视口颜色、视口线型、视口线宽和视口打印样式。这四列用于设置当前视口的图层特性替代,如图 10-6 所示。

应试者还应熟悉如何查看哪些图层具有特性替代,主要有如下两种方法:

(1)在图层特性管理器中检查“视口替代”列:如果打开图层特性管理器时右侧视口处于活动状态,则在“图层名”、“颜色”设置和“视口颜色”设置的后面将显示背景色;如果打开图层特性管理器时左侧视口处于活动状态,由于该视口没有图层特性替代,因此不显示背景色。

（2）使用图层特性管理器中的视口替代过滤器：如果当前视口存在特性替代，将在树状列表中自动创建视口替代过滤器。通过选择该过滤器，可以快速查看视口中具有特性替代的所有图层。

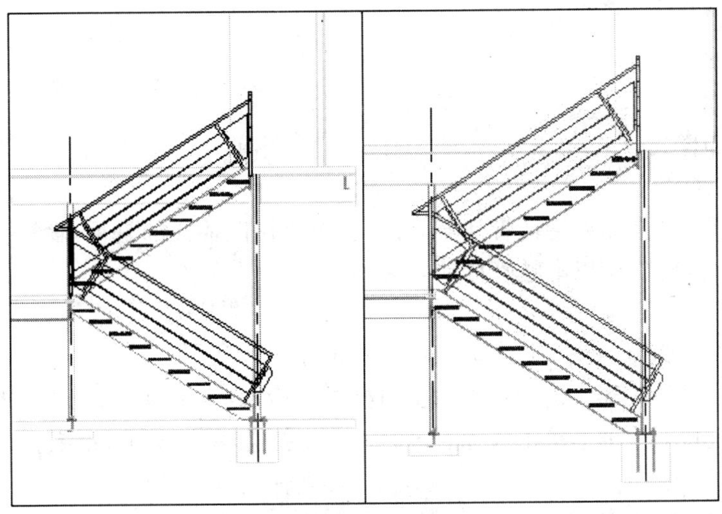

图 10-5　按视口替代图层特性

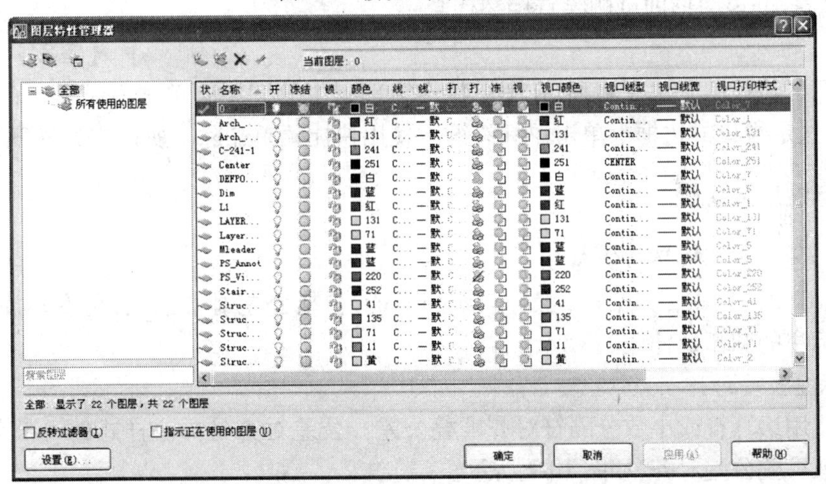

图 10-6　从布局选项卡打开的图层特性管理器

【例题 10-7】　关于视口替代，说法正确的是：

A. 视口替代只有在模型空间中可以显示

B. 视口替代只有在布局空间中可以显示

C. 视口替代在模型和布局空间中都可以显示

D. 视口替代在当前操作中只能在模型和布局空间其一中显示

【答案】　B

在 AutoCAD 2008 中，新增了视口替代功能，它只能在布局空间中才可以设置显示，所以正确答案是 B。

【例题 10-8】 从布局选项卡访问图层特性管理器时，下列哪个选项不显示特性替代？

A. 视口颜色

B. 视口线型

C. 视口名称

D. 视口打印样式

【答案】 C

从布局选项卡访问图层特性管理器时，显示图层特性替代的是视口颜色、视口线型、视口线宽、视口打印样式，所以本题答案是 C。

【例题 10-9】 以下方法可以删除特性替代的是：

A. 在图层特性管理器中的图层上单击鼠标右键后，显示快捷菜单，可以删除特性替代

B. 在选定视口的边框上单击鼠标右键时使用快捷菜单，可以删除该视口所有图层的视口替代

C. 在命令行中输入 Regen

D. 重新打开该图形即可删除特性替代

【答案】 A、B

删除图形替代的方法有两种：在图层特性管理器中的图层上单击右键显示的快捷菜单上删除；在选定视口的边框上单击鼠标右键时使用快捷菜单删除。所以本题答案为 A、B。

10.2.4 标注增强功能

10.2.4.1 一般标注增强功能

AutoCAD 2008 添加了若干一般标注增强功能，包括公差对齐选项、角度标注的象限支持和半径标注的圆弧延伸线。

(1)标注公差对齐

可以使用运算符或小数分隔符对齐堆叠公差。公差对齐是标注样式的一部分，也可以为标注单独设置公差对齐，如图 10-7 所示。

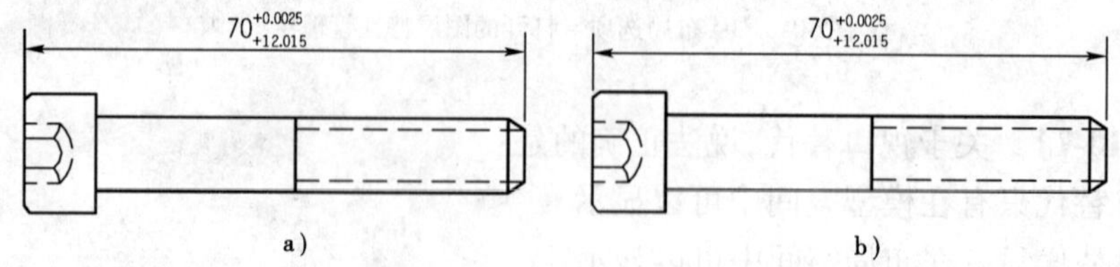

图 10-7 标注公差对齐

a)使用运算符对齐上下公差值；b)使用小数分隔符对齐上下公差值

(2)角度标注文字

可以控制位于被测角外部的角度标注文字的位置。通过“象限点”选项可以将标注文

字放置在角度标注外时，尺寸线会延伸超过尺寸界线，如图 10-8 所示。

（3）半径标注的圆弧延伸线选项

对圆弧进行标注时，半径或直径标注不需要直接沿圆弧进行放置，如果将标注拖出圆弧的末端，将会自动沿正在标注的圆弧的路径绘制一条圆弧延伸线，使用该圆弧延伸线可以指定半径、直径和折弯半径标注的文字位置，如图 10-9 所示。此外，使用 DIMEXO 系统变量控制圆弧和圆弧延伸线之间的间距。

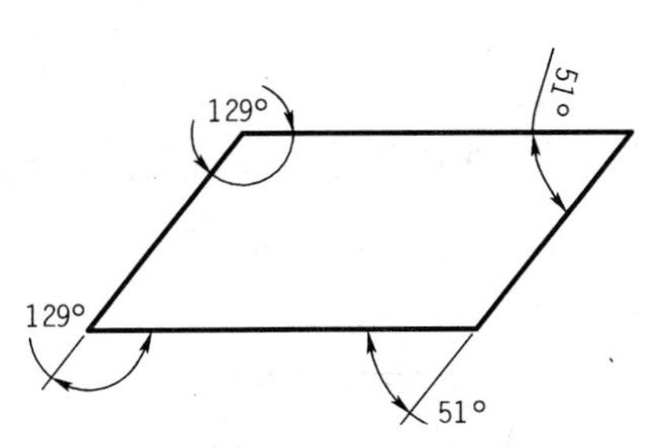

图 10-8　角度标注文字

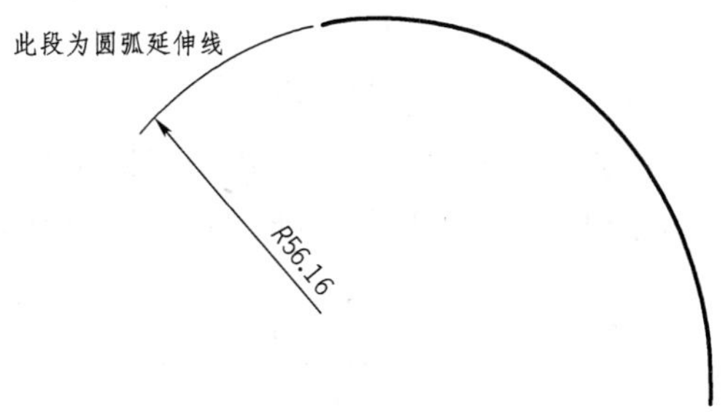

图 10-9　利用圆弧延伸线进行半径标注

【例题 10-10】　标注公差时，当输入上偏差 0.0025，下偏差 0.0015，公差对齐选择使用运算符对齐上下公差，则说法正确的是：

A. 该堆叠公差为运算符对齐，但不是小数分隔符对齐

B. 该堆叠公差为运算符对齐，也是小数分隔符对齐

C. 该堆叠公差为小数分隔符对齐，但不是运算符对齐

D. 该堆叠公差既不是小数分隔符对齐，也不是运算符对齐

【答案】　B

当选择了使用运算符对齐上下公差时，首先要对齐运算符。由于上偏差和下偏差均为小数点后四位，所以也是小数分隔符对齐。所以本题答案为 B。

【例题 10-11】　对于角度标注，AutoCAD 2008 中比之前版本多了下列哪个选项？

A. 多行文字

B. 文字

C. 角度

D. 象限点

【答案】　D

在 AutoCAD 新版本中，对角度标注增加了象限点选项，即指定标注应锁定到的象限，但是标注文字的位置可以放置在尺寸界限之外，本题正确答案为 D。

【例题 10-12】　当对圆弧进行标注时，下列哪种标注形式当标注指向圆弧外时，自动绘制圆弧延伸线？

A. 折弯半径标注

B. 直径标注

C. 半径标注

D. 角度标注

【答案】 A、B、C

在 AutoCAD 2008 中，新增了对圆弧对象进行标注时，可以标注在圆弧之外并自动绘制圆弧延伸线。这些标注形式包括折弯半径标注、直径标注和半径标注，本题正确答案为 A、B、C。

10.2.4.2　向标注添加打断

在 AutoCAD 2008 中，使用折断标注 命令可以在尺寸线或尺寸界线与几何对象或其他标注相交的位置将其打断，如图 10-10 所示。

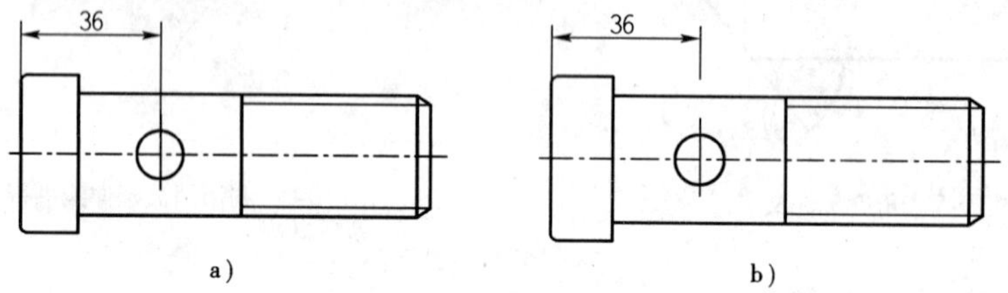

图 10-10　向标注添加打断示例

a)使用折断标注命令之前；b)使用折断标注命令之后

但是，在 AutoCAD 中不是所有的标注和引线对象都支持折断标注。支持折断标注的标注和引线对象有：线性标注（对齐和旋转）、角度标注（2 点和 3 点）、半径标注（半径、直径和折弯）、弧长标注、坐标标注、多重引线（仅直线）；不支持折断标注的标注和引线对象有：多重引线（仅样条曲线）、“传统”引线（直线或样条曲线）。

注意：折断标注在外部参照或块中、箭头和标注文字上和跨空间标注上不起作用或不受支持。

用户根据与标注或多重引线相交的对象数量选择创建折断标注的方法，主要有以下三种：第一种是使用 DIMBREAK 命令的“自动”选项创建自动放置的折断标注；第二种是通过选择对象创建折断标注；第三种是通过拾取两点创建折断标注。

【例题 10-13】 使用折断半径命令时，如果希望恢复已折断标注，需要使用折断半径中哪个选项？

A. 自动

B. 恢复

C. 手动

D. 以上都不正确

【答案】 B

在折断标注中，“恢复”选项是从选定的标注中删除所有折断标注。而其他答案都是进行折断标注,所以本题正确答案为 B。

【例题 10-14】 以下哪些标注和引线对象不支持折断标注?

A. 多重引线(样条曲线)

B. “传统”引线(直线)

C. 多重引线(直线)

D. “传统”引线(直线)

【答案】 A、B、D

在折断标注中,有部分标注和引线对象是不支持折断标注的,用户应了解掌握,它们是多重引线(样条曲线形式)和“传统”引线(直线或样条曲线形式),所以本题正确答案为 A、B、D。

10.2.4.3　创建检验标注

在 AutoCAD 2008 中,新增的检验标注(Diminspect)命令使用户可以有效地传达检查所制造的部件的频率,以确保标注值和部件公差位于指定范围内。例如,对于为工业机器而制造的部件,可以向标注中添加检验标注,以指示对该部件的关键标注或公差值进行检查的频率,以确保该部件达到或超过所有质量保证要求。

用户可以将检验标注添加到任何类型的标注对象;检验标注由边框和文字值组成。检验标注的边框由两条平行线组成,末端呈圆形或方形。文字值用垂直线隔开。检验标注最多可以包含三种不同的信息字段:检验标签、标注值和检验率,如图 10-11 所示。

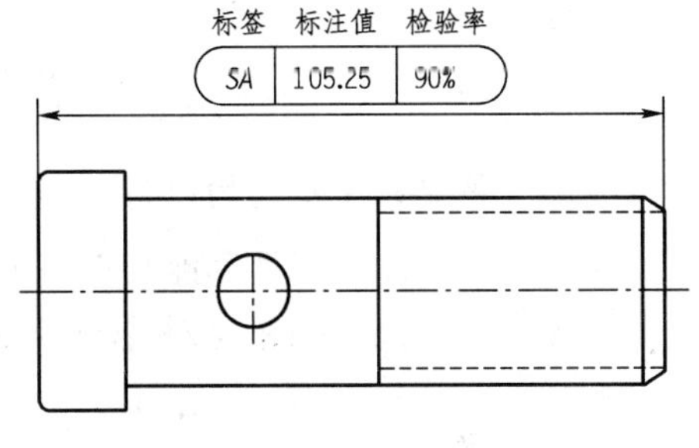

图 10-11　检验标注

【例题 10-15】 当使用检验标注时,围绕检验标注的标签、标注值和检验率绘制的边框的形状包括下列哪些形式?

A. 圆形

B. 尖角

C. 矩形

D. 无

【答案】 A、B、D

在进行检验标注命令操作时,可以控制围绕检验标注的标签、标注值和检验率绘制的边框的形状。边框的形状包括圆形、尖角和无边框形式,所以本题正确答案为 A、B、D。

【例题 10-16】 检验标注可以包含下列哪些信息字段?

A. 标签

B. 检验总数

C. 标注值

D. 检验值

【答案】 A、C、D

检验标注最多可以包含三种不同的信息字段:检验标签、标注值和检验率,其中检验标签和检验率可以不显示,所以本题正确答案为 A、C、D。

10.2.4.4 向线性标注添加折弯

AutoCAD 2008 新增了折弯线性(Dimjogline)命令,该命令可以向线性标注添加折弯线,以表示实际测量值与尺寸界线之间的长度不同。如果显示的标注对象小于被标注对象的实际长度,则通常使用折弯尺寸线表示,如图 10-12 所示。

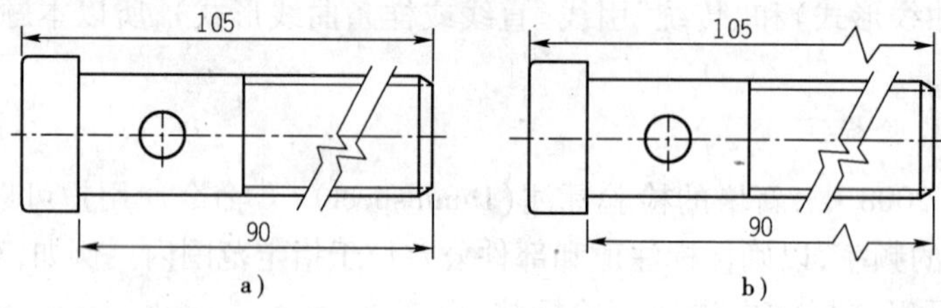

图 10-12 向线性标注添加折弯

a)添加折弯前;b)添加折弯后

10.2.4.5 调整标注之间的距离

AutoCAD 新增了标注间距(Dimspace)命令,可以自动调整图形中现有的平行线性标注和角度标注之间的间距,或根据指定的间距值进行调整,以使其间距相等或在尺寸线处相互对齐,如图 10-13 所示。除了调整尺寸线间距,还可以通过输入间距值 0 使尺寸线相互对齐。由于能够调整尺寸线的间距或对齐尺寸线,因而无需重新创建标注或使用夹点逐条对齐并重新定位尺寸线。

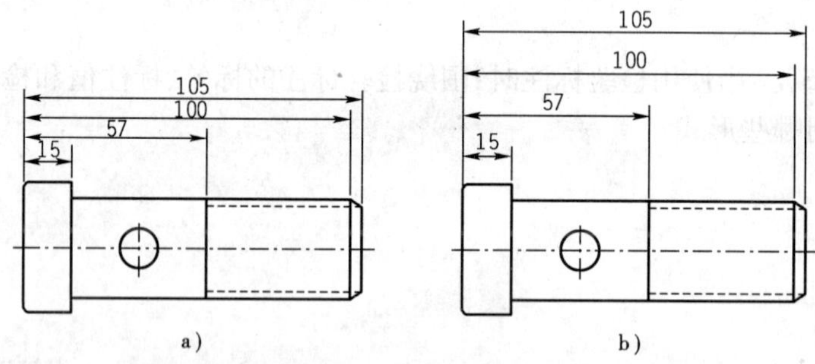

图 10-13 调整标注之间的距离

a)调整前;b)调整后

注意:使用 Dimspace 命令时,选择的标注必须是线性标注或角度标注并属于同一类型(旋转或对齐标注)、相互平行或同心并且在彼此的尺寸延伸线上。

【例题 10-17】　调整标注间距命令可以操作的标注形式是下列哪些？

A. 线性标注

B. 对齐标注

C. 角度标注

D. 半径标注

【答案】　A、B、C

调整标注间距选择的标注必须是线性标注或角度标注并属于同一类型(旋转或对齐标注)、相互平行或同心并且在彼此的尺寸延伸线上，所以本题正确答案为 A、B、C。

【例题 10-18】　调整标注间距命令若选择自动调整，标注之间间距值是标注文字高度的几倍？

A. 1 倍

B. 1.5 倍

C. 2 倍

D. 3 倍

【答案】　C

自动调整标注间距是基于选定基准标注的标注样式中指定的文字高度自动计算的间距，所得的间距值是标注文字高度的两倍，所以本题正确答案为 C。

10.2.5　多重引线标注

在 AutoCAD 2008 中，新增了多重引线标注，通过“多重引线”工具栏，如图 10-14 所示，用户可以进行创建、排列、对齐多重引线等操作，还可以设置多重引线样式，如图 10-15 所示。用户可以从图形中的任意点或部件创建引线并在绘制时控制其外观，引线可以是直线段或平滑的样条曲线，如图 10-16 所示。

图 10-14　“多重引线”工具栏

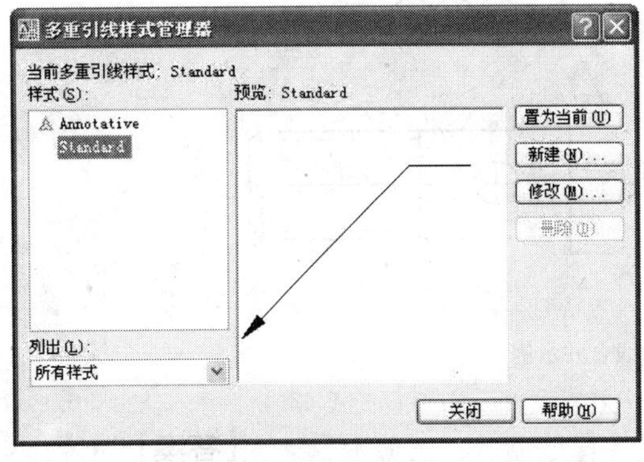

图 10-15　“多重引线样式”对话框

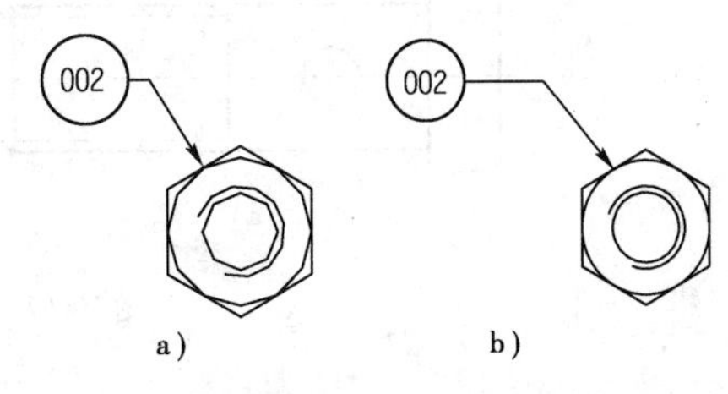

图 10-16　引线样式类型

a)样条曲线样式；b)直线样式

【例题 10-19】 通过多重引线工具创建的引线类型包括：

A. 直线

B. 圆弧

C. 构造线

D. 样条曲线

【答案】 A、D

在 AutoCAD 2008 中，创建的引线形式可以是直线段或平滑的样条曲线，但是无法是构造线或者圆弧。所以本题答案为 A、D。

【例题 10-20】 在“多重引线”工具栏，用户可以进行的操作包括：

A. 添加引线

B. 删除引线

C. 多重引线合并

D. 多重引线对齐

【答案】 A、B、C、D

通过“多重引线”工具栏，用户可以进行绘制多重引线、添加和删除引线、多重引线的对齐和合并操作，还可以打开“多重引线样式”对话框。所以本题答案为 A、B、C、D。

【例题 10-21】 如果用户希望将图 10-17a) 中引线格式更改为 b) 中形式，需要进行：

A. 添加引线

B. 删除引线

C. 多重引线合并

D. 多重引线对齐

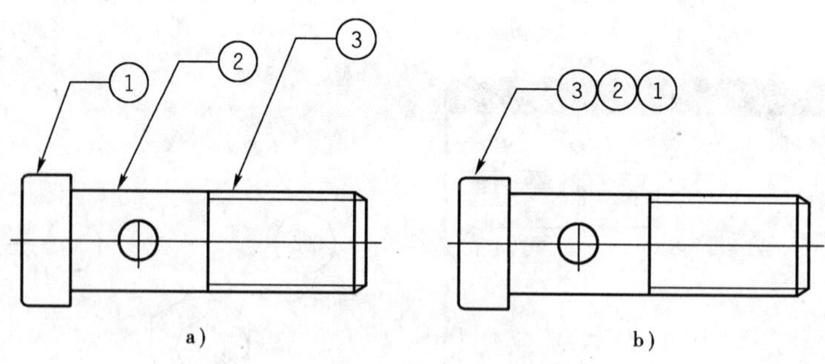

图 10-17 多重引线合并示例

a) 合并前；b) 合并后

【答案】 C

如果用户希望将图中多个引线对象附着到一个基线下，需要使用多重引线合并（MLEADERCOLLECT）命令，可以根据图形需要水平、垂直或在指定区域内收集多重引线，并附着到一个基线下。但是需要注意的是引线的内容必须为块对象，如果引线的内容为多行文字，则无法使用多重引线合并命令。本题答案为 C。

10.2.6　提高绘图效率

（1）降低视觉复杂程度

在绘制复杂图形时，由于图层繁多，因而绘制更难操作。通常，用户可以关闭暂时不需要的图层以管理对象。但是，这样做无法捕捉隐藏图层上的对象。而通过 AutoCAD 2008 中的“图层隔离”命令锁定图层，可以暗显这些图层上的对象，而不是将这些图层关闭。这将降低图形的视觉复杂程度，同时仍提供视觉参考并可以捕捉暗显对象，如图 10-18 所示。

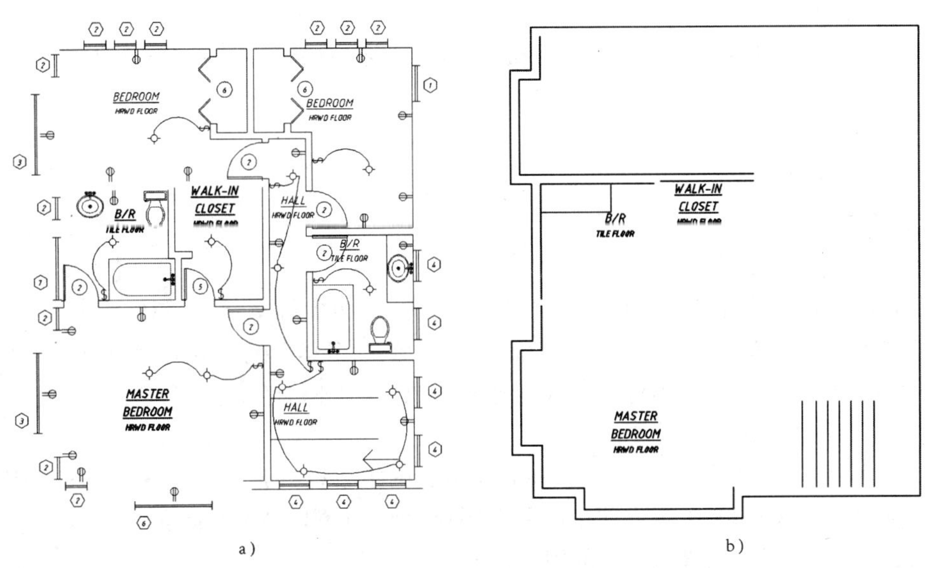

图 10-18　图层隔离

a）应用图层隔离之前；b）应用图层隔离之后（选择边框图层）

【例题 10-22】　如果用户希望锁定图中暂时不需使用的图层，并暗显这些图层上的对象，应该使用下列哪个命令？

A. 在“图层 II”工具栏中选择“图层隔离”命令，并选择不需使用的图层

B. 在“图层 II”工具栏中选择“图层隔离”命令，并选择需使用的图层

C. 在“图层 II”工具栏中选择“图层冻结”命令

D. 在“图层 II”工具栏中选择“图层锁定”命令

【答案】　B

在 AutoCAD 2008 中可以更加方便地降低视觉复杂程度，通过在“图层Ⅱ”工具栏中选择“图层隔离”命令，并选择需使用的图层，单击鼠标右键确定。则刚刚选择的图层保留，而

没有选中的图层将暗显,如图 10-18b)中所示效果。本题答案为 B。

(2)视觉逼真度

在 AutoCAD 2008 中可以将图形与注释性对象的视觉逼真度一起保存。在当前 AutoCAD 2008 中进行保存的文件,如果在以前版本的 AutoCAD 版本中打开,将保留原来的视觉逼真度。

(3)增强的文字功能

多行文字改进:可以将多行文字对象的格式设置为多栏,创建多栏多行文字。可以指定栏和栏间距的宽度、高度及栏数,也可以使用夹点编辑栏宽和栏高。多行文字属性:可以创建多行块属性拼写检查的改进:首先会在图形中进行搜索,或仅在选择设定的区域内进行搜索、缩放和亮显拼错的词语。

【例题 10-23】 用户可以使用拼写检查工具检查图形中哪些包含文字的对象?

A. 标注文字

B. 光栅图像

C. 块属性中的文字

D. 外部参考

【答案】 B

使用拼写检查可以检查图形中标注文字、单行文字和多行文字、块属性中的文字、外部参照中所有文字的拼写,搜索用户指定的图形或图形文字区域中拼写错误的词语,并亮显拼写错误的词语。这些对象并不包括插入的光栅图像,所以本题答案为 B。

(4)DWF 参考底图图层控制

在 AutoCAD 2008 中,用户可以在 DWF 参考底图中单独打开和关闭图层。在默认情况下,系统是打开附着 DWF 参考底图中的所有图层,使用 DWF 参考底图时,通常可以方便地关闭任意不需要的图层以降低工作的视觉复杂程度。

本部分只需要用户了解即可。

(5)DGN 的增强

Micro Station 和 AutoCAD 为 CAD 应用程序,二者具有某些相似之处,但其用户群使用不同的术语。DGN 文件即为 DWG 文件中的参考底图 MicroStation DNG 文件。

AutoCAD 2008 增强了 MicroStation V8 DGN 图形文件输入到 DWG 文件的功能。使用"文件/输入"菜单命令,选择 V8 DGN 文件类型。选择希望输入的 DGN 文件,打开"输入 DGN 设置"对话框,如图 10-19 所示。设置完毕,便可以将 MicroStation V8 DGN 图形文件输入到 DWG 文件。

同时,AutoCAD 2008 也增强了将基于 AutoCAD 产品创建的 DWG 文件输出到 MicroStation V8 DGN 图形文件格式的功能。使用"文件/输出"菜单命令,选择 V8 DGN 文件类型,打开"输出 DGN 设置"对话框,如图 10-20 所示。设置完毕,便可以将 DWG 文件输出到 MicroStation V8 DGN 图形文件。

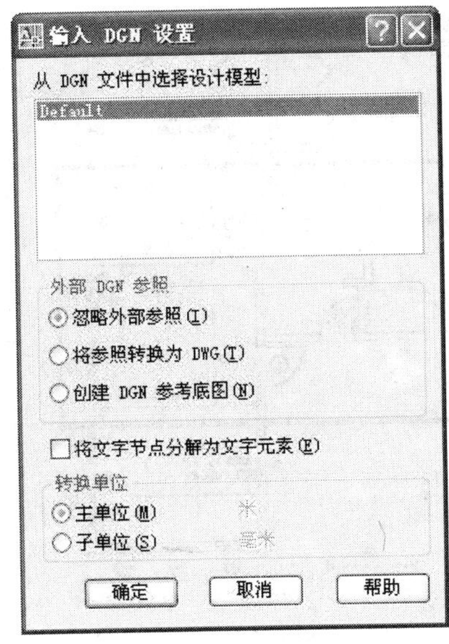

图 10-19　“输入 DGN 设置”对话框

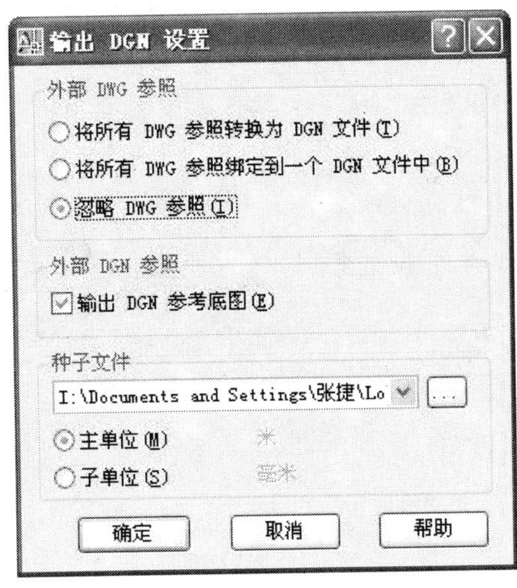

图 10-20　“输出 DGN 设置”对话框

(6)图层管理器的增强

图层特性管理器改进:对图层管理器的常规功能进行了改进,增加了一个新选项“在所有视口中都冻结的新图层视口”。即创建一个新图层,然后在所有现有布局视口中将其冻结。在模型空间或布局空间均可以使用该功能。

图层状态管理器改进:在图层管理器中,增加了对附着的外部参照中图层状态进行编辑和查看的功能。

在 AutoCAD 2008 中,还增加了将图层特性替代应用于当前视口的功能。需要注意的是仅当布局视口处于活动状态并访问图层状态管理器时,此选项才可用。

(7)移植设置的输入与输出

可以将自定义设置在两台计算机之间进行输入和输出,从而帮助实现同一产品的标准化安装。或者如果需要重新安装 AutoCAD,也可以先输出自定义设置,以后再将其重新输入到同一台计算机中。

本部分只需要用户了解即可。

(8)XClip 中的新选项

在 AutoCAD 2008 中,对 Xclip 命令进行了增强。在 Xclip 命令的“新建边界”选项中新增了“反向剪裁”功能。该功能可以方便选择隐藏边界外(默认)或边界内的对象。具体效果如图 10-21 所示。

【例题 10-24】　在 Xclip 命令中选择“新建边界”选项,弹出如图 10-22 所示快捷菜单,单击“反向剪裁”选项两次后,说法正确的是:

A. 隐藏边界外的对象

B. 隐藏边界内的对象

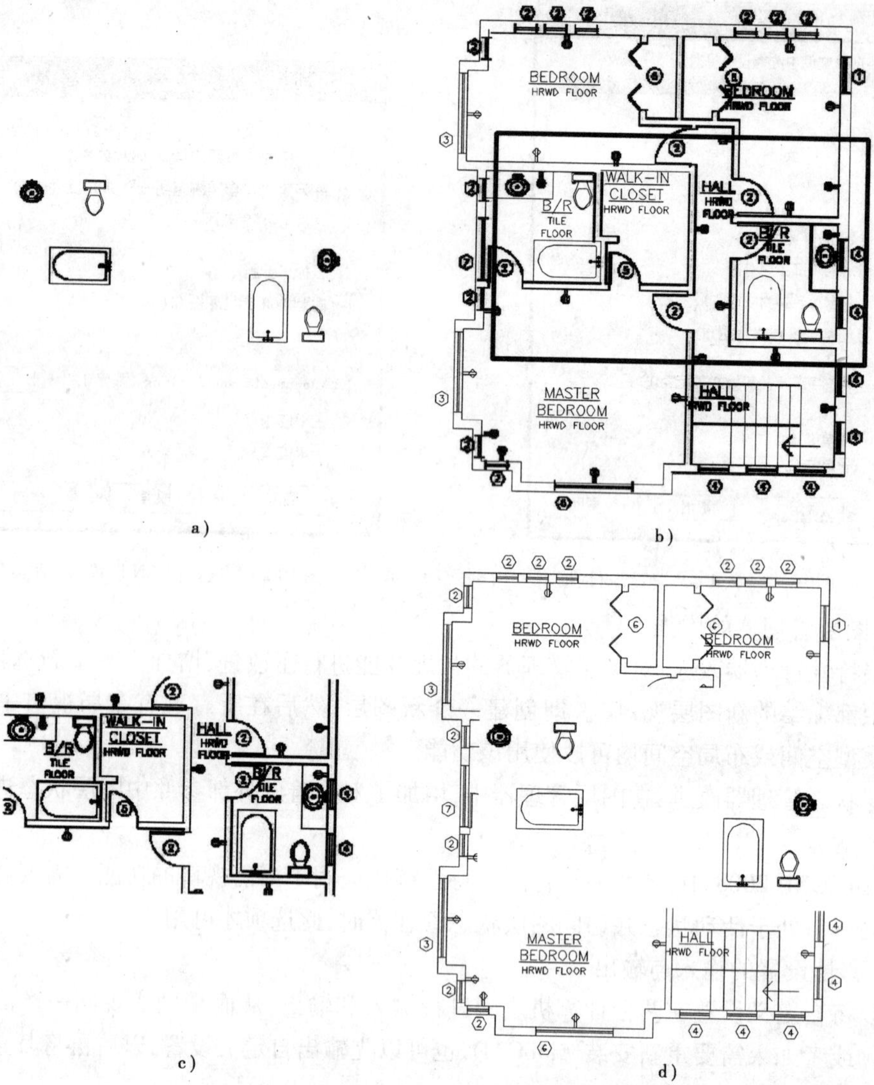

图 10-21　XClip 命令示例

a）当前的图形；b）附着了外部参考，红框为指定的剪裁边界；

c）默认使用 Xclip 命令剪裁后图形 d）使用 Xclip 命令并选择了反向剪裁后图形

C. 弹出对话框“命令无法执行”

D. 退出当前 Xclip 命令

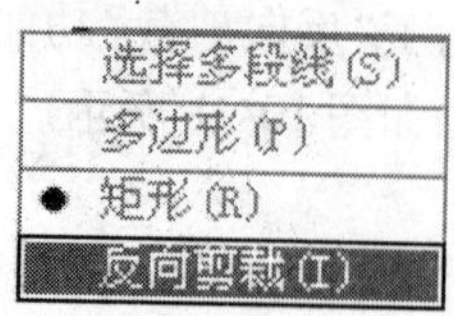

图 10-22　“新建边界”快捷菜单

【答案】 A

在 Xclip 命令如果不选择“反向剪裁”选项，则隐藏边界外的对象。如果选择“反向剪裁”选项，则隐藏边界内的对象。若再次选择“反向剪裁”选项，则隐藏边界外的对象。所以本题答案为 A。

10.3　习题与答案

10.3.1　习题

1. 安装 AutoCAD2008,支持的操作系统包括下列哪些?

A. 16 位

B. 32 位

C. 48 位

D. 64 位

2. AutoCAD 2008 安装后默认初始启动的工作空间是哪个?

A. 二维草图和注解

B. AutoCAD 经典

C. 三维建模

D. 以上都不对

3. AutoCAD 2008 安装后,初始状态下包含的工作空间有下列哪些?

A. 二维草图与注释

B. AutoCAD 经典

C. 三维建模

D. 渲染

4. 在"二维草图与注释"工作空间中,面板初始状态下不包含的控制台是:

A. 二维绘图控制台

B. 三维制作控制台

C. 图层控制台

D. 标注控制台

5. 将图形状态栏关闭时,下列说法正确的是:

A. 显示在应用程序状态栏中

B. 显示在图形窗口的底部

C. 在程序中完全隐藏

D. 转移到布局中

6. 用户通过信息中心获取帮助信息时,初始搜索位置包括下列哪些?

A. 单机版安装手册

B. 命令参考

C. 用户手册

D. 新功能专题研习

7. 按视口替代图层特性,说法错误的是:

A. 在布局选项卡中可以设置与活动布局视口上的选定图层关联的颜色替代

B. 在布局选项卡中进行的颜色替代不能在图层 0 中进行

C. 在模型选项卡中也可以进行口替代图层特性

D. 使用图层特性管理器中的视口替代过滤器可以快速查看视口中具有特性替代的所有图层

8. 标注公差对齐方式可以选择以下哪些？

A. 对齐小数分隔符

B. 对齐基线

C. 对齐运算符

D. 以上方式均可以选择

9. 在 AutoCAD 2008 中进行角度标注时，如图10-23所示，通过选择不同的象限点，下列哪些可能是标注的角度值？

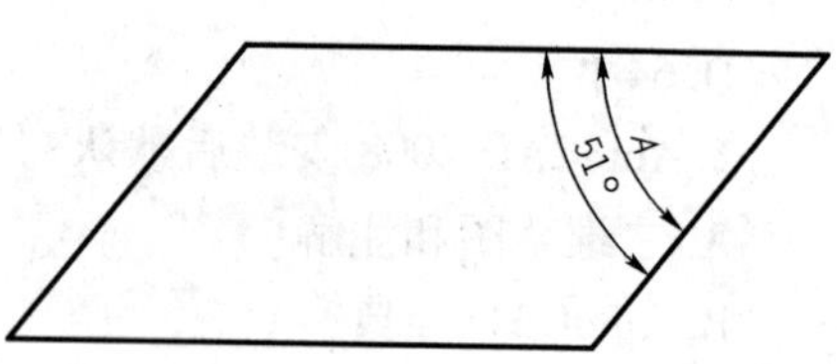

图 10-23　角度标注习题

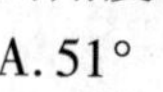

A. 51°

B. 129°

C. 180°

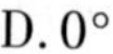

D. 0°

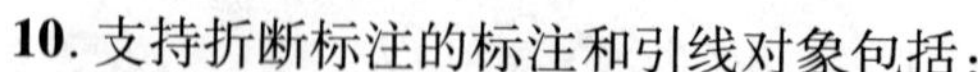

10. 支持折断标注的标注和引线对象包括：

A. 弧长标注

B. 多重引线（仅直线形式）

C. 半径标注（半径、直径和折弯）

D. 线性标注（对齐和旋转）

11. 下列选项包含了不同信息字段，哪个是正确的检验标注格式？

A. 标签、检验率

B. 标注值

C. 标签、标注值

D. 标注值、检验率

12. 多重引线内容的类型有哪些？

A. 块

B. 多行文字

C. 但行文字

D. 外部参照

13. 文字的拼写检查查找范围可以是下列哪些？

A. 整个图形

B. 当前空间

C. 当前布局

D. 选定对象

14. 要将 DGN 图形文件输入到 DWG 文件，需要使用下列哪个菜单命令？

A. “格式/重命名”菜单命令

B.“文件/输出”菜单命令

C.“文件/另存为”菜单命令

D.“文件/输入”菜单命令

10.3.2　答案

1. B、D

2. A

3. A、B、C

4. B

5. A

6. B、C、D

7. B

8. A、C

9. A、B

10. A、B、C、D

11. B、C、D

12. A

13. A、B、C、D

14. D

第十一章　模拟试题

11.1　模拟试题

1. 下列有关 AutoCAD 2008 中三维使用所需的软件/硬件环境叙述不正确的是:

A. CD-ROM 驱动器:52X 以上

B. 硬盘:2GB(不包括安装所需的 750MB)

C. 处理器:3.0GHz 或更高

D. 内存:2GB(或更高)

2. 执行“清除屏幕”后,以下哪些部分不会显示在绘图界面中?

A. 状态栏

B. 工具栏

C. 标题栏

D. 工具选项板

3. 在“面板”选项板中,“缩放”命令是在下列哪个控制台中?

A. 二维绘制控制台

B. 三维导航控制台

C. 视觉样式控制台

D. 三维制作控制台

4. 工具选项板的“选项板组”快捷菜单中可以执行的操作是:

A. 创建新组

B. 重新命名现有组

C. 删除现有的组

D. 从组中增加一个工具选项板

5. 执行“快速计算器”的快捷键是:

A. CTR +1

B. CTR +2

C. CTR +6

D. CTR +8

6. 输出选项板时,该选项板将被保存的文件格式是:

A. . xtp

B. . xls

C. . dwg

D. . dwf

7. AutoCAD 2008 通过“选择文件”对话框可以进行下列哪些操作?

A. 按比例方式打开文件

B. 以只读方式打开文件

C. 局部打开文件

D. 直接打开文件

8. 默认情况下 AutoCAD 2008 保存的文件格式是哪个?

A. AutoCAD 2002

B. AutoCAD 2004

C. AutoCAD 2006

D. AutoCAD 2007

9. “dwf”是下列那个选项的缩写?

A. Drawing Format

B. Drawing Web Format

C. Drawing Wide Format

D. DXF Wed Format

10. 在 AutoCAD 中自动存盘时间默认是为:

A. 1 分钟

B. 5 分钟

C. 10 分钟

D. 60 分钟

11. 下列关于 AutoCAD 中“临时文件”的叙述正确的是:

A. 临时文件在图形正常关闭时仍然保留

B. 当出现程序故障或电压故障会自动删除临时文件

C. 使用 AutoCAD 文件可以直接打开临时文件

D. 临时文件的默认扩展名为. ac $

12. 关于 AutoCAD 2008 中“工作空间”,叙述正确的是:

A. 用户可以更改自己创建的“工作空间”

B. AutoCAD 2008 默认的工作空间有“三维建模”和“AutoCAD 经典”

C. 用户不可以更改默认的“工作空间”

D. 用户可以删除 AutoCAD 2008 中默认的“工作空间”

13. 要恢复使用实时缩放和平移以前的原始视图,使用哪一个选项?

A. 窗口缩放

B. 动态缩放

C. 范围缩放

D. 显示上一个视图

14. 隐藏“命令行”的快捷键是：

A. CTR +9

B. CTR +7

C. CTR +6

D. F2

15. 在 AutoCAD 中，利用网上发布向导，不可以发布的格式是：

A. PSD

B. DWF

C. JPEG

D. PNG

16. 通过面板创建相机，默认的镜头长度（焦距）是多少？

A. 28

B. 38

C. 50

D. 85

17. 打开“材质”选项板，正确的步骤是：

A. 在命令行输入 Render

B. 在命令行输入 Materials

C. 使用“视图/渲染/材质”菜单命令

D. 使用“工具/选项板/材质”菜单命令

18. 在“材质”选项板中，控制选定样例显示不可以选择的几何体是：

A. 长方体

B. 圆锥体

C. 球体

D. 圆柱体

19. 下面坐标显示方法，哪一个是相对坐标？

A. @250

B. 15 80

C. 15 <45

D. @15，-30

20. 直线的端点分别为(80,120)、(10,80)，直线的倾角为：

A. 30°

B. 33°

C. 35°

D. 40°

21. 在 AutoCAD 的一幅图形中，世界坐标系共有几个？

A. 1

B. 2

C. 3

D. 任意多

22. 对于图层的特性，下列说法不正确的是：

A. “0”图层只能设置为解锁状态

B. “0”图层只能设置为解冻状态

C. “0”图层只能设置为可见状态

D. 可在“0”图层上绘制多种颜色的线条

23. 下列哪个图层无法删除？

A. 当前图层

B. 被冻结的图层

C. 包含对象的图层

D. 依赖外部参照的图层

24. 某图层上对象不可以被编辑或删除，但在屏幕上还是可见的，而且可以被捕捉到，该图层状态是：

A. 冻结

B. 固定

C. 打开

D. 锁定

25. 在 AutoCAD 中预设的视图包括下列哪些？

A. 后视

B. 俯视

C. 前视

D. 西南等轴测

26. 关于 AutoCAD 的空间，说法正确的是：

A. AutoCAD 有模型空间和图纸空间两种

B. 图纸空间也是三维图形环境

C. 在图纸空间中可以建立二维实体

D. 图纸空间建立的二维实体也可在模型空间显示

27. 在一个图形中模型空间的数量最多可以为多少？

A. 1

B. 4

C. 64

D. 255

28. 移动直线对象，使其其中一个端点移动到一个圆对象的圆心，需要使用何种捕捉方式？

A. 正交

B. 捕捉

C. 栅格

D. 对象捕捉

29. 下列哪个命令可查询列表信息?

A. LI

B. LS

C. LIS

D. LITS

30. 如图 11-1 所示正四边形的周长是多少?

A. 400

B. 580.37

C. 470.23

D. 452.55

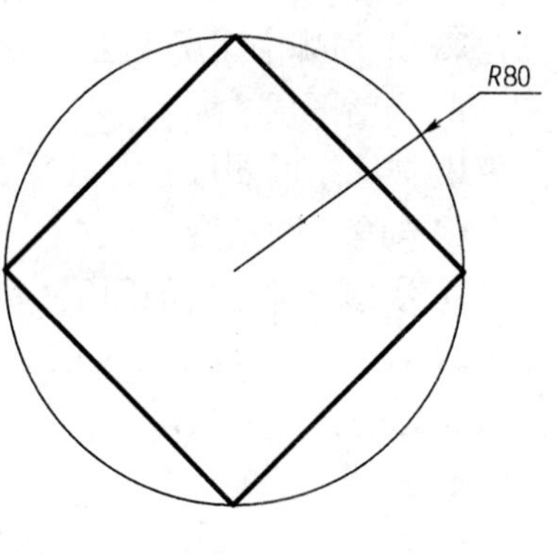

图 11-1

31. 若希望选定的对象重新显示并覆盖整个绘图区域,可以在"视图/缩放"字菜单中选择哪个选项?

A. 窗口

B. 对象

C. 动态

D. 范围

32. 使用向导中"高级设置"选项创建新图形,测量单位是什么?

A. 工程

B. 科学

C. 建筑

D. 小数

33. 螺旋底面半径为 30,顶面半径为 0,圈高度为 10,圈数为 5,则其长度为:

A. 419.53

B. 566.18

C. 420.30

D. 472.47

34. 有底面半径 12,高 60 的圆柱体,现环绕该圆柱体生成螺旋,螺旋的圈高为 13,则螺旋圈数为:

A. 5.67

B. 4.62

C. 5

D. 6

35. 关于螺旋说法正确的是:

A. 可以绘制任意圈数的图形

B. 螺旋的方向为逆时针

C. 螺旋底面半径可以为 0

D. 可以绘制三维螺旋,也可以绘制螺旋高度为 0 的螺旋

36. 对螺旋进行拉长时,说法正确的是?

A. 只能使用“全部(T)”方式拉长

B. 只能使用“动态(DY)”方式拉长

C. 只能使用“百分数(P)”方式拉长

D. 可以使用拉长的四种方式拉长

37. 已经生成的螺旋是否可以更改旋向?

A. 可以通过“镜像”修改

B. 可以通过夹点编辑修改

C. 可以通过“特性”修改

D. 不可以

38. 在使用“相切、相切、半径”方式创建三维圆球体时,相切的对象可以是:

A. 圆柱体、圆球体

B. 螺旋

C. 直线

D. 圆、圆弧

39. 某一空心圆锥台的底面圆半径为 26 和 13,顶面圆半径为 14 和 7,圆锥高度为 35,则其体积为:

A. 16988. 16

B. 11327. 48

C. 35306. 37

D. 14335. 74

40. 在进行合并时,两图形元素段首尾之间应该:

A. 一定有间隙

B. 一定没有间隙

C. 椭圆弧之间也不允许有间隙

D. 除多段线和样条曲线外,其他图形可以有间隙

41. 点击已创建的三维实体,出现夹点,点击如图 11-2 所示中夹点,然后拖动,则:

A. 移动圆锥体

B. 改变圆锥体高度

C. 改变圆锥体地面圆的半径

D. 将圆锥体变为锥台体

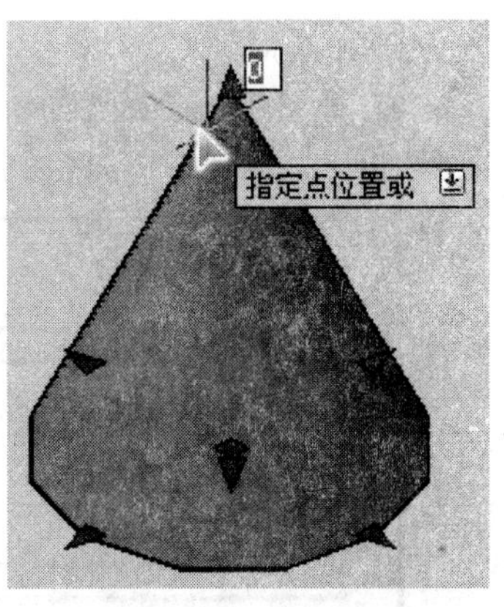

图 11-2　通过夹点修改三维实体

42. 在截面线上右键出现的快捷菜单,可以进行有关截面的操作,包括:

A. 创建截面

B. 显示切割几何体

C. 激活活动截面

D. 生成二维/三维截面

43. 在绘制圆时,有许多选项对应各种画圆方式,下面几种方式能够调出选项的是:

A. 调用画圆命令后鼠标右键,在快捷菜单中选择

B. 调用画圆命令后按键盘↓键,在提示中选择

C. 调用画圆命令后按键盘↑键,在提示中选择

D. 在命令行中选择

44. 内半径为 15,外半径为 50 的圆环,环面积为:

A. 416.36

B. 621.14

C. 700.22

D. 829.58

45. 多段线的组成元素包括:

A. 线段

B. 圆弧

C. 多线

D. 样条曲线

46. 已知样条曲线图形如图 11-3 所示,编辑该样条曲线,将 A2 点删除,编辑后的样条曲线长度为?

A. 415.38

B. 402.36

C. 414.71

D. 无法得到

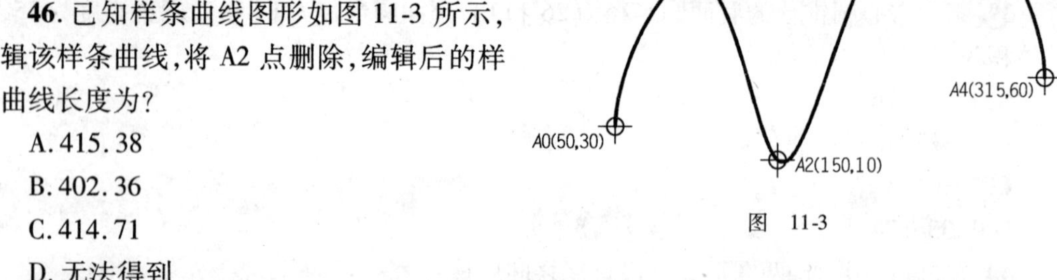

图 11-3

47. 如图 11-4 所示,当使用图案填充命令添加拾取点时,点击如图 a)所示 A 点,填充后效果如图 b)所示,则需将孤岛显示样式设置为:

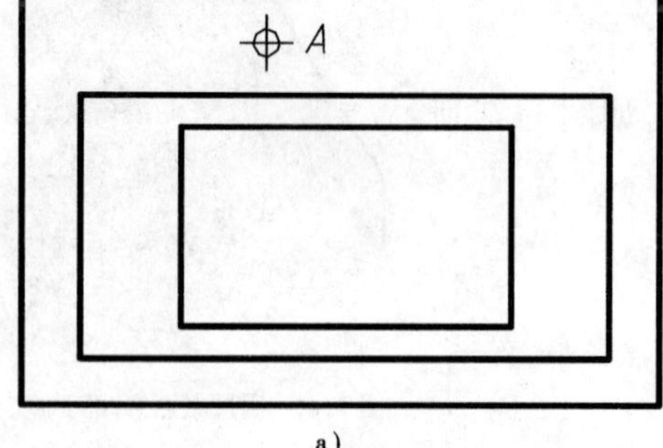

a)

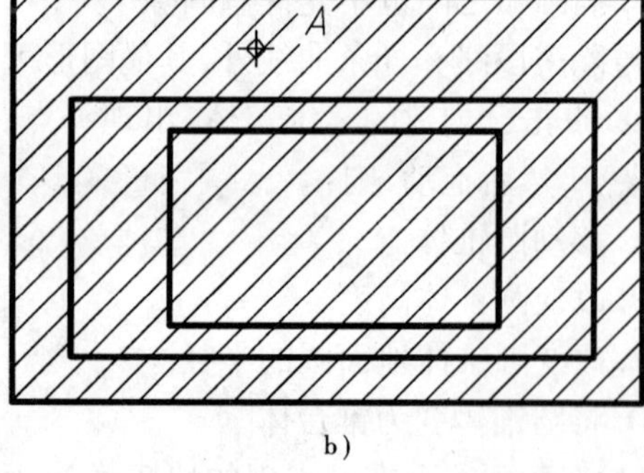

b)

图 11-4

A. 普通
B. 外部
C. 忽略
D. 无法设置

48. 将对象复制到剪贴板的步骤是哪个?
A. CTRL + X 组合键
B. CTRL + C 组合键
C. CTRL + A 组合键
D. CTRL + Z 组合键

49. 使用“清理(PURGE)”命令可以删除下列哪个对象?
A. 未使用的标注样式
B. 未使用的图层
C. 未使用的文字样式
D. 图中的外部参照

50. 镜像插入块时,作为插入块一部分的文字属性将:
A. 不反转,不管 MIRRTEXT 设置
B. 被反转,不管 MIRRTEXT 设置
C. 是否反转,取决于 MIRRTEXT 设置
D. 取决于上一次的操作

51. 用缩放命令“scale”缩放对象时,正确的是:
A. 可以只在 Y 轴方向上缩放
B. 可以通过参照长度和指定的新长度确定
C. 基点可以选择在对象之外
D. 可以缩放小数倍

52. 使用 ROTATE3D 命令,可以通过指定旋转轴来旋转对象,旋转轴不可以是:
A. X 轴、Y 轴或 Z 轴
B. 当前视图的 Z 方向来指定旋转轴
C. 任意两点
D. 任意平面

53. 用缩放命令“Scale”缩放对象时,说法错误的是:
A. 必须指定缩放倍数
B. 可以不指定缩放基点
C. 必须使用参考方式
D. 可以在三维空间缩放对象

54. 如图 11-5a)所示图形对象,对其进行复制操作,指定的位移为向右水平 50,则图 11-5b)中阴影的面积为:
A. 7750. 14

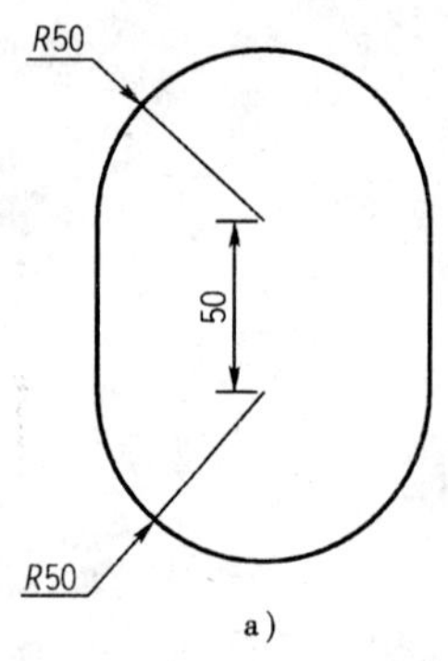

a)

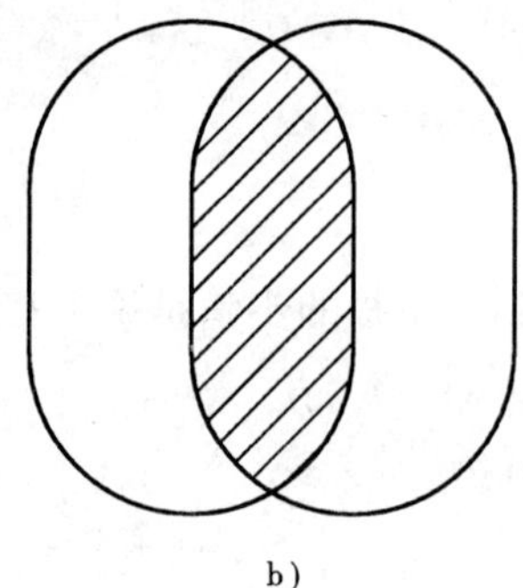
b)

图 11-5

B. 5570.92

C. 5513.54

D. 4958.37

55. 要创建矩形阵列,必须指定下列哪些参数?

A. 项目的数目和项目间的距离

B. 行数、项目的数目以及单元大小

C. 行数、列数以及单元大小

D. 以上都不是

56. 对使用正多边形命令绘制的正六边形进行分解,分解后的图形对象夹点共有多少个?

A. 3

B. 6

C. 12

D. 18

57. 以下哪些对象是可以被打断的?

A. 面域

B. 多线

C. 样条曲线

D. 标注尺寸线

58. 对一边长为 30 的等边三角形进行圆角命令,圆角半径为 40,下列说法正确的是:

A. 系统提示"半径太大",仍继续圆角命令

B. 系统执行圆角命令

C. 系统直接退出该命令

D. 系统提示" * 无效 * ,半径太大"

59. 既可以使用圆角命令和又可以使用倒角命令的对象是哪个?

A. 构造线

B. 多段线

C. 椭圆弧

D. 样条曲线

60. 使用多段线编辑命令，以下哪些特性可以调整？

A. 合并多段线

B. 复制多段线顶点

C. 调整多段线的曲率

D. 调整多段线的宽度

61. 当选择了图形对象后，如何通过夹点编辑选项来移动对象？

A. 直接空格键

B. 直接回车键

C. 按两次鼠标左键

D. 先按鼠标左键选择夹点再按右键选择

62. 控制夹点开关的方法是：

A. Alt + F4 组合键

B. Ctrl + L 组合键

C. 在“选项”对话框的“选择集”选项卡中设置

D. F11 键

63. 使用夹点编辑命令进行拉伸时，要在拉伸对象的同时复制该对象，在拉伸该对象同时按住哪个键？

A. Ctrl

B. Tab

C. Shift

D. Enter

64. 使用下列哪个快捷键将对象组“可选择的”转换为“不可选择的”状态？

A. CRTL + C

B. SHIFT + C

C. CRTL + A

D. CRTL + S

65. 在“对象编组”对话框的“修改编组”选项组中，可以进行的修改方式是：

A. 合并

B. 分解

C. 重命名

D. 添加

66. 使用“特性”选项板，下列哪些对象可以修改文本内容？

A. 光栅图像中文字

B. 块中的文字

C. 属性定义

D. 多行文字

67. 在“特性”选项板选择下列哪个对象会显示“角度”选项？

A. 圆

B. 直线

C. 多段线

D. 样条曲线

68. 通过对象“特性”能直接修改圆弧的：

A. 线型

B. 弧长

C. 颜色

D. 半径

69. 用户可以合并的对象包括：

A. 圆弧

B. 直线

C. 样条曲线

D. 多段线

70. 创建三维多实体时，可以指定转换为实体的对象包括：

A. 圆弧

B. 直线

C. 圆

D. 三维多段线

71. 对于关联标注，下面说法正确的是？

A. 如果标注只有一头与几何对象关联，该标注被认为是非关联的

B. 关联标注是当与其关联的几何对象被修改时，标注将自动调整其位置、方向和测量值

C. 标注变量 DIMASSOC 设置为 1 时是无关联标注，其标注在其测量的几何对象被修改时不发生改变

D　布局中的标注可以与模型空间中的对象相关联

72. 在标注如图 11-6 所示的尺寸公差的时候，采用多行文本输入时，需要：

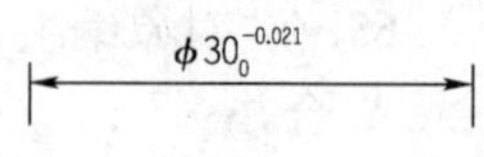

图　11-6

A. 对于上下公差采用 * 堆叠

B. 对于上下公差采用#堆叠

C. 对于上下公差采用/堆叠

D. 对于上下公差采用^堆叠

73. 有关形位公差的概念，下面说法正确的是：

A. 形位公差表示特征的形状、轮廓、方向、位置和跳动的允许偏差

B. 形位公差可以通过特征控制框来添加，这些框中包含单个标注的所有公差信息

C. 可以使用大多数编辑命令修改特性控制框，可以使用对象捕捉模式进行捕捉，还可以使用夹点编辑这些特征控制框

D. 和标注和引线一样，形位公差可以与几何对象关联

74. 下面有关文字输入命令的说法，错误的是：

A. DTEXT 命令是用来输入单行文本的

B. MTEXT 命令是用来输入多行文本的

C. TEXT 命令是用来输入文本的，它可以输入单行文本，也可以输入多行文本

D. TEXT 命令和 DTEXT 命令是相同的，没有任何区别

75. 以下属于堆叠字符的是：

A. “^”

B. “ * ”

C. “#”

D. “/”

76. 使用字段中的超链接，在图纸中要按住哪个键并左键单击该链接？

A. Ctrl

B. Shift

C. Alt

D. Tab

77. 创建块对象时，对于原图形对象无法进行的操作是：

A. 保留

B. 锁定

C. 删除

D. 转换为块

78. 当对块属性进行定义时，指定插入块时不显示或打印属性值选择：

A. 不可见

B. 固定

C. 验证

D. 预置

79. 带属性的块经分解后，属性显示为：

A. 不显示

B. 没有变化

C. 标记

D. 提示块已经分解

80. 在多行文字中如果不再更新已有字段，以下方法错误的是：

A. 在可以通过将字段转换为文字来保留当前显示的值

B. 选择该多行文字，使用“分解”命令

C. 在“多行文字”编辑器中选择“更新字段”

D. 在“多行文字”编辑器中选择“合并段落”

81. 设置下列哪个操作时，不可以将字段设置为自动更新：

A. 打开文件时

B. 重生成文件时

C. 打印文件时

D. 输出文件时

82. 使用 Wblock 命令存储块时，默认的文件名是？

A. 新块. dwg

B. 图块. dwg

C. 需要自己定义文件名

D. 跟上次定义的块名称相同

83. 属性提取过程中，说法正确的是：

A. 必须定义样板文件

B. 只能输出文本格式文件 TXT

C. 一次只能提取一个图形文件中的属性

D. 一次可以提取多个图形文件中的属性

84. 在模型空间打印图纸，在图形中设置的字高为 30mm，若在图形中设置打印比例为 3:2，则在图纸上得到多高的字？

A. 90mm

B. 30mm

C. 45mm

D. 20mm

85. 文件的输出的类型不包括：

A. 平版印刷(STL)

B. 图形样板(DWT)

C. 位图(BMP)

D. 块(DWG)

86. 可以进行打印样式表的管理是下列哪个？

A. 绘图仪管理器

B. 视图管理器

C. 打印样式管理器

D. 页面设置管理器

87. 下列哪个版本 AutoCAD 不能使用打印配置文件 PC3？

A. AutoCAD R14

B. AutoCAD 2000

C. AutoCAD 2002

D. AutoCAD 2007

88. 在 AutoCAD 2008 中，可以将以下哪些项拖至工具选项板来创建工具？
A. 实体填充
B. 外部参照
C. 光栅图像
D. 图案填充
89. 在“二维草图与注释”工作空间中，下面哪些部分不会显示在绘图界面中？
A. 状态栏
B. 工具栏
C. 面板
D. 工具选项板
90. 信息中心工具栏中不包括下列哪些工具按钮？
A. 收藏夹
B. 保存
C. 打开
D. 通讯中心
91. 使用视口替代时，以下说法不正确的是：
A. 可以进行视口颜色的特性替代
B. 不可以进行视口线宽的特性替代
C. 视口替代在模型和布局空间中都可以显示
D. 图纸空间中的当前视口具有图层特性替代时，状态栏上将显示“视口替代”图标
92. 调整标注公差对齐方式是在“修改标注样式”对话框中哪个选项卡中？
A. “公差”选项卡
B. “调整”选项卡
C. “主单位”选项卡
D. “文字”选项卡
93. 对于极限尺寸的堆叠公差标注，说法不正确的是：
A. “极限偏差”包括“上偏差”和“下偏差”
B. 公差对齐只有使用运算符和使用小数分隔符两种格式
C. 可以设置极限偏差中上下偏差的垂直位置
D. 当设定下偏差为 0 时，标注时不显示下偏差
94. 创建“角度”标注，可以选择的对象有：
A. 圆
B. 圆弧
C. 直线
D. 样条曲线
95. 添加折断标注时，以下哪些对象有可能用做剪切边？
A. 圆

B. 引线

C. 标注

D. 多行文字

96. 使用折断标注功能，说法正确的是：

A. 使用直线样式的多重引线可以使用折断标注

B. 可以手动创建折断标注

C. 在外部参照和块中支持标注上的折断标注

D. 块中的对象可以用作标注上折断标注的剪切边

97. 如图 11-7 所示，对于该已进行过折断标注操作的标注，若在 *A* 点处再进行折断标注，说法正确的是：

A. 会再显示一个如图标注上显示的折断符号

B. 提示已进行过折断标注

C. 原折断符号消失，在 *A* 点处显示折断符号

D. 报错并退出当前命令

98. 使用“图层隔离”命令时，当选择图中一个对象时：

A. 该对象所在图层执行图层隔离操作，均被暗显

B. 该对象被执行图层隔离操作，被暗显

C. 该对象所在图层执行图层隔离操作，均被关闭

D. 对象被执行图层隔离操作，被关闭

99. DGN 和 DWG 文件说法正确的是：

A. DGN 文件可以转化为 DWG 文件

B. DWG 文件可以转化为 DGN 文件

C. MicroStation 中保存的为 DGN 文件

D. AutoCAD 中保存的为 DWG 文件

100. 如图 11-8 所示，细实线为插入的外部参照图形。图 a) 为 Xclip 命令使用前，图 b) 为使用 Xclip 命令剪裁后的外部参照。当剪裁以后，希望能再显示外部参照全部图形，在 Xclip 命令中应该选择哪个选项？

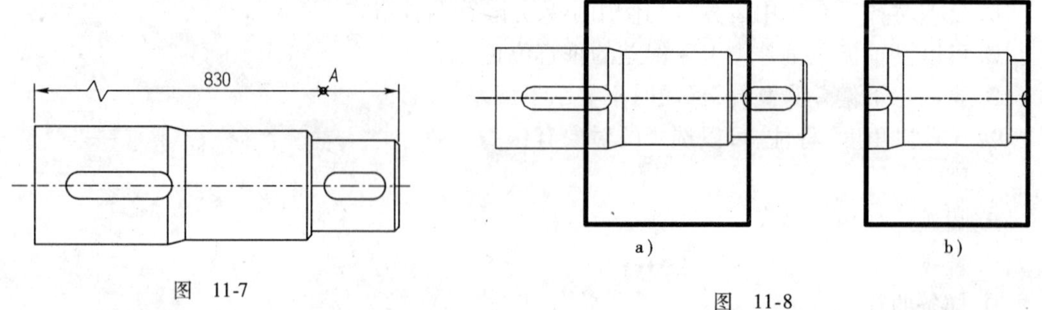

图 11-7

图 11-8

A. “开”选项

B. “关”选项

C.“删除”选项

D.“新建边界”选项

11.2　试题答案

1. A

2. B、D

3. B

4. A、B、C

5. D:该题考查的是几个常用选项板的快捷方式。应试者应熟练掌握。

6. A

7. B、C、D

8. D

9. B

10. C

11. D:该题考查的是临时文件的概念。如果启用了“自动保存”选项,将以指定的时间间隔保存临时图形,临时文件是用来非正常关闭程序时恢复图形文件的,这些临时文件在图形正常关闭时自动删除。要恢复图形,使用扩展名. dwg 代替扩展名. sv $重命名文件。

12. A、B、D:该题考查对工作空间的了解。在 AutoCAD 中增强了工作空间功能,提供了两个默认的工作空间,用户可以根据需要更改、删除现有(包括默认)的工作空间或者自定义新的工作空间。

13. D

14. A:该题考查对命令行工具的了解。使用功能键 F2 可以在命令行和文本窗口中切换,但是不能隐藏命令行,隐藏命令行的快捷键是 CTR +9。

15. A

16. C:该题考查对相机工具的了解。相机工具在 AutoCAD 2008 得到了增强。用户可以通过调整镜头来得到希望的图像,这里默认的镜头长度(焦距)为 50mm,用户根据需要可以在相机工具中调整。

17. B、C、D

18. B

19. D:该题考查对坐标概念的了解。在输入坐标时要理解相对坐标和绝对坐标的区别。绝对坐标基于 UCS 原点(0,0)的,而相对坐标是基于上一输入点的。

20. A:该题其实很简单,绘制一条直线,两个端点分别为给定的点。选择该直线,然后单击鼠标右键查询特性,显示直线角度。

21. A

22. A、B、C:该题考查对图层概念的了解。对于“0”图层,用户可以设定冻结、锁定和隐藏,但是不可以删除。

23. B

24. D

25. A、B、D

26. A、C

27. A:该题考查对模型空间和布局的了解。在 AutoCAD 中,一个图形只会有一个模型空间,但是可以有多个布局。

28. D

29. A

30. D:该题考查了对查询命令的了解。查询该正四边形的周长,可以使用“工具/查询/列表显示”菜单命令,也可以使用“特性”选项板查询。

31. B

32. A、B、C、D

33. D:该题考查了对螺旋命令的了解。使用螺旋命令按照题目要求绘制一个螺旋,使用“工具/查询/列表显示”菜单命令查询,也可以使用“特性”选项板查询。

34. B

35. B、C、D

36. A

37. C

38. C、D

39. A:该题考查了对三维建模和编辑实体模型命令的了解。该题首先使用圆锥体命令绘制两个同底面圆心的圆锥台,使用布尔运算差集,得到空心圆锥台,再查询体积即可。

40. D

41. D:该题考查了对编辑实体模型命令的了解。当拖动如图 11-2 所示夹点,可以看到圆锥体变为圆锥台。

42. B、C、D

43. A、B、D

44. D

45. A、B

46. B

47. C:该题考查了对图案填充命令的了解。孤岛的填充样式包括普通,外部,忽略。本题中的孤岛样式是忽略。

48. B

49. A、B、C

50. B:该题考查了对块的镜像操作。作为插入块部分的文字属性,镜像操作时必然被反转。

51. B、C、D

52. D

53. A、B、C

54. B

55. D

56. C

57. A、C、D

58. D

59. A、B

60. A、D：该题考查了编辑多段线的操作。需要注意的是该命令不能复制顶点。

61. D

62. C：该题考查了夹点开关的方法。选项 A 是结束当前任务，选项 B 是正交开关，选项 D 是对象捕捉追踪开关。

63. A

64. C

65. B、C、D

66. C、D：该题考查了使用“特性”选项板修改文字的方法。选项 A 和 B 中的文本内容是不能够修改的。

67. B

68. A、C、D

69. A、B、C、D

70. A、B、C

71. B、C、D

72. D

73. A、B、C：该题考查了形位公差的概念。不同于标注和引线，形位公差不能够与几何对象相关联。

74. C

75. A、C、D

76. A

77. B

78. A

79. C

80. A、C、D

81. D

82. A

83. D

84. D：该题考查了设置打印比例的方法。在 AutoCAD 中，如果设置了打印比例，虽然图纸上显示的关联标注不发生变化，但是在打印出来的图纸上显示的高度则是设置了打印比例后的高度。

85. B

86. C

87. A:该题考查了打印配置文件 PC3 的概念。在 AutoCAD R14 之后的版本均可以使用打印配置文件 PC3,但是在 AutoCAD R14 中使用 PCP 或 PC2 文件。

88. A、B、C、D

89. B

90. B、C

91. B、C:该题考查了视口替代的概念。视口替代是在 AutoCAD 2008 新增的功能,视口替代只在布局空间中显示,可以进行包括视口线宽、视口颜色、视口线型等替代操作。

92. A

93. D:该题考查了堆叠公差标注的概念。当使用堆叠公差标注时,设定下偏差为 0 时,标注在下偏差位置就会显示数字 0,而不会不显示。

94. A、B、C

95. A、B、C、D

96. A、B

97. C:该题考查对折断标注的了解。当对一个已经使用折断标注的标注对象再次使用折断标注时,原折断符号消失,在新设定的折断处显示折断符号。

98. A

99. A、B、C、D

100. B:该题考查了对 Xclip 命令的了解。“开”选项是在当前图形中显示外部参照或块的被剪裁部分;“关”选项是在当前图形中显示外部参照或块的全部几何信息并忽略剪裁边界;“删除”选项是为选定的外部参照或块删除剪裁边界;“新建边界”选项是定义一个矩形或多边形剪裁边界。